W0369805

Mittlerer Schulabschluss
Abschlussprüfung 2013
Training
Mathematik

Autoren: Dietmar Karau, Ricardo John, Gabriele Leerhoff, Evelyn Jasch, Petra Janzing, Kai Bartschat
■ Dietmar Karau, Ricardo John (Lösungsvorschläge Originalprüfung)

Der Abdruck der Originalprüfung erfolgt mit freundlicher Genehmigung der *Senatsverwaltung für Bildung, Jugend und Wissenschaft Berlin* sowie des *Ministeriums für Bildung, Jugend und Sport des Landes Brandenburg*. Die Lösungsvorschläge zu der Originalprüfung liegen nicht in der Verantwortung der Senatsverwaltung und des Ministeriums.

MITTLERER SCHULABSCHLUSS

ABSCHLUSSPRÜFUNG 2013

Training

MATHEMATIK

Arbeitsheft mit Lösungen

BERLIN/BRANDENBURG

Cornelsen

Die in diesem Werk angegebenen Internetadressen haben wir überprüft (Redaktionsschluss 01. 07. 2012). Dennoch können wir nicht ausschließen, dass unter einer solchen Adresse inzwischen ein ganz anderer Inhalt angeboten wird.

Herausgeber: Bibliographisches Institut GmbH, Mannheim
Marketing & Vertrieb: Cornelsen Schulverlage Marketing GmbH, Berlin

Bibliografische Information der Deutschen Nationalbibliothek
Die Deutsche Nationalbibliothek verzeichnet diese Publikation in der Deutschen Nationalbibliografie; detaillierte bibliografische Daten sind im Internet über http://www.dnb.de abrufbar.

Dudenstraße 6, 68167 Mannheim
2. aktualisierte und überarbeitete Auflage
Projektleitung: Stefan Giertzsch
Redaktion: Ulrike Klein, Berlin
Gesamtgestaltung: Beate Schubert u. Uta Eickworth, Berlin
Umschlagentwurf: Patricia Müller, Berlin
Illustrationen: Dorina Tessmann, Berlin
Sachzeichnungen: Martin Frech, medienfrech.de
Layout und Herstellung: Claudia Maas, medienfrech.de
Druck und Bindearbeiten: fgb · freiburger graphische betriebe, Freiburg
Printed in Germany
ISBN 978-3-06-150083-2

Gedruckt auf säurefreiem Papier,
umweltschonend hergestellt aus chlorfrei gebleichten Faserstoffen.

Inhaltsverzeichnis

KAPITEL III WAHRSCHEINLICHKEIT UND STATISTIK

KAPITEL IV DATEN UND DIAGRAMME

KAPITEL V PRÜFUNGSAUFGABEN 2012

Prüfungsrelevante Bereiche

Seite	Kapitel	Thema	Übung	Lösung	bearbeitet / gelesen am			Kommentar
16	**Algebra und Funktionen**							
17	Rechnen mit Zahlen und Größen	Zahlenbereiche und Rechenregeln						
18		Brüche und Dezimalbrüche, rationale Zahlen						
19		Wurzeln und Potenzen, irrationale Zahlen						
21	Prozent- und Zinsrechnung	Prozentrechnung						
23		Prozentualer Zu- und Abschlag						
25		Zins- und Zinsesrechnung						
28	Terme und Gleichungen	Terme mit Variablen						
29		Termumformungen						
31		Lineare Gleichungen mit einer Variablen						
33		Grundmenge, Definitionsmenge und Lösungsmenge						
35		Lineare Ungleichungen						
36		Lineare Gleichungssysteme						
38		Quadratische Gleichungen						
40		Proportionale und antiproportionale Zuordnungen						
42	Funktionen	Grundlagen						
44		Lineare Funktionen						
47		Potenz-, Wurzel- und Exponentialfunktionen						

Seite	Kapitel	Thema	Übung	Lösung	bearbeitet / gelesen am			Kommentar
86	Komplexe Aufgaben							
87	Schnell-Check	Geometrie						
88	**Wahrscheinlichkeit und Statistik**							
89	Statistische Bearbeitung von Daten							
91	Wahrscheinlichkeitsrechnung: Grundbegriffe							
93	Wahrscheinlichkeitsrechnung: Mehrstufiges Zufallsexperiment							
95	Schnell-Check	Wahrscheinlichkeit und Statistik						
96	**Daten und Diagramme**							
97	Diagramme							
100	Daten in Form von linearen Funktionen							
102	Daten aus Texten entnehmen							
103	Schnell-Check	Daten und Diagramme						

Für Schnelle: Du musst mindestens 1 Übung mit Lösung pro Kapitel gelesen haben.
Für Gründliche: Du solltest mindestens 1 Übung pro Kapitel gelesen und gelöst haben.

TIPP: Du solltest mindestens 3 Aufgaben mit dem Schwierigkeitsgrad * gelöst haben! Kennzeichne diese extra!

Prüfung 2012

Seite	Thema	Aufgaben	Original-prüfung	Lösung	bearbeitet / gelesen am			Kommentar
	Basisaufgaben							
106	Prozentrechnung, Geometrie, Wahrscheinlichkeit, Terme und Gleichungen	Aufgabe 1						
	Funktionen und Gleichungen							
107, 109	lineare und quadratische Funktionen	Aufgabe 2, Aufgabe 5						
	Geometrie							
107, 108	Dreiecksberechnungen, Körper	Aufgabe 3, Aufgabe 4						
	Diagramme							
110	Diagramme, Prozentrechnung	Aufgabe 6						
	Wachstumsgleichungen							
110	lineares und exponentielles Wachstum	Aufgabe 7						
	Wahrscheinlichkeit							
111	Wahrscheinlichkeitsrechnungen	Aufgabe 8						

Liebe Schülerin, lieber Schüler!

Im Frühjahr ist es so weit: Am Ende der 10. Klasse wirst du die Abschlussprüfung ablegen. Dieses Buch hilft dir, dich effektiv auf die Prüfung vorzubereiten.
Wir haben es so aufgebaut und geschrieben, dass du selbstständig damit arbeiten kannst.
Du findest in diesem Buch die wichtigsten Themen und Aufgabentypen, die in deinem Bundesland in der Prüfung abgefragt werden. Du kannst also parallel zum Unterricht die Bereiche trainieren, in denen du dich für die Abschlussprüfung verbessern willst.

Wie ist das *Training* aufgebaut?

Das *Training* ist in **Kapitel** gegliedert, die nicht aufeinander aufbauen. Du kannst sie also alle einzeln üben. Nach einer kurzen Einführung in das Kapitel kommen Übungen, Übungen und noch einmal Übungen.
Hinweise zu den Prüfungsbestimmungen:
Hier findest du in Kürze alle wichtigen Informationen rund um die Prüfung.
Aktuelle Originalprüfung:
Hier findest du die aktuelle, zentral gestellte Originalprüfung aus dem Ministerium.
Lösungsheft:
Natürlich findest du im Lösungsheft leicht verständliche Lösungen zu jeder Übung und zur aktuellen Originalprüfung.

Was ist das Besondere an diesem Buch?

Das *Training* lässt sich dosieren: für Schnelle und für Gründliche
Die Binnenstruktur der einzelnen Kapitel erlaubt unterschiedlich intensive Trainingsansätze.
Für Schnelle: Wenn du schnell einen Überblick brauchst und wissen willst, wie fit du bist, schaue dir die Übersicht an, löse nur die komplexen Aufgaben und kontrolliere dich mit den Schnell-Checks. Nur wenn Unsicherheiten auftauchen, löse zunächst die Aufgaben zu den Grundfertigkeiten.
Für Gründliche: Wenn du es genau wissen willst oder Nachhilfe-Bedarf hast, dann arbeite die einzelnen Kapitel sorgfältig durch. Damit kannst du die Grundlagen noch einmal festigen und wirst langsam an das Prüfungsniveau herangeführt.
Die Reihenfolge kannst du dabei passend zu den Unterrichtsthemen wählen. Vergiss nicht, die Schnell-Checks am Ende ehrlich auszufüllen und dir klarzumachen, was du noch üben solltest!

	Basis-informationen lesen	**Schnell-Checks machen**	**Übungen durcharbeiten**	**Lösungen vergleichen**
Information	👍	👍👍	👍👍👍	👍👍👍👍
Zeitfaktor	👍	👍👍	👍👍👍	👍👍👍👍
Lernfaktor	👍	👍	👍👍👍	👍👍👍👍
Prüfungs-erfolg	👍👍👍	👍👍👍👍👍	👍👍👍👍👍👍👍👍👍	👍👍👍👍👍👍👍👍👍👍👍👍

Klar ist, je gründlicher du dich vorbereitest, umso besser wirst du bei der Prüfung abschneiden!

Wie orientiere ich mich im *Training*?

Eine gute Orientierung ist das **Inhaltsverzeichnis**, in dem du schnell die gewünschten Kapitel und Themen zur Prüfungsvorbereitung findest.
Für ein gezieltes Auffinden von Themen und Aufgabentypen kannst du die Übersicht auf der Vorseite benutzen.
In der **Kopfzeile** ganz oben kannst du sofort erkennen, in welchem Kapitel du bist. Und, ob du dich in den Basisinformationen, in den Übungen oder der Originalprüfung befindest.

Wie kann ich den Schwierigkeitsgrad einer Übung erkennen?

Alle Übungseinheiten sind in zwei Schwierigkeitskategorien unterteilt: Aufgaben zu den Grundfertigkeiten und Aufgaben zum Trainieren. Besonders schwere Aufgaben sind zusätzlich mit einem Stern gekennzeichnet.
Natürlich solltest du dich auch an die schwereren Aufgaben trauen, um für die Prüfung gut vorbereitet zu sein.

Woher weiß ich, ob ich schon gut vorbereitet bin?

Die **Schnell-Checks** helfen dir bei der Selbstbewertung. Du findest sie immer am Ende eines Kapitels. Sei hier ehrlich zu dir und markiere, wie du abgeschnitten hast. Bei solltest du natürlich weiterüben.

Womit kann ich noch üben?

Wenn du dich noch intensiver vorbereiten willst - schließlich ist das die alles entscheidende Prüfung für dich -, kannst du auch mit weiteren Originalprüfungen oder dem Band „Wissen für die Abschlussprüfung - 10. Klasse“ deinem Wunschprüfungsergebnis näherkommen.

Viel Erfolg!

Hinweise zu den Prüfungsbestimmungen Berlin und Brandenburg

Wie läuft die Prüfung ab?

Die schriftliche Prüfung im Fach Mathematik am Ende der Jahrgangsstufe 10 findet in den Bundesländern Berlin und Brandenburg am selben Tag statt. Die Atmosphäre wird wahrscheinlich etwas angespannter sein als bei normalen Klassenarbeiten, aber versuche, dich davon nicht allzu sehr beeindrucken zu lassen.
Die Lehrerinnen und Lehrer dürfen während der Prüfungszeit keine Fragen beantworten oder Hinweise geben. Jedes Benutzen von unerlaubten Hilfen wird als Täuschung angesehen. Die aufsichtsführende Lehrkraft entscheidet dann, ob die Prüfung fortgesetzt werden kann oder ob die Prüfung an dieser Stelle abgebrochen wird. Im letzteren Fall wird die Prüfung dann mit „ungenügend" (Note 6) bewertet.
Wenn du an der Prüfung aus Krankheitsgründen nicht teilnehmen kannst, musst du unverzüglich eine ärztliche Bescheinigung vorlegen. Der Prüfungsausschuss entscheidet dann, wann die Prüfung nachgeholt wird. Wenn du die Prüfung aus selbst zu vertretenden Gründen versäumst, wird diese mit der Note „ungenügend" bewertet und nicht nachgeholt.
Natürlich kannst du den Prüfungsraum verlassen, um die Toilette aufzusuchen. Hierfür gibt es aber einen genauen Plan, damit jeweils nur ein Schüler außerhalb des Prüfungsraumes ist.

Wie ist die Prüfung aufgebaut?

Die Mathematik-Prüfungsaufgaben für den mittleren Schulabschluss (MSA, Realschulabschluss) sind in Berlin und Brandenburg gleich. Daneben gibt es in Brandenburg noch Aufgaben für die erweiterte Berufsbildungsreife - sie werden in den Grund- bzw. A-Kursen geschrieben. Diese beiden Aufgabentypen werden im Kern ähnlich sein und gleiche Themen behandeln, die konkreten Aufgaben werden sich jedoch unterscheiden.
Dieses Buch will dich bei den Vorbereitungen zum mittleren Schulabschluss unterstützen und behandelt die entsprechenden Aufgaben (MSA in Berlin, B-Kurs und Erweiterungskurs in Brandenburg).
Die Prüfung besteht aus 7 bis 9 Aufgaben, die alle gelöst werden müssen, es gibt keine Wahlaufgaben. Einige Aufgaben sollst du direkt auf den Aufgabenblättern bearbeiten (sie sind entsprechend gekennzeichnet), die anderen werden auf gesonderten Blättern gelöst. Sämtliches Papier wird dir von deiner Schule zur Verfügung gestellt.
Verwende für geometrische Zeichnungen weißes Papier, für Graphen in einem Koordinatensystem Millimeterpapier.
Am Ende der Prüfung müssen alle Seiten abgegeben werden, auch die mit Nebenrechnungen und leere Seiten.

Wie viel Zeit hat man und welche Hilfsmittel sind erlaubt?

Die Prüfungszeit beträgt 135 Minuten. Als Hilfsmittel kannst du folgende Geräte benutzen:

- nicht programmierbarer, nicht graphikfähiger Taschenrechner
- Kurvenschablonen
- Zeichengeräte
- ein Nachschlagewerk zur deutschen Rechtschreibung
- Es wird ein Formelblatt ausgegeben, das die wichtigsten Formeln im Überblick enthält.

Welche Aufgabentypen gibt es und worauf sollte man bei der Bearbeitung achten?

Die Aufgabentypen der Prüfung sind unterschiedlich. Deshalb ist es wichtig, sich vor der Lösung den Aufgabentext genau durchzulesen.
Die erste Aufgabe wird deine Grundfertigkeiten bzw. deine Basiskompetenzen überprüfen. Sie ist untergliedert in mehrere kleine Teilaufgaben aus verschiedenen Bereichen der Mathematik. Besonders hier ist es möglich, dass mehrere Antwortmöglichkeiten vorgegeben sind. Mache dich also vertraut mit dem Lösen solcher Multiple-Choice-Aufgaben. So musst du durch sorgfältiges Lesen der Aufgabe oft zunächst feststellen, ob nur eine Lösungsvorgabe richtig ist oder ob auch mehrere korrekt sein können.
Grundsätzlich ist es möglich, dass die Aufgaben rein mathematisch oder in Texte verpackt sind. Diese Sachaufgaben kennst du aus dem Unterricht. Mache dir bei diesen immer klar, was der eigentliche Sachverhalt ist, welche Größen gegeben und welche gesucht sind. Schreibe auch deine Zwischenschritte mit, damit man deinen Rechenweg nachvollziehen kann. Auf den richtigen Rechenweg gibt es auch dann einen Großteil der Punkte, wenn du dich einmal verrechnest und das Gesamtergebnis so nicht mehr stimmt. Und wenn du mit einem falschen Zwischenergebnis richtig weiterrechnest, dann wird das in der Regel als richtig gewertet.
Denke bei Sachaufgaben auch immer an den Antwortsatz. Und überprüfe jedes Mal, ob das Ergebnis nicht völlig abwegig ist (z. B. weil ein Kind nur drei Jahre jünger als seine Mutter sein soll). Für einen Antwortsatz gibt es nur dann den Bewertungspunkt, wenn das Ergebnis realistisch erscheint.
Bei geometrischen Aufgaben ist es oftmals sinnvoll, sich zum Verständnis eine Planfigur anzulegen. Wenn in der Aufgabenstellung eine Zeichnung verwendet wird, dann bedenke, dass diese normalerweise nicht maßstabsgerecht ist. Du kannst an ihr also keine Winkel oder Strecken abmessen.
Benötigst du zum Lösen einer Aufgabe eine Formel, schreibe dir zunächst die Grundformel auf, bevor du umstellst und die Größen einsetzt. Das ist übersichtlicher und du vermeidest eher Flüchtigkeitsfehler. Denke bei Sachaufgaben auch an die Einheiten.

Kann man sich auch noch mündlich prüfen lassen?

Nach der Bekanntgabe der Prüfungsergebnisse kann bis zu einem vom Prüfungsausschuss der Schule festgelegten Termin eine freiwillige Zusatzprüfung im Fach Mathematik beantragt werden, wenn dadurch ein noch nicht erreichter Abschluss erreicht werden kann. Das geht allerdings nur in einem Prüfungsfach. Ob du an der Prüfung teilnehmen kannst, entscheidet der Prüfungsausschuss.

Wie viel zählt die Prüfung für die Endnote?

In Brandenburg gehen die Jahresnote und die Note der schriftlichen Prüfung drei zu zwei in die Abschlussnote ein. Wenn du noch eine freiwillige Zusatzprüfung in Mathematik durchgeführt hast, dann gehen die Jahresnote, die Note der schriftlichen Prüfung und die Note der mündlichen Prüfung wie zwei zu eins zu eins in die Abschlussnote ein.
In Berlin werden Jahresnote und Prüfungsnote beide auf dem Zeugnis ausgewiesen und nicht verrechnet.

Kapitel I
Algebra und Funktionen

Basisinformationen

In der Algebra werden Gegebenheiten mathematisch ausgedrückt – mithilfe von Zahlen, Rechenvorschriften und Variablen werden Gleichungen aufgestellt und gelöst, die sehr unterschiedliche Zusammenhänge beschreiben können. Diese Vorgehensweise ist eher abstrakt und wirkt oft etwas sperrig, sie ermöglicht es aber, auch zunächst verwirrend erscheinende Aufgaben in den Griff zu bekommen. In den Prüfungen können Aufgaben zur Prozent- und Zinsrechnung vorkommen, zu Sachaufgaben müssen Gleichungen aufgestellt und gelöst werden und du musst zeigen, dass du mit Gleichungssystemen sowie mit linearen und quadratischen Funktionen umgehen kannst. Algebraische Berechnungen können auch nur Teil einer Aufgabe sein, in der z. B. auch noch geometrische Überlegungen angestellt werden müssen.

Tipps zur Herangehensweise

- Überlege dir bei Sachaufgaben immer zunächst, was gegeben und was gesucht ist. Oft ist die Schwierigkeit nicht so sehr, die passende Gleichung herauszusuchen, als genau zu bestimmen, welche Angabe im Aufgabentext welcher Variablen in der Gleichung entspricht.
- Überlege bei Aufgaben zur Prozentrechnung genau, was der Grundwert und was der Prozentwert ist.
- Sollen lineare oder quadratische Funktionen berechnet werden, so gehe von den Grundgleichungen aus. Oft können einige der Variablen der Grundgleichung schon aus Angaben im Aufgabentext (wie z. B. „nach oben geöffnete Parabel") bestimmt werden.
- Bringe Gleichungen mit Brüchen immer zunächst auf den Hauptnenner.
- Beim Lösen von Gleichungssystemen ist vor allem sorgfältiges Rechnen gefragt. Achte darauf, dass dir kein Term „unter den Tisch fällt". Ein vielleicht banaler TIPP: Versuche hier nicht, Papier zu sparen. Schreibe deutlich und übersichtlich, das hilft, den Überblick zu bewahren. Oft sind die richtigen Lösungen eines Gleichungssystems ganze Zahlen oder relativ einfache Brüche. Bekommst du sehr „krumme" Zahlen heraus, hast du dich wahrscheinlich verrechnet.

In diesem Kapitel findest du

- Prozentformel, Zinseszinsformel
- Lösungsmöglichkeiten für lineare Gleichungen
- Lösungsformel für quadratische Gleichungen (*pq*-Formel)
- Scheitel- und Normalform einer Parabelgleichung

Besonders anspruchsvoll sind die Aufgaben 14 und 15 auf S. 53, 12, 13 und 18 auf S. 55, 19 und 25 auf S. 56. Sie sind mit einem * gekennzeichnet.

1 Rechnen mit Zahlen und Größen

1.1 Zahlenbereiche und Rechenregeln

Überblick

Zahlenbereiche

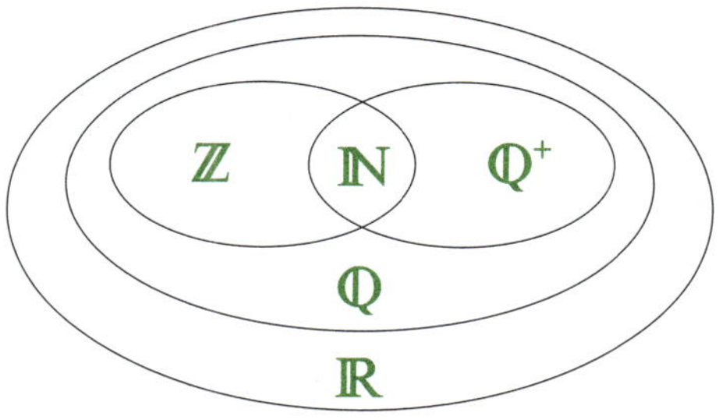

Natürliche Zahlen $\mathbb{N}$ sind alle ganzen und positiven Zahlen, mit denen man zählen kann.
$\{1; 2; 3; 4; 5; 6; 7; 8 \ldots\} \in \mathbb{N}$; $\{0; 1; 2; 3; 4; 5 \ldots\} \in \mathbb{N}_0$

Ganze Zahlen $\mathbb{Z}$ sind alle natürlichen Zahlen und ihre Gegenzahlen (negative Zahlen). $\{\ldots; -2; -1; 0; 1; 2; 3 \ldots\} \in \mathbb{Z}$

Rationale Zahlen $\mathbb{Q}$ können stets in der Form $\frac{a}{b}$ $(a;\ b \in \mathbb{Z};\ b \neq 0)$ dargestellt werden.
$\left\{-6; 0; 6; \frac{1}{2}; \frac{3}{4}\right\} \in \mathbb{Q}$

Reelle Zahlen $\mathbb{R}$ werden aus den rationalen und den irrationalen Zahlen gebildet. Irrationale Zahlen sind unendliche nicht periodische Zahlen, die nicht in der Form $\frac{a}{b}$ $(a,\ b \in \mathbb{Z};\ b \neq 0)$ darstellbar sind. Die Zahl π gehört auch zu den irrationalen Zahlen.

Rechenregeln

Für reelle Zahlen gilt $(x, y \in \mathbb{R})$

Kommutativgesetz oder Vertauschungsgesetz
(lat. *commutare* = vertauschen)

Addition: $(x + y) = (y + x)$
Multiplikation: $(x \cdot y) = (y \cdot x)$

Assoziativgesetz oder Vereinigungsgesetz
(lat. *associare* = vereinigen)

Addition: $(x + y) + z = x + (y + z) = x + y + z$
Multiplikation: $(x \cdot y) \cdot z = x \cdot (y \cdot z) = x \cdot y \cdot z$

Distributivgesetz oder Verteilungsgesetz
(lat. *distribuere* = verteilen)

Division: $\frac{y}{x} \pm \frac{z}{x} = \frac{1}{x}(y \pm z)$; $(x \neq 0)$

Nützliche Details

Beim Ausführen von Rechenoperationen ist folgendes zu beachten:

1. Vorrang der Rechenarten beachten	Rechnungen mit Potenzen, Logarithmen und Wurzeln erfolgen vor der Multiplikation und Division (Punktrechnung) und diese hat Vorrang vor der Addition und Subtraktion (Strichrechnung).
2. zuerst die Klammern auflösen	Beispiel: $[-(-2 \cdot 5 + 3) \cdot (2 \cdot 1) + 14] - 3$ $= [7 \cdot 2 + 14] - 3 = 28 - 3 = 25$
3. ansonsten von links nach rechts rechnen	Beispiel: $2 \cdot 9 : 3 \cdot 10 = 18 : 3 \cdot 10 = 6 \cdot 10 = 60$

Aufgaben zu den Grundfertigkeiten

1 Welche Ausdrücke sind gleichwertig? Ordne zu.

(1)	$-(2 \cdot 3 + 15) + 22$	**a.**	6
(2)	$\left[(x+y)^2 \cdot (x+y)^2\right] + (x+y)^4$	**b.**	$(x + y - w) \cdot z$
(3)	$(x+y) \cdot (x+y)$	**c.**	$-8x - 16y + 3xy$
(4)	$e\left[(xz + yz - wz) : e\right]$	**d.**	$2(x+y)^4$
(5)	$-5x \cdot (-6y + 4x)$	**e.**	$4x^3$
(6)	$\frac{32x^4 + 5y^3 \cdot (5-5)}{8x}$	**f.**	$-20x^2 + 30xy$
(7)	$x^2 \cdot x^3 + \frac{5}{\frac{1}{2}}$	**g.**	$4y + xy$
(8)	$5 \cdot \frac{9}{5} \cdot \frac{4}{6}$	**h.**	1
(9)	$4y - 8xy + 9xy$	**i.**	$x^5 + 10$
(10)	$-(4x + 8y - 3xy) + (-4x - 8y)$	**j.**	$x^2 + 2xy + y^2$

2 Vereinfache die Terme.

a. $\frac{\left[2(3A^2 - 2A^2) + 2B^2 + 4\left(\frac{C^2}{2}\right)\right]}{2}$

b. $(A + B) - 2(B + A) + 3A + 2B$

c. $18(3a \cdot 27b)$

d. $(2x - 3y) \cdot 4x^2 - (3 - 12 + 20)$

e. $8 + 5x \cdot y \cdot (4x - 12y^2)$

f. $\frac{(3^2 \cdot x^3 - 6^2 \cdot y^2)}{9}$

g. $(8x - 7y) \cdot (8x - 7y)$

h. $[(4x + y) - (6x - 2y)] - (4x - y)$

i. $a + b^2 - 1a^3 - 3b^2 + 2a^3$

j. $(3s - 5t) - [(2s + 5t) + (s - 20)]$

1.2 Brüche und Dezimalbrüche, rationale Zahlen

Überblick

Rationale Zahlen (lat. *ratio* = Verhältnis) sind Zahlen, die sich als Bruch darstellen lassen. Sie enthalten im Zähler und im Nenner ganze Zahlen und beschreiben als Bruchzahl ein Verhältnis. Brüche sind also Zahlen der Form $\frac{a}{b}$, mit $a, b \in \mathbb{Z}$; $b \neq 0$. Neben dieser Darstellung als echter Bruch können Brüche auch als gemischte Zahl $\left(2\frac{2}{3}\right)$ und in der Dezimalschreibweise (0,105) dargestellt werden.

Rechenregeln für Brüche

Erweitern	$\frac{a}{b} = \frac{a \cdot c}{b \cdot c}$ $(b \neq 0;\ c \neq 0)$	$\frac{1}{3} = \frac{1 \cdot 4}{3 \cdot 4} = \frac{4}{12}$
Kürzen	$\frac{a}{b} = \frac{\frac{a}{c}}{\frac{b}{c}}$ ($b \neq 0$; $c \neq 0$; a, b durch c teilbar)	$\frac{6}{8} = \frac{\frac{6}{2}}{\frac{8}{2}} = \frac{3}{4}$
Addition und Subtraktion	$\frac{a}{b} \pm \frac{c}{d} = \frac{ad \pm cb}{bd}$ $(b \neq 0;\ d \neq 0)$	$\frac{1}{3} + \frac{1}{2} = \frac{(2+3)}{6} = \frac{5}{6}$
Multiplikation	$\frac{a}{b} \cdot \frac{c}{d} = \frac{a \cdot c}{b \cdot d}$ $(b \neq 0;\ d \neq 0)$	$\frac{2}{5} \cdot \frac{3}{2} = \frac{6}{10} = \frac{3}{5}$
Division	$\frac{a}{b} : \frac{c}{d} = \frac{a \cdot d}{b \cdot c}$ $(b \neq 0;\ c \neq 0;\ d \neq 0)$	$\frac{2}{5} : \frac{1}{2} = \frac{2 \cdot 2}{5 \cdot 1} = \frac{4}{5}$

Nützliche Details

$1 = \frac{1}{1}$; $0{,}1 = \frac{1}{10}$; $0{,}01 = \frac{1}{100}$; $0{,}001 = \frac{1}{1000}$; $0{,}0001 = \frac{1}{10\,000}$; $1{,}01 = \frac{101}{100}$; $5{,}705 = \frac{5705}{1000}$; $2\frac{2}{3} = \frac{8}{3}$

Aufgaben zu den Grundfertigkeiten

1 Wandle die Dezimalzahlen in Brüche um und kürze, wenn es möglich ist.
a. 0,5 **b.** 0,25 **c.** 2,25 **d.** 0,125 **e.** 0,3 **f.** 0,025 **g.** 7,2 **h.** 10,5 **i.** 1,125 **j.** 0,82

2 Wandle die Brüche in Dezimalzahlen um.
a. $\frac{55}{100}$ **b.** $\frac{3}{10}$ **c.** $\frac{184}{92}$ **d.** $\frac{8}{50}$ **e.** $\frac{7}{1000}$ **f.** $\frac{25}{250}$ **g.** $\frac{99}{297}$ **h.** $\frac{6}{10}$

3 Berechne die Ausdrücke und kürze so weit wie möglich.
a. $\frac{3}{2} \cdot 2$ **b.** $\frac{5}{4} + \frac{5}{4}$ **c.** $\frac{3}{2} \cdot \frac{3}{2}$ **d.** $\frac{5}{6} + \frac{1}{4}$ **e.** $\frac{6}{2} \cdot \frac{30}{2}$ **f.** $\frac{1}{3} + \frac{2}{4} + \frac{7}{6}$ **g.** $\frac{2}{8} : 2$ **h.** $\frac{1}{2} : 4$
i. $\frac{3}{4} : \frac{3}{4}$ **j.** $\frac{36}{9} + \frac{9}{36}$ **k.** $1 + \frac{5}{25}$ **l.** $3 \cdot \frac{2}{\frac{3}{4}}$ **m.** $\frac{4}{\frac{1}{2}} : \frac{7}{3}$ **n.** $2\frac{2}{3} + 1\frac{1}{4}$

4 Zeichne einen Zahlenstrahl und markiere:
a. 0,5 **b.** 1,25 **c.** $\frac{16}{12}$ **d.** $\frac{132}{88}$ **e.** $\frac{4}{32}$ **f.** −0,875

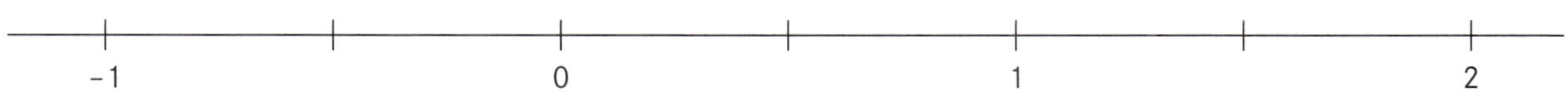

5 Welche Bruchteile sind grün dargestellt?
Gib die Ergebnisse als Bruch, Dezimalzahl und in Prozent an.

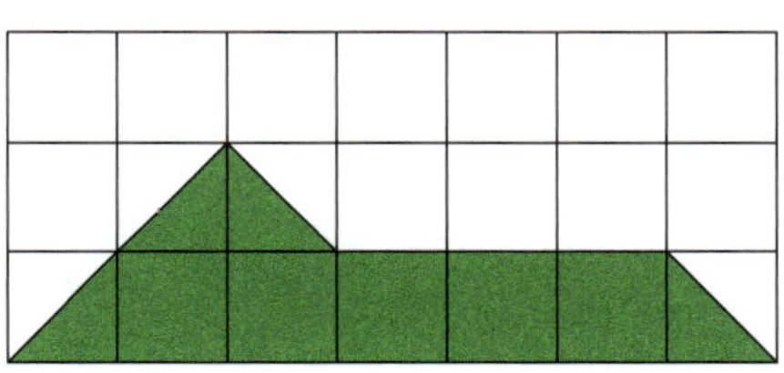

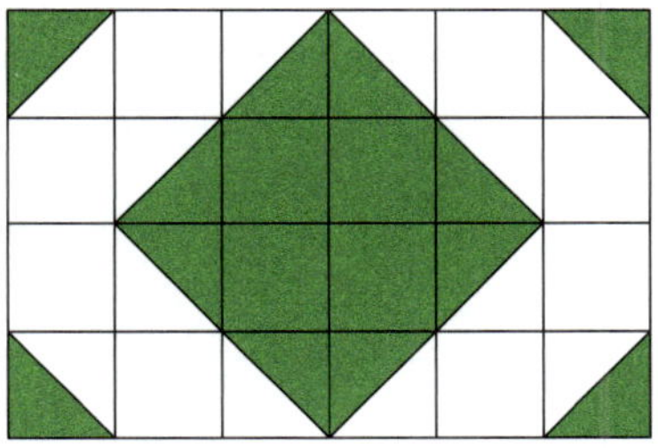

1.3 Wurzeln und Potenzen, irrationale Zahlen

Überblick

Potenzieren ($a \in \mathbb{R}$)

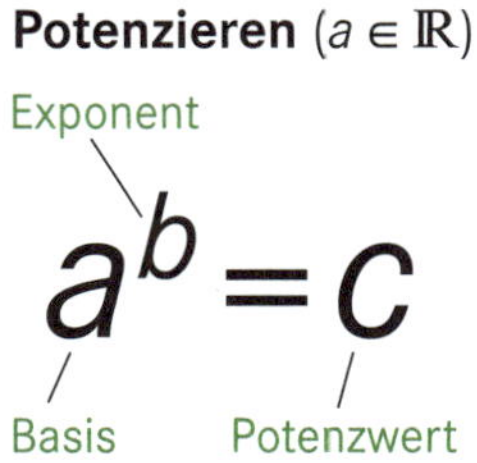

$a^n = \underbrace{a \cdot a \cdot \ldots \cdot a}_{n\text{-Mal}}$; $a^3 = a \cdot a \cdot a$

Rechenregeln
Gleiche Potenzen zusammenfassen: $a^2 + 4a^2 = 5a^2$; $6a^2 - 8a^2 = -2a^2$

$a^4 \cdot a^2 = a^{4+2} = a^6$; $a^4 : a^2 = a^{4-2} = a^2$; $((a^2)^3)^4 = a^{2 \cdot 3 \cdot 4} = a^{24}$; $a^{-n} = \frac{1}{a^n}$

Radizieren (Wurzelziehen)($a \geq 2$; $a \in \mathbb{N}$; $b \geq 0$)

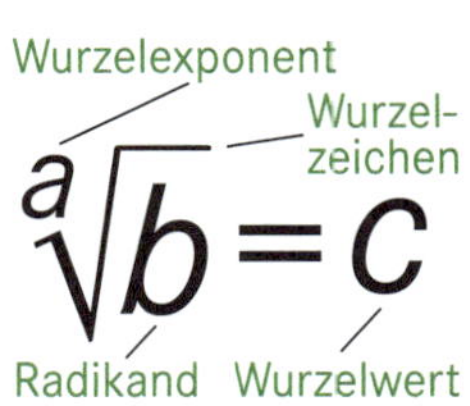

$\sqrt[a]{b} = c \Leftrightarrow c^a = b$; $\sqrt{b} = \sqrt[2]{b} = c \Leftrightarrow c^2 = b$

Rechenregeln
Gleiche Wurzeln zusammenfassen:
$2 \cdot \sqrt{b} + 3 \cdot \sqrt{b} = 5 \cdot \sqrt{b}$; $\sqrt{b} - 4 \cdot \sqrt{b} = -3 \cdot \sqrt{b}$
$\sqrt{a} \cdot \sqrt{b} = \sqrt{a \cdot b}$; $\sqrt{a} : \sqrt{b} = \sqrt{\frac{a}{b}}$; $\sqrt[m]{b^n} = b^{\frac{n}{m}}$; $\sqrt[n]{\sqrt[m]{b}} = \sqrt[n \cdot m]{b}$

Beim Radizieren kann das Ergebnis irrational sein. Ist *a* gerade (z. B. 2), so existiert die Wurzel nur für $b \geq 0$.

Nützliche Details

$a^0 = 1$

Zahlendarstellung mit Zehnerpotenzen: $3000 = 3 \cdot 10^3$; $0{,}021 = 2{,}1 \cdot 10^{-2}$

Verschiebe das Komma bis hinter die erste Ziffer nach links bzw. bis vor die letzte Ziffer nach rechts. Die Anzahl der verschobenen Stellen ergibt die Zehnerpotenz; nach links: positiver, nach rechts: negativer Exponent.

Partielles (teilweises) Radizieren (Quadratwurzeln):

$\sqrt{50} = \sqrt{2 \cdot 25} = 5\sqrt{2}$; $\sqrt{3a^2 + 4a^3} = \sqrt{a^2(3 + 4a)} = a\sqrt{3 + 4a}$

Zerlege den Radikanden in eine möglichst hohe Quadratzahl bzw. quadratische Variablen und die restlichen Faktoren, ziehe aus den quadratischen Gliedern die Wurzel.

Wann sind diese Zusammenhänge nützlich?

Potenzieren ist eine Vereinfachung der Multiplikation gleicher Faktoren, Wurzelziehen (Radizieren) die Umkehrung des Potenzierens. Beides kommt in zahlreichen Formeln vor. Zehnerpotenzen dienen der überschaubaren Darstellung sehr großer (Masse der Erde: fast $6 \cdot 10^{24}$ kg) und sehr kleiner Größen (Atommasse: ca. 10^{-24} g).

Aufgaben zu den Grundfertigkeiten

1 Stelle die Zahlen mit Zehnerpotenzen dar und umgekehrt.

Zahl	78	134	2 090 000	0,6	0,0009	0,675				
mit Zehnerpotenz							$3 \cdot 10^5$	$8 \cdot 10^2$	$7{,}86 \cdot 10^{-4}$	$4{,}566 \cdot 10^{-2}$

2 Bestimme bei den folgenden Würfeln aus dem Volumen die Kantenlänge. Runde auf ein Zehntel.

A	B	C	D	E	F	G
27 cm³	216 dm³	167 m³	$\frac{3}{8}$ Liter	0,046 km³	8 Liter	614,125 m³

3 Berechne.

a. $\sqrt{25}$ **b.** $\sqrt[3]{27}$ **c.** $\sqrt{4} \cdot \sqrt{9}$ **d.** $\frac{\sqrt{1000}}{\sqrt{100}}$ **e.** $\sqrt{-3}$ **f.** $\sqrt{81} + \sqrt{121}$ **g.** $\sqrt[3]{64} + \sqrt{36}$ **h.** $\sqrt{0{,}25}$

4 Finde Werte für x so, dass gilt:

a. $\sqrt{625} = x$ **b.** $x^2 = 64$ **c.** $5^4 = x$ **d.** $\sqrt{\frac{49}{25}}$ **e.** $4^x = 64$ **f.** $-2^3 = x$ **g.** $\sqrt{(-5)^2} = x$

5 Setze >, <, = oder n. d. (nicht definiert) ein.

a. $\sqrt{6} \cdot \sqrt{6}$ ■ 6

b. $\sqrt{6} + \sqrt{6}$ ■ $\sqrt{12}$

c. 9^3 ■ $3^3 \cdot 3^3$

d. 25^0 ■ 1^0

e. $2^3 - 2^4$ ■ 2^{12}

f. $\sqrt{243}$ ■ $9 \cdot \sqrt{3}$

g. $\sqrt{-4}$ ■ $+2$

h. $\sqrt[3]{27}$ ■ $\sqrt[4]{32}$

i. $7a^3 \cdot 5b^2$ ■ $35a^3b^2$

j. $4^2 \cdot 2^2$ ■ 8^2

k. $\sqrt{x^5}$ ■ $x^2 \cdot \sqrt{x}$

l. 2^{-2} ■ $\frac{1}{4}$

2 Prozent- und Zinsrechnung

2.1 Prozentrechnung

Überblick

Ein Prozent entspricht einem Hundertstel einer gesamten Menge.

Für die Prozentrechnung gilt die Formel $W = \frac{G \cdot p}{100}$.

Dabei sind
G der **Grundwert**, das Ganze
(z. B. eine Torte = 12 Stücke = $\frac{100}{100}$ = 1 = 100 %)
W der **Prozentwert**, der Teil vom Ganzen (z. B. 3 Stücke)
p der **Prozentsatz**, der Teil des Ganzen bezogen auf 100
(z. B. $\frac{3\text{ Stücke}}{12\text{ Stücke}} = \frac{3}{12} = \frac{25}{100}$ = 25 %)

> HINWEIS **Oft kann man Prozentwerte auch mit dem Dreisatz bequem (und evtl. im Kopf) berechnen:**
> 1. Ansatz aufstellen — Wie viel sind 6 % (*p*) von 20 € (*G*)?
> 2. ein Prozent von *G* berechnen — 1 % von 20 €: $\frac{20}{100}$ = 0,2 €
> 3. mit dem gesuchten Prozentsatz multiplizieren — 0,2 € · 6 = 1,2 €

Wann sind diese Zusammenhänge nützlich?

Angaben in Prozent (lat. *pro centum* = für Hundert) beziehen sich stets auf 100 als Ganzes. Dadurch sind Informationen besser vergleichbar, einfacher interpretierbar und übersichtlicher darstellbar.
Bei Aufgaben zur Prozentrechnung sollte man sich immer zunächst klar machen, auf welchen Grundwert G sich ein Prozentsatz *p* bezieht.

Aufgaben zu den Grundfertigkeiten

1 Ergänze die fehlenden Angaben.

	Bezogen auf Hundert	**Anteil vom Grundwert**	**Winkel im Kreisdiagramm**	**Abschnitt im Streifendiagramm**	Beispiele:		
					a.	**b.**	**c.**
100 %	$\frac{100}{100} = 1$	ein Ganzes	360°	10 cm	240 kg		
75 %			270°				
?	$\frac{50}{100} = \frac{1}{2} = 0{,}5$				120 kg		
?		ein Drittel		3,33 cm			
?			90°				
?				2 cm			
?		ein Zehntel					4,2 h
1 %						1,85 €	

2 **a.** Bestimme in den Beispielen den Grundwert (G), den Prozentwert (W) und den Prozentsatz (p).
b. Überprüfe rechnerisch, ob die Aussagen in den Beispielen wahr oder falsch sind.
(I) Eine 1000 GByte Festplatte ist zu drei Vierteln beschrieben. Man kann noch 250 GByte nutzen.
(II) Ein 200 000 m^2 großes Dorf soll 40 % Grünfläche haben. Das wären 0,08 km^2.
(III) Ungefähr jeder 3. Baum ist krank. In einem Wald mit 7498 Bäumen sind 2502 Bäume betroffen.
(IV) Im Schnitt bestehen Menschen zu ca. 67 % aus Wasser. Bei 45 kg Gewicht wären das ca. 3 Liter.
HINWEIS: Da die Dichte von Wasser $1\frac{g}{cm^3}$ beträgt, wiegt ein Liter Wasser 1 kg.

Aufgaben zum Trainieren

3 Das Herunterladen (engl. *download*) einer Datei aus dem Internet dauert 8 Minuten.
Welcher Anteil ist nach 360 s heruntergeladen? Wähle drei wahre Angaben aus:

a. 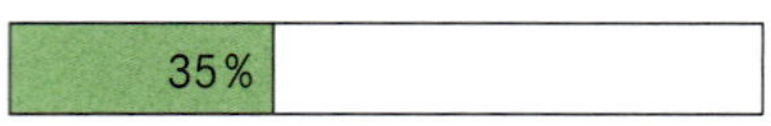

d. ein Drittel
g. $\frac{15}{20}$

b. 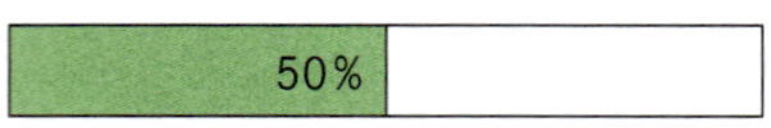

e. drei Viertel
h. $\frac{8}{6}$

c. 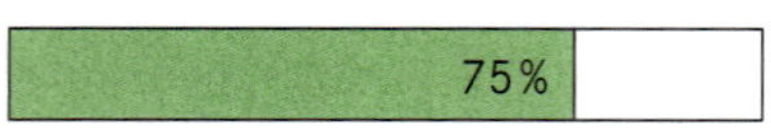

f. ein Zehntel
i. $\frac{10}{3}$

4 Bei einer Wahl sind insgesamt 30 Stimmen für die Kandidaten A, B, C und D abgegeben worden:

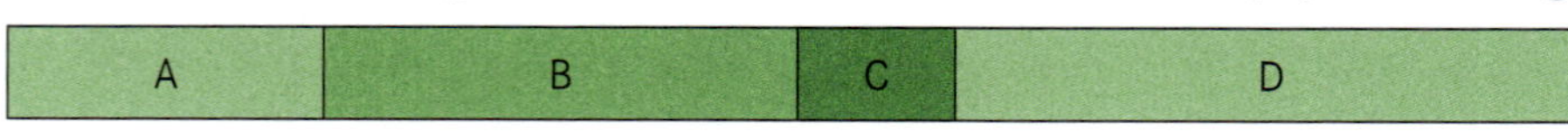

a. Wie viel Prozent der Stimmen haben die Kandidaten jeweils erhalten?
b. Bestimme die Anzahl der Stimmen, die der Wahlsieger erhalten hat.

5 Schlagzeile: **Die Weltmarktpreise für Rohkaffee haben sich von 2002 bis 2006 verdoppelt.**
a. Wie hoch war der Kaffeepreis auf dem Weltmarkt pro 500 g im August 2002?
b. Überprüfe die Richtigkeit der Schlagzeile.
c. Wie viel musste ein Importeur für 0,85 t Rohkaffee 2006 bezahlen?
d. Die Kaffeesteuer für Röstkaffee beträgt in Deutschland 2,19 € pro Kilogramm. Berechne den Betrag der Kaffeesteuer für 0,85 t und den prozentualen Anteil am Preis (2006) für den Rohkaffee.

Anmerkung: Der Wechselkurs zwischen Euro und Dollar betrug 2006 1 : 1,25 (1 Euro für 1,25 Dollar)

Kaffee-Monitor
Weltmarktpreis pro Pfund in US-Cent

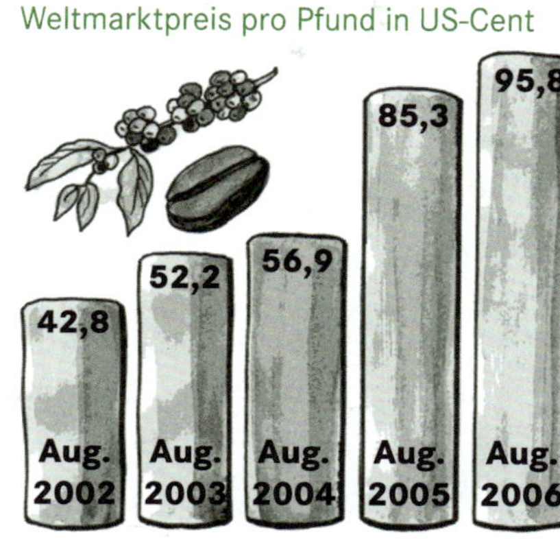

6 Der jährliche Verbrauch an Elektroenergie beträgt in einem deutschen Haushalt durchschnittlich 3600 kWh. Davon entfallen ca. ein Fünftel auf die Heizung, 10 % auf Warmwasser und 5 % auf Beleuchtung. Der Rest verteilt sich im Wesentlichen auf die elektrischen Haushaltsgeräte.
a. Wie hoch ist der Verbrauch an Elektroenergie für die Beleuchtung?
b. Wie viel Prozent der Elektroenergie verbrauchen die elektrischen Haushaltsgeräte?

7 In einer Umfrage von 2006 wurden 200 Jugendliche befragt, wozu sie das Internet bevorzugt nutzen. Nach dieser Befragung spielen 65 am liebsten Onlinespiele, 15 recherchieren oft für Hausaufgaben und 25 schreiben häufig E-Mails. Der Rest gab an, hauptsächlich zu chatten.

a. Berechne die prozentualen Anteile der genannten Nutzungsarten.

b. Welcher Prozentsatz der Bevölkerung hatten laut Statistik (siehe rechts) 2006 einen Internetanschluss?

c. Bestimme die prozentuale Steigerung der Internetanschlüsse im Zeitraum von 1998 bis 2008.

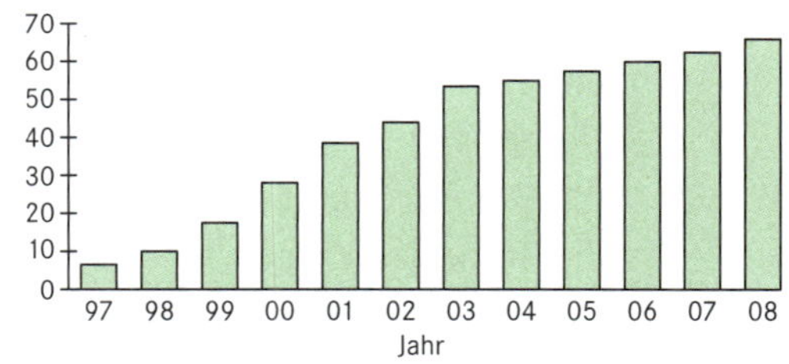

Entwicklung der Onlinezugänge in Deutschland von 1997 bis 2008 laut ARD/ZDF-Onlinestudie. Angaben in Prozent

2.2 Prozentualer Zu- und Abschlag

Überblick

Grundwerte (z. B. Preise) werden oft um einen bestimmten Prozentsatz erhöht oder verringert. Hier rechnet man mit dem Zu- bzw. Abschlagfaktor.

Zuschlagfaktor: 100 % + p

Abschlagfaktor: 100 % – p

Man erhöht einen Grundwert prozentual, indem man den Grundwert mit dem **Zuschlagfaktor** multipliziert.	Man verringert einen Grundwert prozentual, indem man den Grundwert mit dem **Abschlagfaktor** multipliziert.
$G^+ = G_{alt} \cdot$ Zuschlagfaktor	$G^- = G_{alt} \cdot$ Abschlagfaktor
Beispiel: Zuschlagfaktor = 100 % + 4 % = 104 % = 1,04 $G^+ = G_{alt} \cdot 1{,}04$ G^+ = erhöhter oder neuer Grundwert G_{alt} = alter oder ursprünglicher Grundwert	Beispiel: Abschlagfaktor = 100 % – 12 % = 88 % = 0,88 $G^- = G_{alt} \cdot 0{,}88$ G^- = verringerter oder neuer Grundwert G_{alt} = alter oder ursprünglicher Grundwert

Rabatt ist ein meist in Prozent angegebener Preisnachlass. **Skonto** ist ein Rabatt, der z. B. bei Barzahlung gewährt wird. Der **Nettopreis** ist der reine Preis für eine Ware nach Abzug aller Nebenkosten und Steuern. Der Preis einschließlich der Nebenkosten und Steuern heißt **Bruttopreis** und entspricht dem Verkaufspreis.

Aufgaben zu den Grundfertigkeiten

1 Bestimme a. die Abschlagfaktoren und b. die Zuschlagfaktoren als Dezimalzahlen von:
80 %; 12 %; 4 %; 0,6 %; 60 %; 5 %; 0,02 %; 100 %; 50 %; 1 %; 33 % und 78 %.

2 Wie viel kostet das Fahrrad in der Zeichnung oben?

3 **a.** Bestimme in den Beispielen aus dem Text den neuen Grundwert (G^- bzw. G^+), den alten Grundwert (G_{alt}) und den Zu- bzw. Abschlagfaktor.
b. Überprüfe rechnerisch, ob die Aussagen in den Beispielen wahr oder falsch sind.
(I) Der Preis für ein Vitalbrot stieg um 2 % von 1,95 € auf ca. 1,99 €.
(II) Tim wog 52 kg. Er hat 6 % abgenommen und wiegt nun knapp 49 kg.
(III) Speisepilze verlieren beim Trocknen ca. 80 % an Feuchtigkeit. Von 3 kg frischen Pilzen bleiben nach dem Trocken noch 300 g übrig.
(IV) Lauras Taschengeld stieg um 10 % auf 44 €. Vorher erhielt sie 40 €.

4 Tobias erhält eine Taschengelderhöhung von 12 %. Monatlich stehen ihm nun 34 € zur Verfügung. Wie viel Taschengeld erhielt Tobias vor der Erhöhung?

Aufgaben zum Trainieren

5 Herr Fleißig hat einen Bruttoverdienst von 2600 €. Von diesem Betrag werden 45 % Steuern und andere Abgaben abgezogen.
a. Bestimme mit dem Abschlagfaktor Herrn Fleißigs Nettolohn.
b. Gib eine weitere Möglichkeit an, den Nettolohn zu berechnen.

6 Schwester Maria arbeitet im Krankenhaus und verdient 1885 € brutto im Monat. Für Dienste an Wochenenden und an Feiertagen erhält sie einen Zuschlag von 5 %. Wie hoch ist ihr neues Bruttogehalt?

7 Ein Händler bietet Jeans für 99,99 € an. Zuerst erhöht er den Preis um 15 % und reduziert ihn dann anschließend um 10 %. Berechne den Preis auf Hundertstel genau nach beiden Preisänderungen. Um wie viel hätte der Händler den Preis in einem Schritt verändern müssen, um auf denselben Endpreis zu kommen?

8 Im Zuge eines Räumungsverkaufs wird der Preis für einen Blue-Ray-Player um 12 % auf 285 € gesenkt. Bei Barzahlung gewährt der Anbieter 2 % Skonto auf den gesenkten Preis.
a. Berechne den Preis des Blue-Ray-Players vor der Preissenkung.
b. Wie viel kostet das Gerät bei Barzahlung?
c. Wie viel Euro kann man insgesamt durch die Preissenkung und den Skonto-Nachlass sparen?

9 Ein Internethändler bietet ein Mountainbike mit einem hohen Preisnachlass an.
a. Wie viel hat das Bike laut Werbung vor der Preissenkung gekostet?
b. Überprüfe die Richtigkeit des alten Preises. Notiere einen Rechenweg und formuliere eine Antwort. Runde das Ergebnis auf eine ganze Zahl.
c. Berechne den Aktionspreis, wenn der ursprüngliche Preis um 48 % gesenkt wird.

10 Die städtischen Verkehrsbetriebe haben den Preis für Einzelfahrscheine um 5% auf 2,10 € erhöht. Andrej, Regina und Alina haben den ursprünglichen Preis für einen Einzelfahrschein folgendermaßen berechnet:
(I) Andrej rechnete: 5 % von 2,10 € und subtrahiert das Ergebnis von 2,10 €
(II) Regina rechnete: 2,10 € mal 100 % und das Ergebnis durch 105 %
(III) Alina rechnete: 2,10 € dividiert durch 1,05
a. Wer hat einen richtigen Rechenweg aufgeschrieben?
b. Wie viel hat ein Ticket vor der Preiserhöhung gekostet?

11 Ein Schweinebraten wiegt 3,2 kg. Er verliert beim Garen 20 % seiner Masse.
- **a.** Berechne die Masse des Schweinebratens nach dem Garen.
- **b.** Wie viel Masse hat der Schweinebraten durch das Garen verloren?
- **c.** Eine Bratenscheibe soll mit 150 g serviert werden. Wie viele Scheiben ergibt der Schweinebraten?

12 Der Nettopreis für einen hochwertigen Goldring beträgt 1465,25 €.
- **a.** Wie viel kostet der Ring mit Mehrwertsteuer in Frankreich?
- **b.** In welchem Land wäre der Ring am teuersten?
- **c.** Ein Händler in Italien gewährt vom Verkaufspreis einen Rabatt von 5 %. Berechne den Preis des Ringes.
- **d.** Um wie viel Prozent ist die Mehrwertsteuer in Deutschland von 1968 bis 2007 gestiegen?
- **e.** Wie viel hätte der Ring Anfang 1968 in Deutschland gekostet?

Mehrwertsteuer in Europa	
Belgien	21 %
Dänemark	25 %
Deutschland	19 %
Finnland	22 %
Frankreich	19,6 %
Griechenland	19 %
Großbritannien	15 %
Irland	21 %
Italien	20 %
Luxemburg	15 %
Niederlande	19 %
Österreich	20 %
Portugal	20 %
Schweden	25 %
Spanien	16 %

Mehrwertsteuer in Deutschland	
1. 1. 1968	10 %
1. 7. 1968	11 %
1. 1. 1978	12 %
1. 7. 1979	13 %
1. 7. 1983	14 %
1. 1. 1993	15 %
1. 1. 1998	16 %
1. 1. 2007	19 %

2.3 Zins- und Zinseszinsrechnung

Überblick

Wird Geld mit einem Zinssatz p verzinst, so entsprechen die Zinsen Z dem Prozentwert W.

Für die Zinsrechnung gilt $Z = \frac{K \cdot p}{100}$, $K = \frac{Z \cdot 100}{p}$.

Das Kapital K entspricht dem Grundwert G, der Zinssatz dem Prozentsatz.
Der Zinssatz gilt immer für ein Jahr, d. h. nach einem Jahr erhöht sich das Kapital um die Summe $Z = \frac{K \cdot p}{100}$. Das neue Kapital K_n errechnet sich dann aus Ausgangskapital plus Zinsen: $K_n = K + Z$.
Wird das Kapital für Monate oder Tage festgelegt, so spricht man von Monats- und Tageszinsen. In der Zinsrechnung gilt 1 Jahr = 12 Monate à 30 Tage = 360 Tage.

Monatszinsen

$Z_m = \frac{K \cdot p}{100} \cdot \frac{m}{12}$

Beispiel: 2000 € für 3 Monate zu 3 % anlegen: $Z_m = \frac{2000 € \cdot 3}{100} \cdot \frac{3}{12} = 15 €$

Tageszinsen

$Z_d = \frac{K \cdot p}{100} \cdot \frac{d}{360}$

Beispiel: 2000 € für 24 Tage zu 2 % anlegen: $Z_d = \frac{2000 € \cdot 2}{100} \cdot \frac{24}{360} \approx 2{,}70 €$

Zinseszins

Legt man Geld für mehrere Jahre an, dann kommen am Ende des Jahres Zinsen dazu, die im folgenden Jahr ebenfalls verzinst werden. Das nennt man Zinseszins. Es gilt:

$K_n = K_0\left(1 + \frac{p}{100}\right)^n$

Aufgaben zu den Grundfertigkeiten

1 Ergänze die fehlenden Angaben.

	Kapital	Zinsen	Zinssatz	Anlagezeitraum
Jahreszinsen	25 000 €		4,5 %	1 Jahr
Jahreszinsen		50 €	2 %	1 Jahr
Jahreszinsen	780 000 €	46 800 €		1 Jahr
Monatszinsen	4000 €		3,3 %	4 Monate
Tageszinsen	130 000 €		5,5 %	7 Tage
Zinseszinsen	15 €		1,5 %	30 Jahre

2 (I) Nach einem Jahr beträgt das Kapital 946 €, wenn man 900 € zu 4 % anlegt.
(II) Man erhält 166,67 € Zinsen, wenn man 5000 € für 8 Monate zu 5 % anlegt.
(III) Die Anlagesumme von 790 € wird zu 2,5 % verzinst. Man erhält nach 14 Tagen ca. 6 € Zinsen.
(IV) Legt man 1 € für 100 Jahre zu 1 % an, erhält man 100 € Zinsen und insgesamt 1000 € zurück.
a. Bestimme die jeweils gegebenen Größen: K_0, K_n, Z bzw. p.
b. Überprüfe rechnerisch, ob die Aussagen wahr oder falsch sind.

Aufgaben zum Trainieren

3 **a.** Ein Kapital von 780 € wird auf einem Sparkassenbuch ein Jahr lang zu 1,5 % verzinst.
b. 120 € werden für 6 Monate zu 0,75 % verzinst.
c. Für 14 Tage werden 2000 € mit einem Zinssatz von 3,5 % angelegt.
d. Bei einem Zinssatz von 4 % werden 4500 € für 8 Jahre auf Zinseszins fest angelegt.
Berechne jeweils die Zinsen und das neue Kapital.

4 Geldanlagen mit Zins und mit Zinseszins

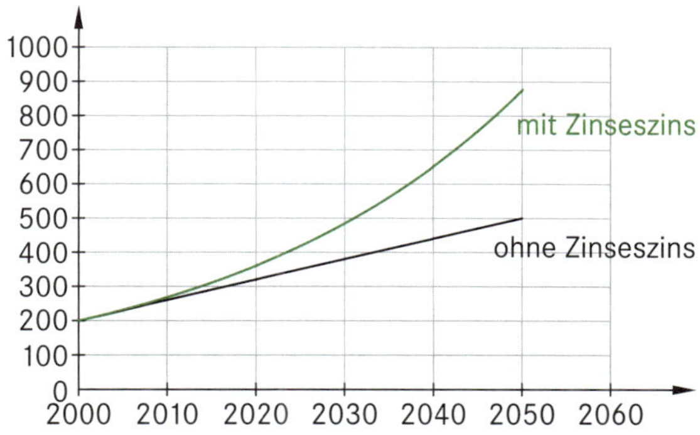

a. Was ist auf den Achsen des Diagramms dargestellt?

b. Welche Angaben kann man dem Diagramm entnehmen?

(I) Der Zinssatz beträgt jeweils 3 %.

(II) Das Ausgangskapital beträgt jeweils 200 €.

(III) Die Geldanlage mit Verzinsung steigt linear an.

(IV) Das Endkapital im Jahre 2080.

(V) Im Jahre 2047 ergibt sich zwischen beiden Anlageformen eine Differenz von 400 €.

c. Ermittle folgende Informationen mithilfe des Diagramms.

(A) Wie hoch ist das Kapital mit Zinseszins 2050?

(B) Um welchen Betrag unterscheiden sich beide Anlageformen im Jahre 2050?

(C) Nach wie vielen Jahren hat sich bei beiden Anlageformen das Kapital verdreifacht?

5 Ein Kapital von 8000 € wird 100 Tage bei einem Zinssatz von 3,5 % angelegt.

a. Berechne die Zinsen und runde das Ergebnis auf Cent.

b. Stelle die Zinsformel für Tageszinsen nach K und p um.

c. Überlege dir selbst jeweils eine Aufgabenstellung, die man mithilfe der umgestellten Formeln lösen kann.

6 Benedikt erhält zu seinem 14. Geburtstag 1400 €, die er mit einem Zinssatz von 5,5 % anlegt. Für eine Reise in die USA möchte er 2500 € ansparen.

a. Wie viele Jahre muss Benedikt das Geld mindestens anlegen?

b. In welcher Zeit würde sich das Kapital ungefähr verdreifachen?

7 Herr Reich hat 12 000 € geerbt und möchte das Geld sicher anlegen. Er erhält 3 Angebote:

Bank A	bietet im ersten Jahr 5 % Zinsen und im zweiten Jahr 7 %.
Bank B	bietet im ersten Jahr 6 % Zinsen und im zweiten Jahr auch 6 %.
Bank C	bietet im ersten Jahr 4 % Zinsen und im zweiten Jahr 8 %.

a. Welche Bank würdest du Herrn Reich empfehlen? Notiere die Rechenwege und formuliere eine Begründung für deine Empfehlung.

b. Würdest du die gleiche Bank auch bei 120 000 € empfehlen? Begründe deine Entscheidung

8 Ein Betrag von 4000 € wird zu einem Zinssatz von 6 % fest angelegt. Wie lange dauert es ungefähr, bis das neue Kapital erstmals über 6000 € liegt?

A	3 Jahre	B	5 Jahre	C	7 Jahre	D	10 Jahre

9 Ein Kapital von 1000 € wird mit 5 % mit Zinseszins angelegt.

a. Berechne das neue Kapital nach 0, 3, 6, 9, 12 und 15 Jahren.

b. Zeichne das Kapital (y-Achse)-Zeit (x-Achse)-Diagramm.

c. Nach wie vielen Jahren hat sich das Kapital ungefähr verdoppelt?

10 Frau Schmidt will 1500 Euro für drei Jahre anlegen. Eine Bank bietet im ersten Jahr 2,5 %, im zweiten Jahr 3,5 % und im dritten Jahr 4,75 % Zinsen. Bei welchem gleichbleibenden Zinssatz hätte Frau Schmidt nach drei Jahren das gleiche Endkapital erreicht?

3 Terme und Gleichungen

3.1 Terme mit Variablen

Überblick

Terme sind sinnvolle Rechenausdrücke. Sie können neben Zahlen (in ganzer, gebrochener und dezimaler Form) auch Variablen enthalten, also Buchstaben, die als Platzhalter für unbekannte Zahlen stehen. Daneben können in Termen auch Rechenzeichen, Vorzeichen (Plus und Minus), Symbole (z. B. Prozentzeichen), Klammern sowie Einheiten vorkommen. Terme dürfen nur erlaubte Zeichen in sinnvoller und vereinbarter Anordnung enthalten. Für Terme mit Variablen gelten die gleichen Rechenvorschriften wie für das Rechnen mit rationalen Zahlen. Terme, die mit einem Gleichheitszeichen oder Relationszeichen verbunden sind, bilden Gleichungen bzw. Ungleichungen.

Wann sind diese Zusammenhänge nützlich?

Mit Termen kann man Zusammenhänge und Situationen aus dem Alltag, der Gesellschaft und aus den Naturwissenschaften in die mathematische Sprache übersetzen. Die Informationen kann man anschließend mit Formeln verarbeiten, berechnen und z. B. mit Diagrammen auswerten und interpretieren.

Aufgaben zu den Grundfertigkeiten und zum Trainieren

1 Welche der folgenden Ausdrücke sind Terme? Begründe deine Auswahl.

a. $a + b : c\,(-4)$ **b.** $(-4\,\text{cm}) + \cdot 6$ **c.** $x > 7\,\text{cm} - y$ **d.** $6\,\% : 100$ **e.** $a + b)^2 - 6$ **f.** 6 zu +3 auf −2 nicht **g.** $[-4x + 3y)$ **h.** $(-6) - (+9) \cdot (2)$ **i.** $\sqrt{ua^2} - 0 + ö$ **j.** $\frac{1}{2} \cdot 5 - 56\,\text{kg}$

2 Schreibe zu jeder Situation einen passenden Term auf und berechne ihn, wenn möglich.

a. Frau Schön kauft einen Rock für 65 € und 2 passende Blusen für jeweils 21 €.
b. Björn will sein Auto in 6 Raten zu je 175 € abzahlen.
c. Marie und Klaus sind zusammen 6 Jahre alt und viel jünger als ihr Vater.
d. Das Volumen eines quaderförmigen Schrankes beträgt $4\,\text{m}^3$.
e. Der Umlaufgang (Umfang) an einem quadratischen Turm ist 12 m lang.
f. Der Durchschnitt der Zahlen: 12, 8, 14, −8; 10; −10; +5.
g. Das Doppelte des Nachfolgers einer ganzen Zahl.
h. Die Summe von 5 beliebigen aufeinander folgenden Zahlen.

3 Finde Möglichkeiten heraus, welche Zahlen vom *O* und vom *V* jeweils symbolisiert werden (für *I* gilt = 1).
Beispiel für a: $1 + O + V = 6$; $O = 2$ und $V = 3$; $1 + 2 + 3 = 6 \Rightarrow 6 = 6 \Rightarrow$ wahre Aussage.

a. $I + O + V = IIIIII$
b. $O + O + II = O + IIII$
c. $O + O + O + IIIIII = 6 \cdot O$
d. $V + V + V = IIIIIIIII$
e. $V + V + O + IIII = O$
f. $O + O + V = O + IIIIIIIIII$
g. $O + III = O + O$
h. $O - IIII = V$
i. $V + V - IIII = O + V$

3.2 Termumformungen

Überblick

Werden Terme berechnet, so gelten dieselben Rechenregeln wie beim Rechnen mit Zahlen und Brüchen. Allerdings können Terme ohne das Einsetzen von Zahlenwerten für die Variablen natürlich nicht endgültig berechnet werden, sie können aber oft vereinfacht und umgeformt werden, um die Berechnung zu erleichtern.

Ordnen: Das Ordnen gleichartiger Glieder verbessert die Übersicht.

$5a - 6y + 4 - a - 2y + 8$
$= 5a - a - 6y - 2y + 4 + 8$

Zusammenfassen: Nur gleichartige Glieder dürfen durch Addieren und Subtrahieren zusammengefasst werden.

$5a - a - 6y - 2y + 4 + 8$
$= 4a - 8y + 12$

Kürzen: Gleichartige Glieder können gekürzt werden.

$\frac{2x - 6x^2}{2x} = \frac{2x \cdot (1 - 3x)}{2x} = 1 - 3x$

Auflösen von Klammern: Steht vor einer Klammer ein Pluszeichen, kann die Klammer wegfallen. Bei einem Minuszeichen muss man zuvor die Vorzeichen aller Terme in der Klammer umkehren.

$2n - (3 + n) = 2n - 3 - n = n - 3$

Ausmultiplizieren von Klammern: Steht vor der Klammer eine Zahl, eine Variable oder ein weiterer Klammerausdruck, dann muss die Klammer ausmultipliziert werden.

$3x \cdot (5 - 2x) = 15x - 6x^2$
$(3x - y) \cdot (2 + x) = 6x - 2y + 3x^2 - xy$

Berechnen: Für eine Variable kann man Werte einsetzen, anschließend kann man den Term berechnen.

$a - 2ab$ für $a = 1$; $b = 2$:
$1 - 2 \cdot 1 \cdot 2 = 1 - 4 = -3$

> Ein oft gebrauchtes Ergebnis des Ausmultiplizierens sind die **Binomischen Formeln**.
> $(x + y)^2 = x^2 + 2xy + y^2$
> $(x - y)^2 = x^2 - 2xy + y^2$
> $(x - y) \cdot (x + y) = x^2 - y^2$

Aufgaben zu den Grundfertigkeiten

1 Berechne die Terme.
TIPP: Rechne schrittweise von der innersten Klammer (hier rechts) bis zur äußersten Klammer.

a. $-8 - (+5 - (3 + (+6 - (1 - (-3 + (-8 - (12 + (-9))))))))$
b. $6x - (-0{,}5x - (1{,}5x + (-x - (8x))))$
c. $\frac{1}{2}x - (3x + (-x - (\frac{3}{2}x + (2x - (-x)))))$
d. $184x^2 - (-220x^2 - (-6x^2 + (x^2 - 100x^2)))$

2 Berechne folgende Terme durch Einsetzen der vorgegeben Werte. Vereinfache den Term, wenn möglich.

a. $4a - 6b + a$
$a = -4$; $b = 6$

b. $x^2 - x + 5$
$x = -4$

c. $y^2 : x + 6$
$x = 10$; $y = 4$

d. $(2g - 4)^2$
$g = 3$

e. $(k - 5) : (6 - m)$
$k = 4$; $m = 8$

f. $-5x - (2xy + 1)$
$x = 0{,}5$; $y = 4$

3 Vereinfache und fasse zusammen. Berechne anschließend die Terme für den Wert der Variablen = −2.

a. $4d - 12d - 19d$ **c.** $\frac{1}{2}a - \frac{3}{4}a + \frac{3}{2}a$ **e.** $6 - x + 2 - 2x - 8$ **g.** $0{,}75w - 3 + \frac{1}{4}w - 1 + 4 + 2w$

b. $-8z + 5z - 2z$ **d.** $\frac{3}{4}y + \frac{1}{3}y - \frac{1}{4}y$ **f.** $-12 - y + 3y - 8$ **h.** $-3{,}6u + 8{,}2 - 0{,}4u - 2{,}5u - 6{,}8$

4 Löse die Klammern auf. Nutze ggf. die Binomischen Formeln.

a. $(2x - 8)^2$ **e.** $2(-6n - 5)$ **i.** $\left(\frac{1}{2}x - \frac{1}{2}\right)^2$

b. $(2{,}5y + 9)^2$ **f.** $(3a - 4)(-4 + a)$ **j.** $4(x + 5)^2$

c. $2 - (6n - 5)$ **g.** $2(80 - 4) + (6 - x) \cdot 3$ **k.** $2x[x - (-3 + x)]$

d. $(2x - 3)(2x + 3)$ **h.** $1{,}5 - (90 - 0{,}5)x$ **l.** $3 - [-12 - (x + 2)]$

Aufgaben zum Trainieren

5 Finde die Fehler und berichtige sie.

a. $(2x - 12)^2 = 4x^2 - 24x + 144$ **c.** $\left(10 - \frac{2}{5}x\right)^2 = 100 - 8x + \frac{2}{25}$

b. $(x - 5)(x + 4) = x^2 - 20$ **d.** $\sqrt{108 \cdot x^3} = \sqrt{36 \cdot 3 \cdot x^2 \cdot x} = 36x\sqrt{3x}$

6 Löse mit den Binomischen Formeln. **TIPP:** Falls man die Binomischen Formeln vergessen hat, kann man den Term ausführlich schreiben, ausmultiplizieren und zusammenfassen: $(x - 4)^2 = (x - 4)(x - 4) = \ldots$

a. $(18x + 9)^2$ **b.** $(9 - 3x)^2$ **c.** $(5x - 7)(7 + 5x)$ **d.** $\left(\frac{1}{2}x - \frac{3}{4}\right)^2$ **e.** $(0{,}6 + 0{,}4z)^2$ **f.** $(9xy - 4)^2$

7 Vereinfache die Bruchterme und fasse so weit wie möglich zusammen.

a. $\frac{4x^2y + 8xy - 4xy}{4xy}$ **b.** $\frac{20a}{9b} : \frac{-5a}{-3b}$ **c.** $\frac{4y}{x} \cdot \frac{x^2}{4}$ **d.** $\frac{4x + x^2 + x}{4x} + \frac{(x - 8) \cdot x}{4x}$

8 Berechne die Terme und runde die Ergebnisse auf Zehntel.

a. $(63 \cdot 0{,}56) : (3^3 \cdot 7{,}2)$ **b.** $\frac{3\sqrt{2} \cdot 1^0}{\sqrt{2} \cdot 0{,}75}$ **c.** $\frac{145xb \cdot 0{,}5}{15xb \cdot 1{,}5}$ **d.** $\frac{\sqrt{16} \cdot 0{,}8}{4^2 \cdot \sqrt{4}}$

9 Ziehe aus folgenden Termen partiell die Wurzel. Beispiel: $\sqrt{32a^2} = \sqrt{2 \cdot 16 \cdot a \cdot a^2} = 4a \cdot \sqrt{2a}$

a. $\sqrt{128}$ **c.** $\sqrt{288 \cdot x^2}$ **e.** $\sqrt{200ab^2}$ **g.** $\sqrt{\frac{32a}{4}}$

b. $\sqrt{x^5}$ **d.** $\sqrt{18y^3}$ **f.** $\sqrt{1000a^2b^3c^4}$

10 Welche der folgenden Sachtexte passen am besten zu den Termen:

a. $(a + b + c) \cdot 2$

b. $(a \cdot b \cdot c) \cdot 2$

Ein Sachtext bleibt übrig.
Gib für diesen Text einen passenden Term an.

(A)	Das Volumen zweier gleich großer Räume.
(B)	Der Umfang zweier gleich großer Dreiecke.
(C)	Das gesamte Alter zweier Familien mit jeweils 3 Personen.
(D)	Das Produkt aus 3 Faktoren wird verdoppelt.
(E)	Der doppelte Inhalt eines Schwimmbeckens.
(F)	Eine Radtour in 3 Etappen hin und zurück.

11 Schreibe zu jedem Term mindestens einen Sachtext.

a. $x \cdot y$ **b.** $a + b$ **c.** $m - n$ **d.** $a + b + c + d$ **e.** $(a + b)(a - b)$ **f.** $2(x : y)$

12 Schreibe zu den folgenden Sachtexten passende Terme und vereinfache ggf.
- **a.** Der Nachfolger einer Zahl vermehrt um 2 wird mit der Zahl multipliziert.
- **b.** Die Summe aus 2 Zahlen wird quadriert und um 6 vermindert.
- **c.** Der Vorgänger einer Zahl wird zum Nachfolger dieser Zahl addiert.
- **d.** Die Differenz aus der Hälfte einer Zahl und 2 wird verdoppelt.

13 Gegeben sind folgende Figuren.
Gib jeweils einen Term an:
- **a.** für den Umfang u,
- **b.** für den Flächeninhalt A und
- **c.** für die Diagonale e.

(I)
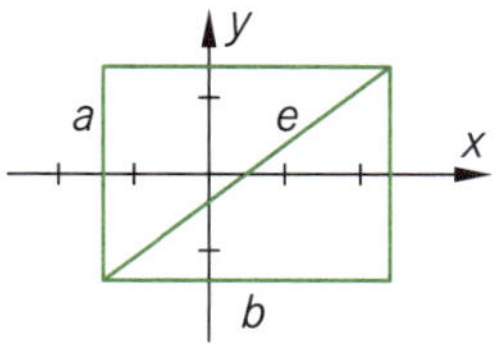

(II)
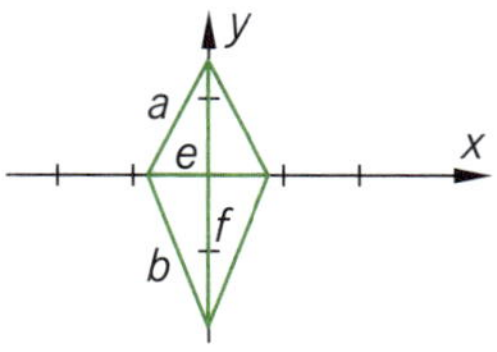

14. Gegeben sind folgende Körper.
Gib jeweils einen Term an:
- **a.** für das Volumen V,
- **b.** für den Oberflächeninhalt A und
- **c.** für die Diagonale e.

(I)
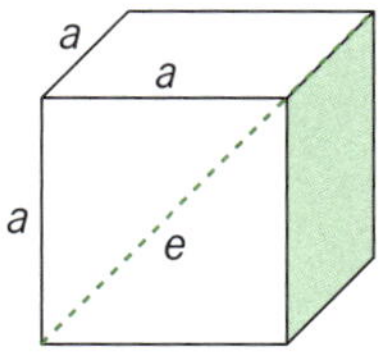

(II)
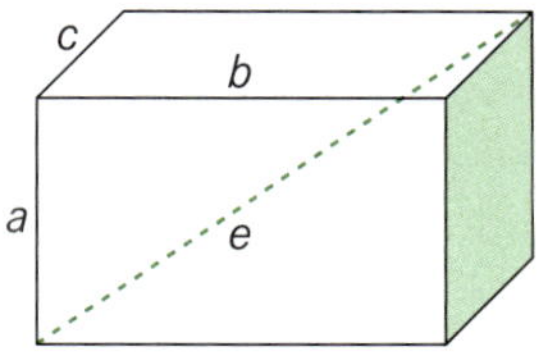

3.3 Lineare Gleichungen mit einer Variablen

Überblick

Lineare Gleichungen haben die allgemeine Form: $mx + b = 0$ ($m, b \in \mathbb{R}$).
Sie ergeben sich, wenn Sachverhalte dargestellt werden, in denen sich eine Variable linear ändert.

Äquivalenzumformungen

Um eine Gleichung zu lösen, muss sie in der Regel umgeformt werden. Dabei sind nur Äquivalenzumformungen zulässig, bei denen die Lösungsmenge der umgeformten Gleichung sich nicht verändert. Die Grundrechenarten gehören zu den Äquivalenzumformungen, das Quadrieren aber nicht: Quadriert man die Gleichung $x = 2$, so erhält man $x^2 = 4$. Diese Gleichung hat die Lösungen $x_1 = 2$ und $x_2 = -2$, die Lösungsmenge hat sich also verändert. Das Multiplizieren einer Gleichung mit 0 ist ebenfalls keine äquivalente Umformung, da man in jedem Fall die Gleichung $0 = 0$ erhält.

Beispiele

1 Wortvorschrift: Ilona bezahlt 6 Becher Joghurt mit einem 5-€-Schein. Sie erhält 2,78 € Wechselgeld. Ermittle den Preis für einen Joghurtbecher.

Gleichung:	$6x + 2{,}78\,€ = 5\,€$	
Äquivalenzumformungen:	$6x + 2{,}78\,€ = 5\,€$	$\mid -2{,}78\,€$
	$6x = 2{,}22\,€$	$\mid :6$
	$x = 0{,}37\,€$	
Lösungsmenge:	$\mathbb{L} = \{0{,}37\,€\}$	

2 Wortvorschrift: Das Doppelte einer Zahl und das um 2 vermehrte dieser Zahl ergeben 12.
Gleichung: $2x + x + 2 = 12$

Wann sind diese Zusammenhänge nützlich?

Mit linearen Gleichungen können viele Sachverhalte übersichtlich dargestellt und dann gelöst werden. Mehrere Sachverhalte können zueinander in eine Beziehung gebracht werden.

Aufgaben zu den Grundfertigkeiten

1 Tante Elli kauft ihren Nichten und Neffen 12 Kugeln Eis und bezahlt mit einem 20-Euro-Schein. Sie erhält 12,80 € Wechselgeld. Ermittle den Preis für eine Eiskugel. Stelle zunächst eine Gleichung mit einer Variablen auf.

2 Finde die Fehler in den folgenden Rechenwegen und bestimme die richtigen Lösungen der Gleichungen.

a.
$$\begin{aligned} 22-4x+6x-2 &= 0 \\ 20+10x &= 0 && \mid -20 \\ 10x &= -20 && \mid :10 \\ x &= -2 \end{aligned}$$

b.
$$\begin{aligned} 2-(4x+5) &= 4 \\ 2-4x+5 &= 4 \\ 7-4x &= 4 && \mid -7 \\ -4x &= -3 && \mid :(-4) \\ x &= +\tfrac{3}{4} \end{aligned}$$

c.
$$\begin{aligned} 6-2(x+2) &= 8 \\ 6-2x-4 &= 8 \\ 2-2x &= 8 && \mid -2 \\ -2x &= -4 && \mid :(-2) \\ x &= 2 \end{aligned}$$

3 Löse folgende Gleichungen:

a. $129x - 97 - 29x + 89 = 0$ **c.** $34x - 5 - (8 - x) = 4$

b. $3x = 12x - 4x - 2(x - 4)$ **d.** $x - 2 = -x - 8x + 2$

4 Stelle zu den Wortvorschriften eine Gleichung auf und löse sie.

a. Das Doppelte der Summe einer Zahl und (−8) ist gleich der Differenz aus dieser Zahl und 4.

b. Die Differenz aus dem Sechsfachen einer Zahl und dem Dreifachen dieser Zahl ergibt 4.

c. Der Quotient aus dem Vierfachen einer Zahl und 2 ist gleich der Summe aus 12 und (−3).

Aufgaben zum Trainieren

5 Elma ist 5 Jahre älter als Timur. Zusammen sind sie 85 Jahre alt.

a. Welche zwei Gleichungen beschreiben den Sachverhalt richtig?

b. Bestimme das Alter von Elma und Timur und formuliere einen Antwortsatz.

(I)	$2x + 5 = 85$
(II)	$85 = 5x + 2$
(III)	$x : 2 + 5 = 85$
(IV)	$85 = x + 5 + x$

6 Bestimme das Alter der folgenden Personen. Stelle dazu zunächst jeweils eine Gleichung auf und löse sie.

a. Thomas ist 6 Jahre jünger als Petra. Zusammen sind sie 56 Jahre alt.

b. Hubert ist doppelt so alt wie Peter. Zusammen sind sie 114 Jahre alt.

c. Regina ist 20 Jahre jünger als Elfriede und 45 Jahre älter als Felix. Zusammen sind sie 125 Jahre alt.

7 Für 6 Eisbecher bezahlt Herr Großzügig 42 €. Davon sind 30 ct. „Trinkgeld“. Berechne den Preis für einen Eisbecher. Stelle zunächst eine Gleichung mit einer Unbekannten auf. Führe die Probe durch.

8 Eine Jugendgruppe mit 30 Personen wird in gleich vielen 2-Bett- und 4-Bett-Zimmern untergebracht. Wie viele Zimmer sind jeweils erforderlich? Stelle zunächst eine Gleichung mit einer Unbekannten auf.

9 Herr Sorge möchte sein Baby baden. Dazu mischt er in einer Babywanne heißes Wasser aus einem Wasserkocher und kaltes Wasser aus der Leitung.

a. Wähle die richtige Gleichung aus und löse sie.

(I) $95 \cdot 20 + 5 \cdot 2 = 7x$ (II) $5 \cdot 95 + 2 \cdot 20 = 7x$

(III) $2 \cdot 95 + 5 \cdot 20 = 7x$

b. Kann Herr Sorge sein Kind sorglos baden? Begründe.
TIPP: Das Badewasser sollte die menschliche Körpertemperatur haben.

10 Frau Mutig mischt das Badewasser für ihr Kind aus 30 Litern Wasser mit einer Temperatur von 60 °C und 10 Litern kaltem Wasser mit einer Temperatur von 20 °C. Berechne die Mischtemperatur und entscheide, ob Frau Mutig ihr Kind in diesem Wasser baden darf. Stelle zunächst eine Gleichung auf und löse sie.

11 Zement und Kies sollen im Verhältnis von 1 zu 3 gemischt werden. Auf eine Schippe Zement kommen 3 Schippen Kies. Wie viele Schippen jeder Sorte werden für die Füllung einer Mischerladung benötigt, wenn insgesamt 64 Schippen in den Mischer passen? Stelle zunächst eine Gleichung auf und löse sie. Führe die Probe durch und formuliere eine Antwort.

12 Diese Kerze hat die Form eines Kreiszylinders und brennt in einer Stunde 5 mm ab.

a. Schätze die Höhe und den Durchmesser der rechts abgebildeten Kerze.

b. Wie lange kann die Kerze leuchten? Gib eine Gleichung an.

c. Stelle den Sachverhalt in einem Diagramm dar.
TIPP: x-Achse ⇒ Brenndauer in Stunden und y-Achse ⇒ Kerzenlänge in cm.

d. Die Kerze wird pro Woche für ca. 4 Stunden angezündet. Reicht die Kerze ein ganzes Jahr?

e. Die Kerze besteht aus Paraffin und Stearin mit einer Dichte von $0{,}9\,\frac{\text{g}}{\text{cm}^3}$. Wie schwer ist die Kerze?
TIPP: Berechne zunächst das Volumen der Kerze und anschließend mit der Formel $m = \mathit{Dichte} \cdot V$ die Masse.

3.4 Grundmenge, Definitionsmenge und Lösungsmenge

Überblick

Behandelt man Gleichungen mit Unbekannten, so ist stets wichtig zu überlegen, was die Grundmenge, Definitionsmenge und Lösungsmenge der Gleichung ist.

Grundmenge G: Aus dem Bereich der Grundmenge stammen stets alle Lösungen. Ist die Grundmenge nicht angegeben, gilt üblicherweise die Menge der reellen Zahlen ($G = \mathbb{R}$) als Grundmenge.

Definitionsmenge $\mathbb{D}$: Die Menge aller Zahlen, für die eine Gleichung oder Ungleichung eine sinnvolle (wohldefinierte) wahre oder falsche Aussage darstellt, ist die Definitionsmenge. Die angegebene Definitionsmenge ist eine sinnvolle und erlaubte Teilmenge der Grundmenge.

Lösungsmenge $\mathbb{L}$: Die Menge aller Lösungen einer Gleichung nennt man Lösungsmenge. Element der Lösungsmenge können nur Zahlen sein, die Element der Definitionsmenge sind.

Nützliche Details

Eine Lösungsmenge kann ein Element, mehrere Elemente oder unendlich viele Elemente aus der vorgegeben Grundmenge enthalten. Enthält die Lösungsmenge kein Element, dann ist sie leer (leere Lösungsmenge). Die Lösungsmenge kann folgendermaßen geschrieben werden:
$\mathbb{L} = \{1\}$; $\mathbb{L} = \{1; 2; 3\}$; $\mathbb{L} = \mathbb{R}$ oder $\mathbb{L} = \{\text{leer}\}$.
Die Definitionsmenge muss unter anderem bei Funktionen, Wurzeln und Bruchgleichungen besonders beachtet werden. Der Definitionsbereich schließt alle Werte aus der Grundmenge aus, für die z. B. der Nenner eines Bruches Null wird oder ein Wurzelterm einen negativen Radikanden erhält.
Schreibweisen: $\mathbb{D} = \mathbb{R}$, $\mathbb{D} = \mathbb{Q}$; $x \neq 1$ ($\mathbb{Q}$ außer $x = 1$), $\mathbb{D} = \mathbb{N}\setminus\{1\}$ (alle natürlichen Zahlen außer 1).

Wann sind diese Zusammenhänge nützlich?

Zahlen der Grundmenge sind dann nicht Element der Definitionsmenge, wenn für sie keine wahre oder falsche Lösung ermittelt werden kann. Die Behauptung der Gleichung ist dann weder falsch noch richtig, sie ist sinnlos. Die Definitionsmenge kann Elemente der Lösungsmenge enthalten. Löst man Gleichungen, ist die Definitionsmenge immer zuerst zu bestimmen und zu beachten, dass nur deren Elemente Lösungen sein können. Erweitert man beim Berechnen z. B. Brüche, so können sich rechnerisch „Lösungen" ergeben, die zuvor aus der Definitionsmenge ausgeschlossen wurden.

Aufgaben zu den Grundfertigkeiten und zum Trainieren

1 Ordne den Gleichungen die Anzahl der Lösungen, die Lösungen und die Lösungsmengen zu.

	Gleichung			Anzahl der Lösungen		Lösungsmenge		Lösungen
(1)	$10 = x + 5$	$G = \mathbb{R}$	(I)	keine Lösung	(A)	$\mathbb{L} = \{-3\}$	**a.**	$x \notin \mathbb{N}$
(2)	$4x - 4 = 4(x - 1)$	$G = \mathbb{R}$	(II)	eine Lösung	(B)	$\mathbb{L} = \{\{9\}$	**b.**	$x = 9$
(3)	$x^2 = 16$	$G = \mathbb{R}$	(III)	eine Lösung	(C)	$\mathbb{L} = \{\text{leer}\}$	**c.**	$x \notin \mathbb{R}$
(4)	$x - 1 = x$	$G = \mathbb{R}$	(IV)	keine Lösung	(D)	$\mathbb{L} = G$	**d.**	$x = 5$
(5)	$0{,}5x - 1 = 2{,}5x + 5$	$G = \mathbb{Z}$	(V)	eine Lösung	(E)	$\mathbb{L} = \{-4; 4\}$	**e.**	$x_1 = -4; x_2 = 4$
(6)	$6x - 4 = 2x + 6$	$G = \mathbb{N}$	(VI)	zwei Lösungen	(F)	$\mathbb{L} = \{\text{leer}\}$	**f.**	$x = -3$
(7)	$x^2 = 81$	$G = \mathbb{N}$	(VII)	unendlich viele Lösungen	(G)	$\mathbb{L} = \{5\}$	**g.**	$x \in \mathbb{R}$

2 Untersuche folgende Aussagen zum Definitionsbereich. **Hinweis:** Nur eine Aussage ist jeweils wahr.

(A) Für $2a : x$ lautet der Definitionsbereich: **a.** $\mathbb{D} = \mathbb{R}$; **b.** $\mathbb{D} = \mathbb{R}$; $x \neq 0$; **c.** $\mathbb{D} = \mathbb{R}$; $x \leq 1$.

(B) Die Definitionsmenge einer Gleichung ist die Menge aller Zahlen, für die sie **a.** eine wahre Aussage darstellt; **b.** eine überprüfbare Aussage, die wahr oder falsch sein kann, darstellt; **c.** eine falsche Aussage darstellt.

(C) Den Definitionsbereich muss man besonders beachten: **a.** bei Bruchgleichungen; **b.** bei linearen Gleichungen; **c.** bei quadratischen Gleichungen.

(D) Der Definitionsbereich für die Gleichung $6 : (-x + 2) = 10$ lautet:
a. $\mathbb{D} = \mathbb{R}$; **b.** $\mathbb{D} = \mathbb{R}$; $x \neq 0$; **c.** $\mathbb{D} = \mathbb{R}$; $x \neq 2$.

(E) Für die Gleichung $\frac{1}{(x^2 - 16)} = 4$ ist der Definitionsbereich:
a. $\mathbb{D} = \mathbb{R}$; $x \neq 4, -4$; **b.** $\mathbb{D} = \mathbb{R}$; $x = 4, -4$; **c.** $\mathbb{D} = \mathbb{R}$.

(F) Die Gleichung $\sqrt{x} = y$ kann den Definitionsbereich haben: **a.** $\mathbb{D} = \mathbb{R}$; **b.** $\mathbb{D} = \mathbb{N}$; **c.** $\mathbb{D} = \mathbb{Z}$.

3.5 Lineare Ungleichungen

Überblick

Lineare Ungleichungen unterscheiden sich von linearen Gleichungen dadurch, dass der Term in der allgemeinen Form nicht gleich null gesetzt wird, sondern in einer Relation zu null steht: <, >, ≤, ≥ oder ≠.
Die allgemeine Form lautet also $mx + b \neq 0$, $mx + b < 0$ etc. ($m, b \in \mathbb{R}$)

> Beim Lösen einer linearen Ungleichung kehren sich bei der Multiplikation und Division mit negativen Zahlen und negativen Termen die Relationszeichen um: aus größer als (>) wird kleiner als (<) usw. Auch beim Vertauschen der Seiten der Ungleichung muss das Relationszeichen umgekehrt werden. Bis auf diese Unterschiede werden lineare Ungleichungen genauso wie lineare Gleichungen behandelt.

Beispiel

Wortvorschrift: Am Tag werden Temperaturen von 1 °C und mehr erreicht.
Ungleichung: $x \geq 1$ ($x \in \mathbb{R}$)
Lösungsmenge: $\mathbb{L} = \{1;\ 1{,}5;\ 2,\ 2{,}5;\ \ldots\}$

Wann sind diese Zusammenhänge nützlich?

Ungleichungen finden Anwendung, wenn man für eine Aufgabenstellung verschiedene Lösungen aus einem bestimmten Bereich angeben kann.
Eine Anwendung ist die Dreiecksungleichung aus der Geometrie: Eine Dreiecksseite ist maximal so lang wie die Summe der beiden anderen Seiten des Dreiecks ($a + b \leq c$).
Die Angabe von Definitionsbereichen erfolgt oft in der Form einer „doppelten" Ungleichung (z. B. $-4 \leq x \leq 4$).

Aufgaben zu den Grundfertigkeiten und zum Trainieren

1 Zwei Seiten eines dreieckigen Fensters sind jeweils 1,5 m lang. Stelle für diesen Fall die Dreiecksungleichung auf und löse sie. Formuliere eine Antwort.

2 Welche ganzen Zahlen erfüllen die Ungleichungen? Veranschauliche die Lösungen auf einem Zahlenstrahl.

a. $y > 1$
b. $y < 1$
c. $x \geq 10$
d. $-6 \geq b \geq -10$
e. $a \neq 7$
f. $-2 \leq a \leq 5$
g. $x \neq 0$

3 Finde die Fehler und bestimme die richtigen Lösungen der Ungleichungen.

a.
$$\begin{aligned} 6x - 20x - 6 &> -34 \\ -14x - 6 &> -34 \quad &| +6 \\ -14x &> -28 \quad &| :(-14) \\ x &> 2 \end{aligned}$$

b.
$$\begin{aligned} 25 &\geq 6x - 4x - 6 - 4 \\ 25 &\geq -10x - 10 \quad &| +10 \\ 35 &\geq -10x \quad &| :(-10) \\ -3{,}5 &\leq x \\ x &\leq -3{,}5 \end{aligned}$$

c.
$$\begin{aligned} \tfrac{1}{2}x + \tfrac{3}{4}x &\neq 4 - x \\ \tfrac{3}{8}x &\neq 4 - x \quad &| +x \\ \tfrac{11}{8}x &\neq 4 \quad &| \cdot\tfrac{8}{11} \\ x &\neq \tfrac{32}{11} \end{aligned}$$

4 Bestimme die Lösungen der Ungleichungen in den jeweils angegebenen Zahlenbereichen.

a. $12x < 144$ ($\mathbb{N}$)
b. $6 - 3x > -3$ ($\mathbb{N}$)
c. $2x - 5 - 12x + 7 \geq 100$ ($\mathbb{R}$)
d. $\frac{1}{2}x - 20 < -2x - 14$ ($\mathbb{N}$)
e. $6x - 10 \neq 2x + 6$ ($\mathbb{Z}$)
f. $12x - 144 \geq 0$ ($\mathbb{Z}$)
g. $\frac{x}{5} - (x - 13) < x - \frac{x}{2}$ ($\mathbb{Z}$)
h. $2y + 5 < 15$ ($\mathbb{Z}$)

5 Ordne den Wortvorschriften die Ungleichungen zu und löse sie.

a. Eine Seite eines Rechtecks ist 6 cm kürzer als die andere Seite. Der Umfang ist größer als 20 cm.
b. Ein Spiel dauert 12 Minuten länger als ein anderes Spiel. Beide Spiele dauern länger als 2 Stunden.
c. Kevin gab 5 € mehr aus als Yasemin. Zusammen gaben beide weniger als 50 € aus.

3.6 Lineare Gleichungssysteme

Überblick

Aufgaben mit 2 Unbekannten kann man lösen, wenn man auch zwei Gleichungen hat, die diese beiden Unbekannten verknüpfen. Sind beide Gleichungen linear, so spricht man von einem linearen Gleichungssystem. Zur Lösung werden die beiden Gleichungen (I) und (II) verknüpft.

Es gibt drei Lösungsverfahren:

Beim **Gleichsetzungsverfahren** werden beide Gleichungen nach derselben Variablen umgestellt und dann gleichgesetzt. Es ist günstig, wenn beide Gleichungen bereits entsprechend umgestellt vorliegen (z. B. Funktionsgleichungen) oder wenn die Umformung einfach durchgeführt werden kann.

(I) $y = 2x + 3$
(II) $y = x - 5$

$2x + 3 = x - 5 \quad | -x$
$x + 3 = -5 \quad | -3$
$x = -8$
$y = x - 5$
$y = -8 - 5 = -13$

Beim **Einsetzungsverfahren** wird eine Gleichung nach einer Variablen umgestellt und der Term, der dieser Variablen gleich ist, wird in die andere Gleichung eingesetzt. Es ist günstig, wenn bereits eine der Gleichungen nach einer Variablen umgestellt ist.

(I) $x = y + 2$
(II) $2x + 6 = y$

$2(y + 2) + 6 = y$
$2y + 10 = y \quad | -2y$
$10 = -y$
$y = -10$
$x = -10 + 2 = -8$

Beim **Additionsverfahren** werden beide Gleichungen addiert. Sind sie gleich strukturiert (aufgebaut), so fällt in der Ergebnis-Gleichung eine Variable weg. Für dieses Verfahren sollten die Gleichungen bereits Gegenterme (z. B. $2x$ und $-2x$) enthalten oder dies sollte durch einfaches Umformen erreicht werden.

(I) $-2x - y = 8$
(II) $2x + 2y = -4$

$-2x - y = 8$
$(+)\ 2x + 2y = -4$
$y = 4$
$2x + 8 = -4 \quad | -8; :2$
$x = -6$

Aufgaben zu den Grundfertigkeiten

1 Auf einem Bauernhof gibt es zusammen 28 Hühner (x) und Katzen (y). Die Anzahl der Beine beträgt insgesamt 72. Wie viele Katzen und wie viele Hühner leben auf dem Bauernhof?

a. Wähle das passende Gleichungssystem aus und löse es. Führe die Probe durch.
b. Denke dir eine ähnliche Aufgabe aus.

A		B		C	
	(I) $x \cdot y = 28$ (II) $2x \cdot 4y = 72$		(I) $x + y = 72$ (II) $2x + 4y = 28$		(I) $x + y = 28$ (II) $2x + 4y = 72$

2 Löse mit dem Gleichsetzungsverfahren:

A		B		C	
	(I) $x = y + 5$ (II) $x = 2y - 7$		(I) $y = \frac{1}{2}x - 8$ (II) $y = 2x + 4$		(I) $0{,}5x + 2 = y$ (II) $2x + 0{,}5 = y$

3 Löse mit dem Einsetzungsverfahren:

A	B	C
(I) $x = y - 2$ (II) $x - 2y = 8$	(I) $x = 72 - y$ (II) $2x + 4y = 28$	(I) $x + y = 28$ (II) $2x + 4y = 72$

4 Löse mit dem Additionsverfahren:

A	B	C
(I) $x + 2y = 12$ (II) $-x - y = -10$	(I) $-2x + 6y = -50$ (II) $2x + 4y = 150$	(I) $x + 0{,}5y = 18$ (II) $x + 1{,}5y = 12$

Aufgaben zum Trainieren

5 Gegeben ist folgendes Gleichungssystem: (I) $y = 3x + 4$ (II) $y = -\frac{1}{2}x - 4$

a. Löse das Gleichungssystem (TIPP: Gleichsetzungsverfahren) rechnerisch und führe die Probe durch.

b. Erstelle für jede Gleichung eine Wertetabelle ($-4 \le x \le 4$; Schrittweite 1).

c. Zeichne beide Graphen in ein Koordinatensystem und gib den Schnittpunkt beider Geraden an.

d. Welcher Zusammenhang besteht zwischen der rechnerischen und der grafischen Lösung?

6 Löse folgende Gleichungssysteme. Nutze jeweils ein geeignetes Lösungsverfahren. Führe die Proben durch.

a. (I) $x = (4y - 10) : 2$ (II) $y - 4 = (x - 3) : 3$

b. (I) $9x - 4y + 6 = 0$ (II) $-3x = -y$

c. (I) $10x = 46 + 7y$ (II) $22 = 4x - y$

7 Stelle für die gegebenen Wortvorschriften die entsprechenden Gleichungssysteme auf und löse sie.

(A) Die Differenz zweier Zahlen ist 10 und ihre Summe beträgt 20.

(B) Das Doppelte einer Zahl vermehrt um eine andere Zahl ist 120. Die Summe beider Zahlen beträgt 80.

(C) Die Hälfte einer Zahl mit −5 addiert ergibt eine andere Zahl. Die Differenz beider Zahlen ist −12.

8 Formuliere für folgende Gleichungssysteme die Wortvorschriften. Löse anschließend die Gleichungssysteme und führe die Proben durch.

A	B	C
(I) $x - y = 34$ (II) $x + y = 44$	(I) $x = 2y + 1$ (II) $y = x - 1$	(I) $0{,}5x - 1 = y$ (II) $x + y = 11$

9 Familie Sonnenschein möchte die Maße ihrer rechteckigen Terrasse verändern. Der Flächeninhalt soll gleich bleiben. Eine Seite der Terrasse ist 5 m lang und wird um 40 cm verlängert. Die andere Seite wird um 20 cm verkürzt. Wie lang war die andere Seite der Terrasse ursprünglich?

10 Frau Süß kauft insgesamt 25 Nougatkugeln und Marzipanpralinen für zusammen 16,75 €. Wie viel hat sie von jeder Sorte gekauft? Notiere deinen Rechenweg und formuliere eine Antwort. TIPP: Stelle zunächst ein Gleichungssystem auf.

11 München (lat. *bei den Mönchen*) ist laut erster urkundlicher Erwähnung 79 Jahre älter als Berlin (slaw. *Sumpf*). Zusammen sind die beiden Städte 1623 Jahre alt (Stand 2009). Wie alt ist jede Stadt?

12 Gegeben sind die Punkte $P_1(0\,|\,2)$ und $P_2(0\,|\,-2)$.

a. Stelle eine Gleichung (I) der Form $y = 2x + b$ auf. Der Punkt $P_1(0\,|\,2)$ soll auf der Geraden liegen.

b. Stelle eine zweite Gleichung (II) der Form $y = -2x + b$ auf. Auf dieser Geraden soll der Punkt $P_2(0\,|\,-2)$ liegen.

c. Löse das entstandene Gleichungssystem rechnerisch.

d. Zeichne beide Geraden in ein Koordinatensystem ein.

e. Bestimme aus dem Koordinatensystem die grafische Lösung und vergleiche sie mit der rechnerischen.

13 Renate und Erich machen sich einen gemütlichen Nachmittag in einem Eiscafé. Erich muss für einen Eisbecher und 2 Tassen Kaffee 6,20 € bezahlen. Renate bezahlt für 2 Eisbecher und eine Tasse Kaffee 9,55 €.

a. Bestimme den Preis für einen Eisbecher und für eine Tasse Kaffee.

b. An einem anderen Tisch beträgt die Rechnung 28,15 € für insgesamt 12 Bestellungen (Eisbecher und Tassen Kaffee). Wie viele Eisbecher und wie viele Tassen Kaffee wurden bestellt?

14 Eine Reise nach Südtirol kostet das Doppelte einer Reise in den Harz und wird mit 30 € Rabatt angeboten. Berechne die Preise beider Reisen, wenn sie zusammen 600 € kosten.

3.7 Quadratische Gleichungen

Überblick

Quadratische Gleichungen haben allgemein die Form:
$0 = ax^2 + bx + c,\ a \neq 0$
Für diese Form gilt die **Lösungsformel**:

$$x_{1,2} = \frac{-b \pm \sqrt{b^2 - 4ac}}{2a}$$

Weil $a \neq 0$, kann die Gleichung durch a dividiert werden:

$$0 = x^2 + \frac{b}{a}x + \frac{c}{a}$$

- absolutes Glied: $\frac{c}{a} = q$
- lineares Glied: $\frac{b}{a} = p$
- quadratisches Glied: 1

Parabeln

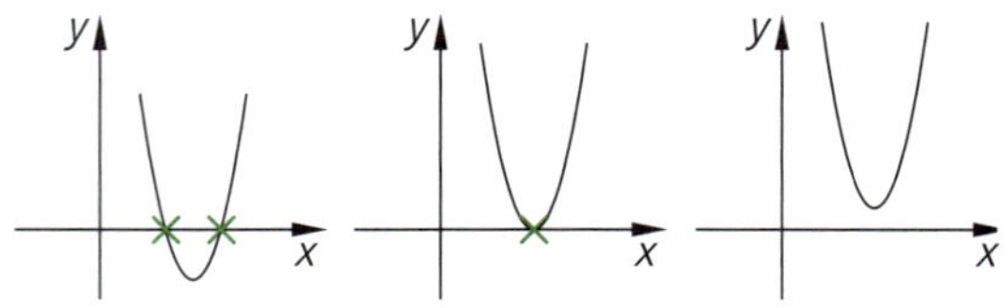

Die Lösungen quadratischer Gleichungen sind geometrisch die **Nullstellen** ihrer entsprechenden quadratischen Funktion. Der Graph kann zwei, eine oder keine Nullstellen haben, entsprechend können quadratische Gleichungen zwei, eine oder keine Lösung haben.

$0 = x^2 + px + q$ ist die **Normalform** der quadratischen Gleichung.
Sie kann mit folgender Lösungsformel (**pq-Formel**) gelöst werden:

$$x_{1,2} = -\frac{p}{2} \pm \sqrt{\left(\frac{p}{2}\right)^2 - q}$$

Satz von VIETA: Sind x_1 und x_2 die Lösungen der Gleichung in Normalform, dann gilt: $x_1 \cdot x_2 = q$ und $x_1 + x_2 = -p$

Der Ausdruck unter dem Wurzelzeichen in der pq-Formel $\left(\left(\frac{p}{2}\right)^2 - q\right)$ heißt **Diskriminante D**. Mit D kann man bequem die Anzahl der Lösungen der quadratischen Gleichung unterscheiden:
$D > 0$: zwei Lösungen x_1 und x_2
$D = 0$: eine Lösung
$D < 0$: keine reelle Lösung

Wann sind diese Zusammenhänge nützlich?

Mit quadratischen Gleichungen können Sachaufgaben gelöst werden, die eine quadratisch auftretende Unbekannte (Variable) enthalten. Mit dem Satz von *VIETA* kann man nach dem Lösen der Gleichung die Probe durchführen und die Normalform der quadratischen Gleichung aufstellen.

Aufgaben zu den Grundfertigkeiten

1 Gegeben sind die Gleichungen
(A) $x^2 - 9x = -14$ (B) $2x^2 - 64 = 8x$ (C) $\frac{1}{10}x^2 - 2x = -10$ (D) $x^2 = \frac{2}{3}x + \frac{1}{3}$

a. Bringe die Gleichungen in die Normalform und bestimme p und q.
b. Löse die quadratischen Gleichungen und gib die Lösungsmenge an.

2 Gegeben sind die Lösungen einer quadratischen Gleichung:
(A) $\mathbb{L} = \{6; -4\}$ (B) $\mathbb{L} = \{12; 0\}$ (C) $\mathbb{L} = \{4,5; 3\}$

Bestimme mit dem Satz von VIETA p und q und dann die Normalform.

3 Stelle die quadratischen Gleichungen auf und löse sie. Gib die Lösungsmengen an.
a. Das Produkt aus der Summe einer Zahl und 6 und der Differenz dieser Zahl und 4 ergibt 0.
b. Quadriert man die Summe einer Zahl und 8, dann erhält man 49.
c. Subtrahiert man vom Quadrat einer Zahl das Doppelte der Zahl, dann erhält man 120.

Aufgaben zum Trainieren

4 Bestimme die beiden gesuchten Zahlen. TIPP: Es gibt jeweils 2 Lösungsmöglichkeiten.
a. Eine Zahl ist um 8 kleiner als eine andere Zahl. Das Produkt beider Zahlen beträgt 209.
Wähle die richtige Gleichung aus und löse sie.
(I) $x(x - 8) = 209$ (II) $x + (x + 8) = 209$ (III) $x + 8y = 209$
b. Eine Zahl ist um 4 größer als eine andere Zahl. Das Produkt beider Zahlen beträgt 60.

5 Aus einem Quadrat wird ein Rechteck: Eine Seite des Quadrats verlängert sich um 6 cm und die andere Seite verkürzt sich um 4 cm, so entsteht ein Rechteck mit dem Flächeninhalt von 56 cm^2.
a. Fertige eine Skizze des Rechtecks an und beschrifte seine Seiten mit den passenden Termen.
b. Wie lang war die Seite des ursprünglichen Quadrates?
c. Bestimme die Länge der Seiten des neuen Rechtecks.

6 Der Aktionskünstler Hugo Toll fertigt aus einem quadratischen Blech eine rechteckige Installation. Er halbiert eine Seite und verlängert die andere um 10 dm. Dadurch verringert sich die Fläche des ursprünglichen Quadrats um 5 dm^2. Welche Seitenlänge hatte das Quadrat?
a. Fertige eine Skizze an, die den Sachverhalt darstellt.
b. Welche Gleichung beschreibt den Sachverhalt richtig?
(A) $\frac{a}{2} \cdot (a - 10) = a^2 + 5$ (B) $\frac{a}{2} \cdot (a + 5) = a^2 - 10$ (C) $\frac{a}{2} \cdot (a + 10) = a^2 - 5$

c. Löse die ausgewählte Gleichung. Runde das Ergebnis auf Zehntel genau und formuliere einen Antwortsatz.

7 In einer Zeile haben sich Gina und Jörg verrechnet. Finde die Fehler und gib die richtigen Lösungen an.

Gina	
$4x^2 - 16x = 12 \quad \| :4$	$x_{1,2} = -\frac{p}{2} \pm \sqrt{\left(\frac{p}{2}\right)^2 - q}$
$x^2 - 4x = 3 \quad \| -3$	$= 2 \pm \sqrt{4 - 3}$
$x^2 - 4x - 3 = 0$	$= 2 \pm \sqrt{1}$
$p = -4;\ q = -3$	$= 2 \pm 1$
	$x_1 = 2 + 1 = 3$
	$x_2 = 2 - 1 = 1$

Jörg	
$21x - 18 = 3x^2 \quad \| :3$	$x_{1,2} = -\frac{p}{2} \pm \sqrt{\left(\frac{p}{2}\right)^2 - q}$
$7x - 6 = x^2 \quad \| -7x$	$= -3 \pm \sqrt{9 - 7}$
$-6 = x^2 - 7x \quad \| +6$	$= -3 \pm \sqrt{16}$
$0 = x^2 - 7x + 6$	$= -3 \pm 4$
$p = 6;\ q = -7$	$x_1 = -3 + 4 = 1$
	$x_2 = -3 - 4 = -7$

8 **a.** Löse die quadratische Gleichung $x^2 + 2x - 8 = 0$ rechnerisch.
b. Zeichne die zugehörige Funktion $y = x^2 + 2x - 8$ in ein Koordinatensystem.
c. Finde einen Zusammenhang zwischen den Lösungen der quadratischen Gleichung und der Parabel.

9 Das Verhältnis der Länge zur Breite eines LCD-Fernsehbildschirms beträgt 16 zu 9. Bestimme die Länge der Seiten des Bildschirmes. Bildschirmdiagonalen werden oft auch in Zoll angegeben. Berechne die Länge der Bildschirmdiagonalen in Zoll.
TIPP: 1 Zoll = 2,54 cm.

10 Ein Wanderer geht geradlinig in Richtung Osten mit 5 km pro Stunde. Vom selben Startpunkt bricht ein zweiter Wanderer in Richtung Norden auf. Er wandert mit 6 km in der Stunde. Nach wie vielen Stunden haben die Wanderer einen Abstand (Luftlinie) von 40 km erreicht? TIPP: Fertige eine Skizze mit Beschriftung an.

3.8 Proportionale und antiproportionale Zuordnungen

Überblick

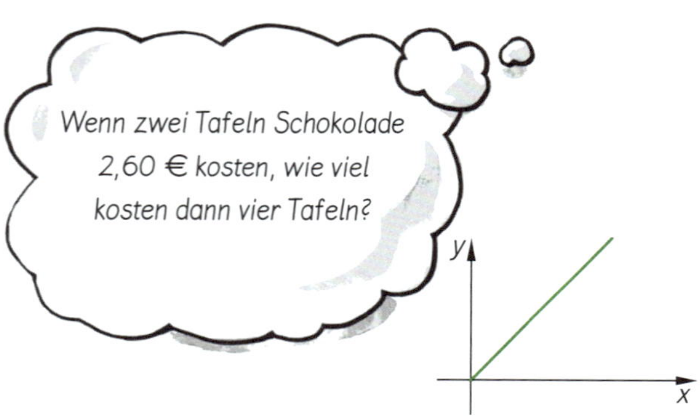

Zwei Größen (x und y) sind proportional zueinander, wenn gilt: Verdoppelt sich die eine Größe, so verdoppelt sich die andere auch.
$\frac{y}{x} = k =$ konstant (k = Proportionalitätsfaktor)

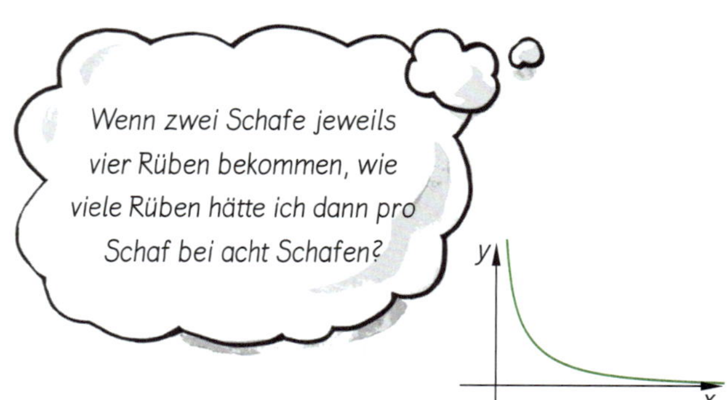

Zwei Größen (x und y) sind antiproportional zueinander, wenn gilt: Verdoppelt sich die eine Größe, so halbiert sich die andere.
Es gilt: $x \cdot y = k =$ konstant
(k = Proportionalitätsfaktor)

Rechenverfahren

Dreisatz

	Tafeln	Preis	
:2	2	2,60 €	:2
·4	1	1,30 €	·4
	4	5,20 €	

Verhältnisgleichung

$\frac{x}{4\text{ Tafeln}} = \frac{2{,}60\text{ €}}{2\text{ Tafeln}} \Rightarrow x = \frac{4\text{ Tafeln} \cdot 2{,}60\text{ €}}{2\text{ Tafeln}} = 5{,}20\text{ €}$

Dreisatz

	Schafe	Rüben pro Schaf	
:2	2	4	·2
·8	1	8	:8
	8	1	

Produktgleichung

2 Schafe · 4 Rüben = 8 Schafe · x Rüben

$\Rightarrow x\text{ Rüben} = \frac{2\text{ Schafe} \cdot 4\text{ Rüben}}{8\text{ Schafe}} = 1\text{ Rübe}$

Wann sind diese Zusammenhänge nützlich?

Dreisatz, Verhältnisgleichung und Produktgleichung sind Lösungsverfahren, um aus mindestens 3 gegebenen Werten den unbekannten Wert x zu berechnen. Verhältnisgleichung und Dreisatz lassen sich auch für die Prozentrechnung und zum Umrechnen von Maßeinheiten nutzen.

Aufgaben zu den Grundfertigkeiten und zum Trainieren

1 Liegt eine proportionale oder eine antiproportionale Zuordnung oder keines von beiden vor? Begründe.

- **a.** Zeit seitdem Wasser in eine Badewanne läuft ⇒ Wasserstandshöhe in der Badewanne
- **b.** Anzahl der Zimmer einer Wohnung ⇒ Anzahl der Personen, die in der Wohnung leben
- **c.** Alter eines Menschen ⇒ Anzahl der Haare eines Menschen
- **d.** Anzahl der eingesetzten Bauarbeiter auf einer Baustelle ⇒ Zeit für die Fertigstellung der Brücke
- **e.** Anzahl befruchteter Blüten eines Apfelbaums ⇒ Anzahl möglicher reifer Äpfel am Apfelbaum
- **f.** Geschwindigkeit eines Personenzuges ⇒ Dauer der Fahrt von einem Ort A zu einem anderen Ort B

2 Liegt in den Beispielen eine Zuordnung vor? Berechne, wenn es möglich ist, die gesuchte Größe.

- **a.** Ein PKW fährt mit $100\,\frac{\text{km}}{\text{h}}$ von A nach B in 20 Minuten. Wie lange benötigt er mit $80\,\frac{\text{km}}{\text{h}}$?
- **b.** Ein Kilogramm Fleisch kostet 6,80 €. Berechne den Preis für 125 g.
- **c.** In einem Supermarkt kaufen 12 Personen für 146 € ein. Wie viel Geld geben 28 Käufer aus?
- **d.** Der Inhalt einer Flasche reicht für vier 0,25-l-Gläser. Für wie viele 0,2-l-Gläser reicht der Inhalt dieser Flasche?

4 Funktionen

4.1 Grundlagen

Überblick

Eine Funktion ist eine **eindeutige Zuordnung**, bei der jedem Element x aus einer Menge $\mathbb{D}$ genau ein Element y aus der Menge W zugewiesen wird. Alle Wertepaare $(x; y)$ bilden die Funktion.
Der **Definitionsbereich** ($\mathbb{D}$) ist die Ausgangsmenge, bestehend aus allen x-Werten.
Der **Wertebereich** (W) ist die Zielmenge, bestehend aus allen y-Werten.

Darstellungsweisen

Funktionen kann man auf verschiedene Weise darstellen:

<table>
<tr><td>Wortvorschrift: Die Zuordnung wird in Worten (verbal) formuliert und ermöglicht das Erfassen des Problems.</td><td>Jeder Zahl x wird ihr Dreifaches zugeordnet.</td></tr>
<tr><td>Wertetabelle: Tabelle mit 2 Spalten oder Zeilen, in der ausgewählte x-Werte den y-Werten zugeordnet werden.</td><td><table><tr><td>x</td><td>-2</td><td>-1</td><td>0</td><td>1</td><td>2</td></tr><tr><td>y</td><td>-6</td><td>-3</td><td>0</td><td>3</td><td>6</td></tr></table></td></tr>
<tr><td>Funktionsgleichung: Durch Einsetzen von x-Werten kann man die zugeordneten y-Werte berechnen. Durch Umstellen der Funktionsgleichung (Formel) ist das Berechnen anderer Größen möglich.</td><td>$y = 3 \cdot x$ oder $f(x) = 3 \cdot x$</td></tr>
<tr><td>Graph im Koordinatensystem: Dies ist die anschaulichste Form der Darstellung. Man kann aus dem Verlauf der Funktion Eigenschaften der Funktion ablesen und die grafische Darstellung interpretieren.</td><td>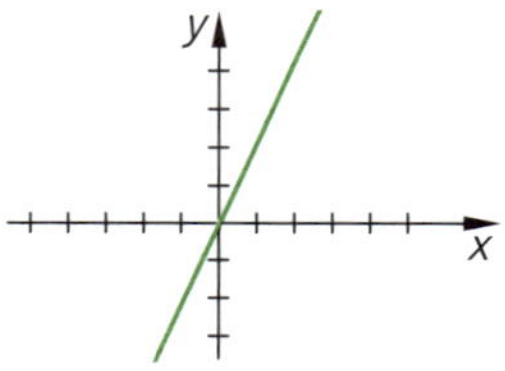
</td></tr>
</table>

Wann sind diese Zusammenhänge nützlich?

Funktionen stellen mathematische Zusammenhänge zwischen verschiedenen Größen her und werden als Formeln dargestellt. Wenn für einen bestimmten Zusammenhang eine Funktion bekannt ist, dann lassen sich die Werte für einzelne Situationen leicht errechnen. Mit dem Graphen einer Funktion können Zusammenhänge anschaulich gemacht werden. Funktionen finden in der Mathematik, den Naturwissenschaften, der Medizin, der Technik und sogar in den Gesellschaftswissenschaften Anwendung.

Aufgaben zu den Grundfertigkeiten

1 Bestimme, ob die Zuordnungen eindeutig sind. Begründe deine Entscheidungen.

a. Jedem Menschen wird genau ein Geburtsort zugeordnet.
b. Jedem Kapitelanfang wird genau eine Seite in einem Buch zugeordnet.
c. Jeder Information wird über eine Adresse ein Bereich auf einer Festplatte zugeordnet.
d. Jedem Fahrzeughalter wird genau ein Autokennzeichen zugeordnet.
e. Jedem Winkel zwischen den Zeigern einer Uhr wird genau eine Uhrzeit zugeordnet.
f. Jeder Musiknote wird genau ein Ton zugeordnet.
g. Jedem deiner Mitschüler wird genau ein Freund oder eine Freundin zugeordnet.

2 Ordne folgenden Wortvorschriften die entsprechende Funktionsgleichung zu:

	Wortvorschrift
(1)	Jeder natürlichen Zahl ist ihr Doppeltes zugeordnet.
(2)	Jeder Zahl wird ihr um drei Vermindertes zugeordnet.
(3)	Jeder Zahl wird ihr Fünffaches und um 3 Vermindertes zugeordnet.
(4)	Jeder Zahl ist ihre Hälfte, vermehrt um 3, zugeordnet.
(5)	Jeder Zahl wird die fünffache Differenz aus ihr und 2 zugeordnet.
(6)	Jeder Zahl ist das Quadrat der Summe aus ihr und 2 zugeordnet.

	Funktionsgleichung
$f_1(x)$	$y = 5x - 3$
$f_2(x)$	$y = 5(x - 2)$
$f_3(x)$	$y = 2x$
$f_4(x)$	$y = (x + 2)^2$
$f_5(x)$	$y = 0{,}5x + 3$
$f_6(x)$	$y = x - 3$

3 Gegeben sind folgende Funktionen im Definitionsbereich: $-8 \le x \le 8$.

a. Vervollständige die Angaben in der Wertetabelle.
b. Zeichne die Graphen der Funktionen in ein Koordinatensystem.

	Funktion	x	-8	-6	-4	-2	0	2	4	6	8
(a)	$y = 2x - 4$	y									
(b)	$y = \frac{x}{2} + 3$	y									
(c)	$y = -x - 5$	y									

4 Ordne jeder Funktionsgleichung den entsprechenden Graphen zu.

	Funktionsgleichung
$f_1(x)$	$y = -0{,}2x + 4$
$f_2(x)$	$y = 4$
$f_3(x)$	$y = 0{,}5x - 2$
$f_4(x)$	$y = 4x - 4$
$f_5(x)$	$y = 2x + 4$
$f_6(x)$	$y = x - 2$
$f_7(x)$	$y = \frac{1}{2}x$
$f_8(x)$	$y = -4x - 4$

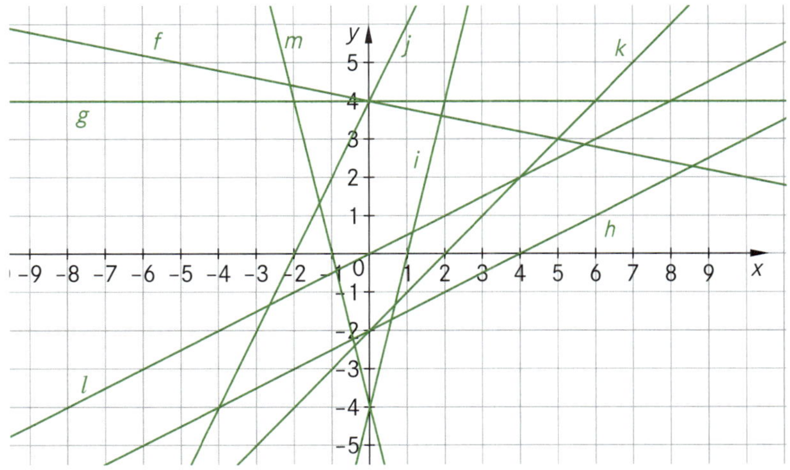

Aufgaben zum Trainieren

5 **a.** Welche Geschichte passt zu welchem Weg-Zeit-Diagramm?

(I) Ein Segelschiff bewegt sich bis zu einer Boje und verbleibt dort kurz. Anschließend wendet das Schiff und segelt die Strecke langsam zurück. Kurz vor dem Ziel kommt das Schiff in einen heftigen Sturm und wird von den Wellen hin- und hergeworfen.

(II) Marcus spaziert gemächlich durch einen Park. Nachdem er mit einem Jogger ein Stück des Weges mitgelaufen ist, gönnt Marcus sich eine Pause. Für den Rückweg fährt er 3 Stationen mit einem Bus und schlendert von der Bushaltestelle nach Hause.

(III) Linda ist mal wieder spät dran. Sie läuft zur Straßenbahnhaltestelle, verpasst aber ihre Bahn. Nach einigen Minuten kommt die nächste Bahn, mit der sie 2 Stationen fährt. Zur Schule ist es nun nicht mehr weit und Linda trödelt vor sich hin. Als sie die Klingel hört, sprintet sie die letzten Meter bis zum Schulhaus.

Diagramm A

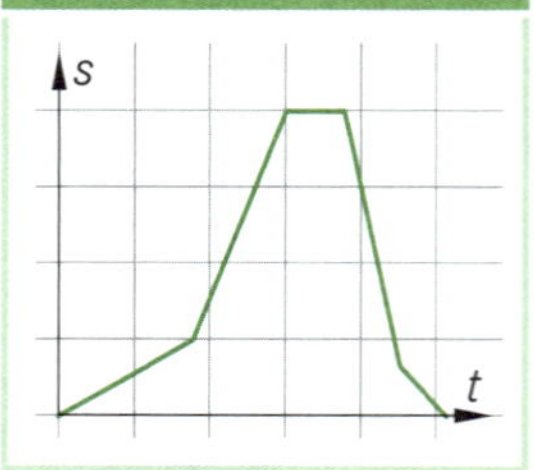

Diagramm B

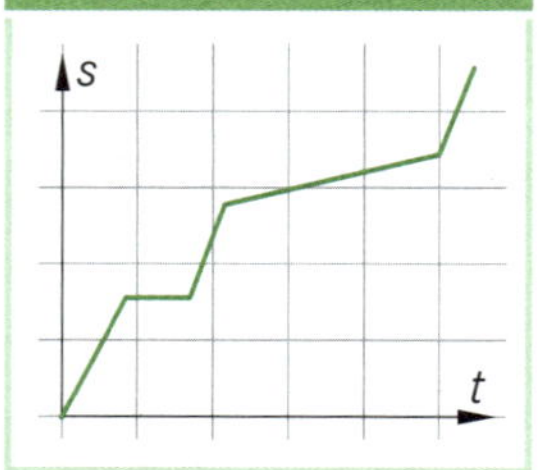

Diagramm C

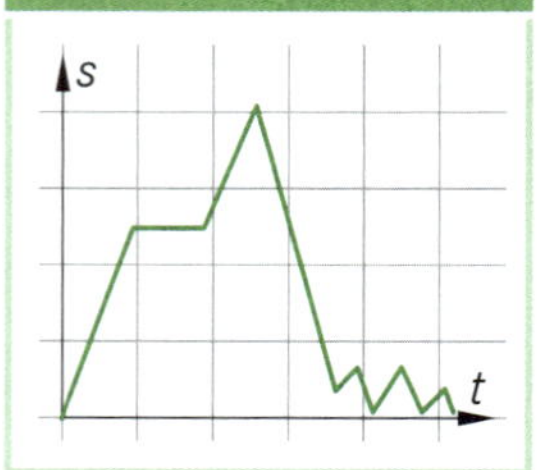

Diagramm D

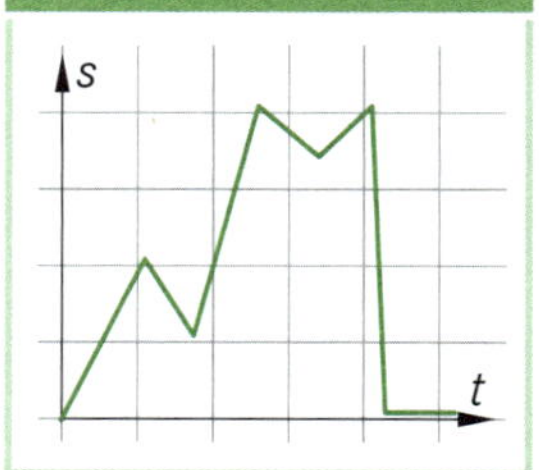

b. Ein Diagramm ist übrig geblieben. Schreibe für dieses Diagramm selbst eine passende Geschichte.

6 Die folgenden Gefäße werden gleichmäßig mit Wasser gefüllt. Ordne jedem Gefäß einen der Graphen zu, der jeweils am besten zeigt, wie sich der Flüssigkeitsstand beim Befüllen ändert. Begründe deine Entscheidungen.

Behälter 1

Behälter 2

Behälter 3

Graph A

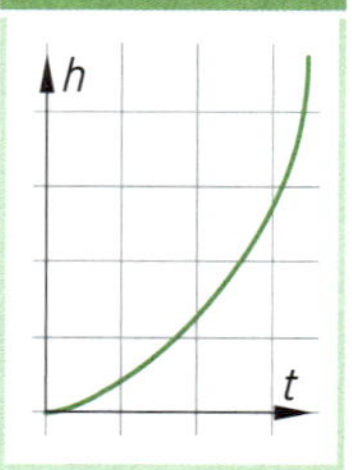

Graph B

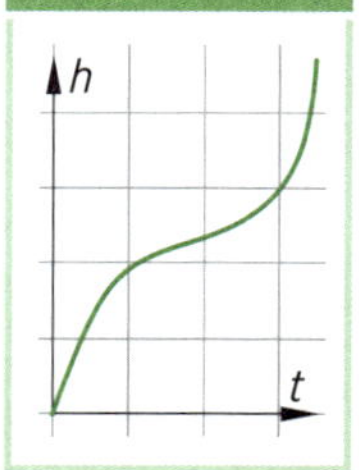

Graph C

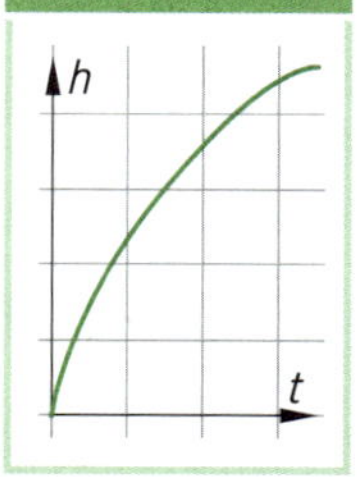

4.2 Lineare Funktionen

Überblick

Lineare Funktionen haben die allgemeine Form: $y = mx + b$ ($m, b \in \mathbb{R}$), ihre Graphen sind Geraden.
Es gilt:

- m ist der Anstieg oder die **Steigung**: $m = \frac{y_2 - y_1}{x_2 - x_1}$, P_1 und P_2 sind zwei beliebige Punkte auf der Geraden
- b ist der Schnittpunkt mit der y-Achse (**y-Achsenabschnitt**).

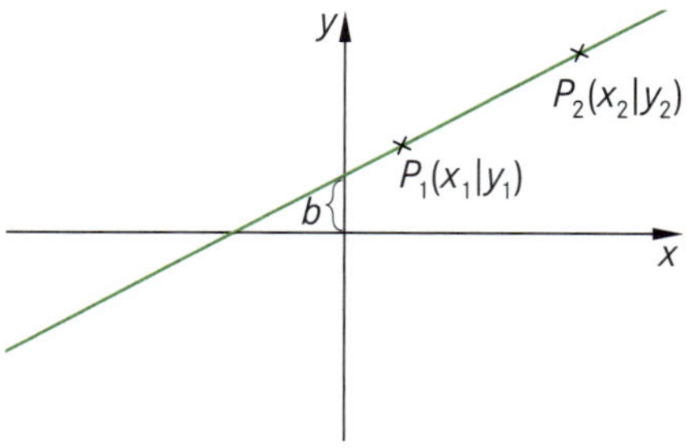

Lineare Funktionen haben den Definitionsbereich D: $x \in \mathbb{R}$ und den Wertebereich W: $y \in \mathbb{R}$

Nützliche Details

- Eine Gerade wird durch zwei auf ihr liegende Punkte eindeutig bestimmt.
  Dies kann man nutzen, wenn man

a. Lineare Funktionen zeichnet:
- Bestimme den Schnittpunkt mit der *y*-Achse *b*, indem du in der Funktionsgleichung $x = 0$ setzt.
- Trage ein Kreuz an der entsprechenden Stelle auf der *y*-Achse ein.
- Lies den Anstieg *m* aus der Funktionsgleichung ab, schreibe ihn als Bruch $\left(\text{z. B. } \frac{2}{1}\right)$.
- Zeichne ein Steigungsdreieck.
- Zeichne an der erreichten Stelle ein Kreuz ein, verbinde beide Kreuze mit einer geraden Linie.

b. Funktionsgleichungen $f(x)$ aus dem Koordinatensystem abliest:
- Lies den Schnittpunkt *b* mit der *y*-Achse ab.
- Bestimme mit einem Steigungsdreieck den Anstieg *m*.
- Setze *m* und *b* in die allgemeine Gleichung ein.

- Zwei Geraden $y_1 = m_1x + b_1$ und $y_2 = m_2x + b_2$ stehen senkrecht aufeinander, wenn gilt: $m_1 \cdot m_2 = -1$.
- Zwei Geraden sind parallel, wenn sie die gleiche Steigung haben.

Wann sind diese Zusammenhänge nützlich?

Annähernd gleichmäßig oder monoton ablaufende Vorgänge in Natur, Gesellschaft und Technik können mit linearen Funktionen mathematisch beschrieben werden.

Aufgaben zu den Grundfertigkeiten

1 Zeichne in ein Koordinatensystem die folgenden Geraden ein und gib die zugehörigen Funktionsgleichungen an.

a.	Gerade durch:
$f_1(x)$	$P_1\,(0\,|\,2)$ und $P_2\,(4\,|\,0)$
$f_2(x)$	$P_1\,(4\,|\,4)$ und $P_2\,(0\,|\,0)$
$f_3(x)$	$P_1\,(-3\,|\,-3)$ und $P_2\,(5\,|\,-2)$

b.	Gerade durch:
$f_4(x)$	$P_1\,(3\,|\,2)$ und $P_2\,(-3\,|\,-4)$
$f_5(x)$	$P_1\,(2\,|\,-4{,}5)$ und $P_2\,(0\,|\,-4)$
$f_6(x)$	$P_1\,(1\,|\,1)$ und $P_2\,(-1\,|\,-3)$

c.	Gerade durch:
$f_7(x)$	$P_1\,(5\,|\,0)$ und $P_2\,(-5\,|\,0)$
$f_8(x)$	$P_1\,(5\,|\,2)$ und $P_2\,(0\,|\,1)$
$f_9(x)$	$P_1\,(-5\,|\,2)$ und $P_2\,(5\,|\,1)$

2 Zeichne folgende Funktionen in das gleiche Koordinatensystem.
Bestimme zunächst die Schnittpunkte mit der *y*-Achse (*b*) und die Steigungen (*m*).
(I) $y = 5x + 6$ (II) $y = -4x + 3$ (III) $y = \frac{3}{4}$ (IV) $y = \frac{4}{3}x - 1$ (V) $y = -x - 1$ (VI) $y = -6x - 3$

3 Ordne jeder Bedingung für Funktionsgleichungen die zugehörige Verlaufsbeschreibung des Graphen zu. Zeichne zunächst die Graphen der Beispielfunktionen in das gleiche Koordinatensystem.

	Bedingung	**Beispielfunktion**
(1)	für $b = 0$ gilt: $y = mx + 0$	$y = 4 \cdot x$
(2)	für $m = 0$ gilt: $y = 0x + b$	$y = 0x + 3$
(3)	$m < 0$	$y = -2x - 3$
(4)	$m > 0$	$y = 2x + 3$

	Verlaufsbeschreibung
(A)	Der Graph ist monoton fallend.
(B)	Der Graph ist monoton steigend.
(C)	Der Graph verläuft durch den Koordinatenursprung.
(D)	Der Graph verläuft parallel zur x-Achse.

4 Wie verläuft der Graph einer linearen Funktion $y = mx + b$, wenn m und $b = 0$ sind?

5 Gegeben sind 2 sich schneidende Geraden g_1 und g_2:

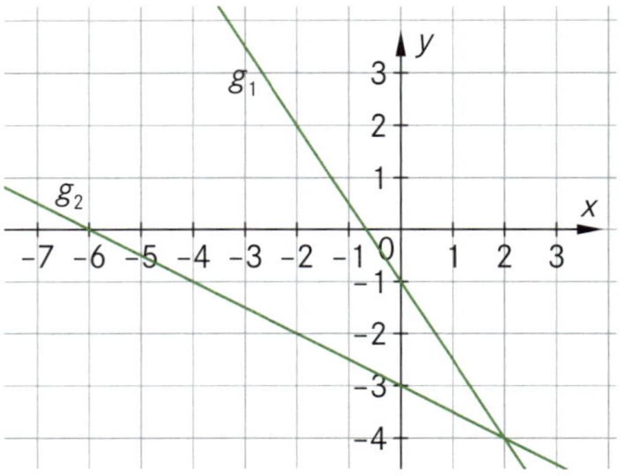

a. Wie lauten die dazugehörenden Funktionsgleichungen?
b. Gib den Definitions- und den Wertebereich an.
c. Ermittle aus dem Diagramm die Schnittpunktkoordinaten.
d. Prüfe rechnerisch die Koordinaten des Schnittpunktes nach.
e. Lies die Nullstellen beider Graphen ab und prüfe rechnerisch.

Aufgaben zum Trainieren

6 Gegeben sind die beiden Funktionen $f_1(x)$: $y = -4x + 4$ und $f_2(x)$: $y = 2x + 4$.
a. Stelle für beide Funktionen jeweils eine Wertetabelle für $-3 \leq x \leq 2$ (Schrittweite 1) auf.
b. Stelle beide Graphen im gleichen Koordinatensystem grafisch dar.
c. Lies den Schnittpunkt der beiden Graphen ab und gib dessen Koordinaten $P(x|y)$ an. Überprüfe rechnerisch.
d. Bestimme die Größe der Fläche, die von beiden Graphen und der x-Achse eingeschlossen wird.

7 Eine 6 m lange Zündschnur brennt mit einer Geschwindigkeit von 2 cm pro Sekunde ab.
a. Die Brenndauer soll mindestens 4 Minuten betragen. Wird die Vorgabe eingehalten?
b. Welche Funktionsgleichung ist für den Abbrennvorgang passend?
(I) $y = 2x - 600$ (II) $y = -2x + 600$ (III) $y = -2x - 600$
c. Stelle die Zuordnung (Länge der Zündschnur in $m \Rightarrow$ Zeit in Sekunden) in einem Koordinatensystem dar.

8 Zwei vollständig gefüllte Behälter verlieren gleichmäßig Wasser.
Aus Behälter A fließen pro Minute 1,5 l und Behälter B verliert 3 l Wasser pro Minute.

a. Welcher Behälter ist zuerst leer?
b. Gib für beide Behälter eine passende Funktionsgleichung an.
c. Zeichne ein Koordinatensystem mit den beiden Graphen und gib den Schnittpunkt der beiden Geraden an.

9 Wie lang ist der Abschnitt der Geraden $y = 1{,}5x + 3$ zwischen der y-Achse und der Geraden $x = 5$?
(**TIPP:** Benutze den Satz des Pythagoras)

10 Die Gerade h ist parallel zur Geraden g mit $y = 2x - 3$ und geht durch den Punkt $P(2\,|\,5)$. Bestimme die Geradengleichung von h.

11 Zwei Fitnesshäuser unterbreiten die nebenstehenden Angebote:

a. Stelle beide Funktionsgleichungen auf und zeichne die Graphen in das gleiche Koordinatensystem.
b. Für wie viele Trainingsstunden entstehen bei beiden Anbietern ungefähr die gleichen Kosten?
c. Paul möchte 10 Stunden trainieren. Welches Angebot ist für ihn günstiger?

4.3 Potenz-, Wurzel- und Exponentialfunktionen

Überblick

Potenzfunktionen: $y = x^n \quad (x \in \mathbb{R};\, n \in \mathbb{Z})$
Mit geraden Zahlen als Exponenten n gilt: Graphen sind achsensymmetrisch zur y-Achse; gemeinsame Punkte der Kurvenschar sind: $(-1\,|\,1)$, $(0\,|\,0)$, $(1\,|\,1)$.
Mit ungeraden Zahlen als Exponenten n gilt: Graphen sind punktsymmetrisch zum Nullpunkt; gemeinsame Punkte der Kurvenschar sind: $(-1\,|\,-1)$, $(0\,|\,0)$, $(-1\,|\,1)$.

Wurzelfunktionen: $\sqrt[n]{x} = x^{\frac{1}{n}}$ $(n \in \mathbb{N},\, n \geq 2;\, x \geq 0)$
$y = \sqrt[n]{x}$ ist die Umkehrfunktion der Potenzfunktion $y = x^n$.

Exponentialfunktionen: $y = a^x \quad (a, x \in \mathbb{R},\, a > 0)$
Exponentialfunktionen haben keine Nullstellen wenn $a > 0$.

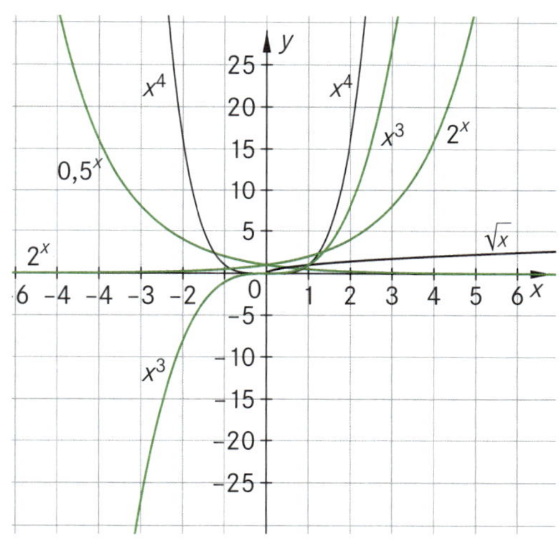

Nützliche Details

> Potenzfunktionen haben die Variable (x) als Basis.
> Wurzelfunktionen sind spezielle Potenzfunktionen mit gebrochenen Zahlen als Exponenten.
> Exponentialfunktionen haben die Variable x im Exponenten, daher die Bezeichnung Exponentialfunktion.

Wachstumsprozesse

Viele Prozesse in Natur, Technik und Gesellschaft ändern sich exponentiell. Dabei verändert sich eine Größe x nicht gleichmäßig um einen festen Betrag, sondern um einen festen Prozentsatz des momentanen Wertes. Die Größe ändert sich also lawinenartig wie bei einer Kettenreaktion immer schneller oder immer langsamer. Die Wachstumsrate gibt den relativen Zuwachs pro Zeiteinheit in Prozent an und ist konstant.

Exponentielle Zunahme: $G = G_0 \cdot a^x$, $a > 1$	Exponentielle Abnahme: $G = G_0 \cdot a^x$, $a < 1$
Eine Anfangsgröße G_0 vergrößert sich um den Faktor a ($a > 1$) nach jeweils gleichen Abständen (Generationen).	Eine Anfangsgröße G_0 verringert sich um den Faktor a ($a < 1$) nach jeweils gleichen Abständen (Generationen).
$G_1 = G_0 \cdot a$; $G_2 = G_1 \cdot a = G_0 \cdot a^2$; $G_3 = G_2 \cdot a = G_0 \cdot a^3$ usw. $\Rightarrow$ $G_n = G_0 \cdot a^n$	
Wachstumsfaktor: $a = 1 + \frac{p}{100} > 1$ Wachstumsrate p in %: $p = (a - 1) \cdot 100$	Wachstumsfaktor: $a = 1 - \frac{p}{100} < 1$ Wachstumsrate p in %: $p = (1 - a) \cdot 100$

Aufgaben zu den Grundfertigkeiten

1 Gegeben sind die Funktionen: (I) $y = x^3$ (II) $y = \sqrt{x}$ (III) $y = x^4$ (IV) $y = 2^x$

a. Ermittle, welche der folgenden Punkte zu welchen Funktionen gehören: $P_1(1 \mid 1)$, $P_2(-1 \mid 1)$, $P_3(0 \mid 0)$, $P_4(0 \mid 1)$.

b. Zeichne die Funktionen in ein Koordinatensystem.

c. Gib die Definitionsbereiche und die Wertebereiche an.

2 Der Graph der Funktion $y = a^x$ verläuft jeweils durch den Punkt:

a. $P_1(1 \mid 6)$ **b.** $P_2(1 \mid 1{,}5)$ **c.** $P_3(2 \mid 4)$ **d.** $P_4(3 \mid 8)$

Gib die Funktionsgleichungen an.

3 Die folgenden Punkte liegen auf der Funktion $y = 2x^4$. Berechne die fehlenden Koordinaten.
$P_1(-4 \mid \square)$, $P_2(\square \mid 162)$, $P_3(1 \mid \square)$, $P_4(\square \mid 2592)$, $P_5(\square \mid 0{,}125)$, $P_6(0{,}2 \mid \square)$, $P_7(12 \mid \square)$, $P_8(0 \mid \square)$

4 Lege für die Potenzfunktion $y = x^{-2}$ eine Wertetabelle an und zeichne den Graphen in ein Koordinatensystem. Formuliere die Eigenschaften der Funktion.

Aufgaben zum Trainieren

5 Auf der Festung Königsstein in Sachsen lässt Chiara in den 152,5 m tiefen Brunnen einen Apfel fallen. Der freie Fall eines Körpers kann annähernd mit der Gleichung $y = 5x^2$ beschrieben werden.

a. Lege eine Wertetabelle für die Fallzeiten x: 1, 2, 3, 4, 5 Sekunden an und berechne den jeweils zurückgelegten Weg y.

b. Zeichne den Graphen der Funktion in ein Koordinatensystem.

c. Wie lange benötigt der Apfel, bis er unten auf dem Boden des Brunnens ankommt?

6 Jeder Kantenlänge (x) eines Würfels wird das Volumen (y) zugeordnet.

a. Wie lautet die Funktionsgleichung?

b. Lege eine Wertetabelle ($0 \leq x \leq 2$; Schrittweite 0,2) an und zeichne den Graphen in ein Koordinatensystem.

7 Auf einem Spielplatz steht eine Schaukel. Die Länge der Seile (x) lässt sich von 1 bis 2,4 m einstellen. Die Zeit in Sekunden für einmal Schaukeln (einmal hin *und* zurück) kann näherungsweise mit der Formel $y = 6{,}3 \cdot \sqrt{\frac{x}{10}}$ beschrieben werden.

a. Erstelle eine Wertetabelle für verschiedene Seillängen ($1 \leq x \leq 2{,}4$; Schrittweite 0,2).

b. Stelle die Werte in einem Koordinatensystem grafisch dar.

c. Deniz schaukelt 6 Minuten. Wie oft schaukelt sie in dieser Zeit hin und her, wenn die Seillänge 2 m beträgt?

8 Ein Blatt Papier wird mehrmals gefaltet. Jedem Faltvorgang x wird die Anzahl der Lagen zugeordnet. Die Funktionsgleichung lautet: $y = 2^x$.

a. Gib die Wachstumsrate und den Wachstumsfaktor an.

b. Erstelle eine Wertetabelle für $0 \leq x \leq 10$ und zeichne den Graphen der Funktion.

c. Überprüfe die berechneten Werte experimentell: Zähle nach jedem Falten die Anzahl der Papierlagen.

d. Wie hoch wäre der Stapel nach hundertmaligem Falten, wenn ein Blatt 0,1 mm dick ist?

9 Bei einer Hausmaus *(lat. Mus musculus)* beträgt die Anzahl der Nachkommen (y) pro Wurf bzw. Generation (x) unter günstigen Bedingungen näherungsweise 5 Jungtiere. Bis zu 8 Würfe sind im Jahr möglich.

a. Welche Funktionsgleichung beschreibt diesen Sachverhalt richtig?
(A) $y = x^5$ (B) $y = 5^x$ (C) $y = 5x^5$

b. Gib die Wachstumsrate und den Wachstumsfaktor an.

c. Vervollständige die Wertetabelle.

x	0	1	2	3	4	5	6
y	1	■	25	■	625	■	■

d. Zeichne den Graphen der Funktion.

e. Berechne die Anzahl aller möglichen Nachkommen einer Maus in einem Jahr und in 2 Jahren.

10 Bakterien lieben Zucker. Nach dem Verzehr von Süßigkeiten verdoppelt sich die Anzahl der Bakterien im Mund nach jeder neuen Generation alle 15 Minuten. Die Ausgangsmenge beträgt 1000 Bakterien.

a. Vervollständige die Wertetabelle.

Zeit in min		0	15	30	45	60
Generationen	x	0	1	2	3	■
Bakterien	y	1000	■	■	■	■

b. Zeichne den Graphen in ein Koordinatensystem.

c. Welche Funktionsgleichung ist richtig?
(A) $y = 1000 \cdot 2^x$ (B) $y = 2^x$ (C) $y = \frac{1000}{2^x}$

d. Gib die Wachstumsrate und den Wachstumsfaktor an.

e. Berechne die Anzahl der Bakterien nach 4 h.
TIPP: Bestimme zuerst die Anzahl der Generationen.

11 Der Schaum eines Getränks besteht aus 6000 Luftbläschen. Nach jeweils 2 Sekunden zerplatzt die Hälfte der Luftbläschen.

a. Gib eine Funktionsgleichung für diesen Vorgang an.

b. Gib die Wachstumsrate und den Wachstumsfaktor an.

c. Lege eine Wertetabelle für 5 Generationen an.

d. Zeichne den Graphen der Funktion in ein Koordinatensystem.

4.4 Quadratische Funktionen

Überblick

Quadratische Funktionen haben allgemein die Form:
$y = ax^2 + bx + c$; $\mathbb{D} \in \mathbb{R}$; $a, b, c \in \mathbb{R}$, $a \neq 0$. Der Graph ist eine Parabel.

Gilt $a = 1$, so spricht man von einer **Normalparabel** (bei $a = -1$ manchmal von einer nach unten geöffneten Normalparabel):
Normalform: $y = x^2 + px + q$
Diese Form entspricht der Normalform einer quadratischen Gleichung.

Entsprechend werden auch die Nullstellen berechnet: $x_{1,2} = -\frac{p}{2} \pm \sqrt{\left(\frac{p}{2}\right)^2 - q}$.
Für den Scheitelpunkt gilt: $S\left(-\frac{p}{2} \mid -\frac{p^2}{4} + q\right)$

Scheitelpunktform: $y = s(x - d)^2 + e$
Liegt die quadratische Funktion in dieser Form vor, so kann der Scheitelpunkt direkt abgelesen werden: $S(d \mid e)$

Die einfachste Form einer quadratischen Funktion ist: $\boldsymbol{y = x^2}$. Der Graph ist dann eine nach oben geöffnete Normalparabel. Die Parameter der Funktionsgleichung $y = s \cdot (x - d)^2 + e$ bewirken bei den Graphen folgende Veränderungen bezüglich der Normalparabel $y = x^2$.

Öffnung	Vertikale Verschiebung	Horizontale Verschiebung	Anstieg
nach oben: $s > 0$ nach unten: $s < 0$	nach oben: $e > 0$ nach unten: $e < 0$	nach links: $d < 0$ nach rechts: $d > 0$	gestreckt (steiler): $\lvert s \rvert > 1$ gestaucht (flacher): $\lvert s \rvert < 1$

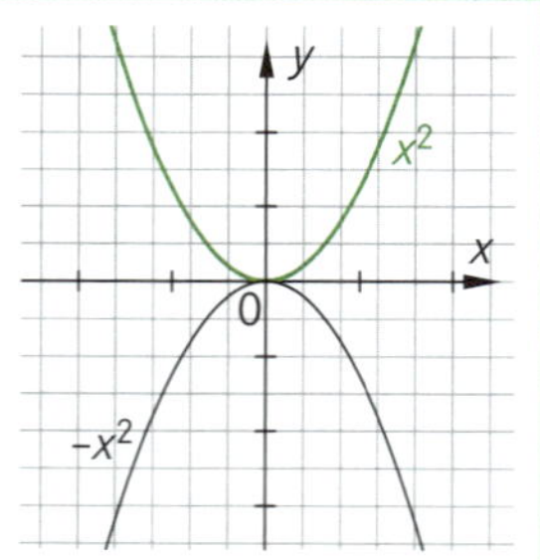

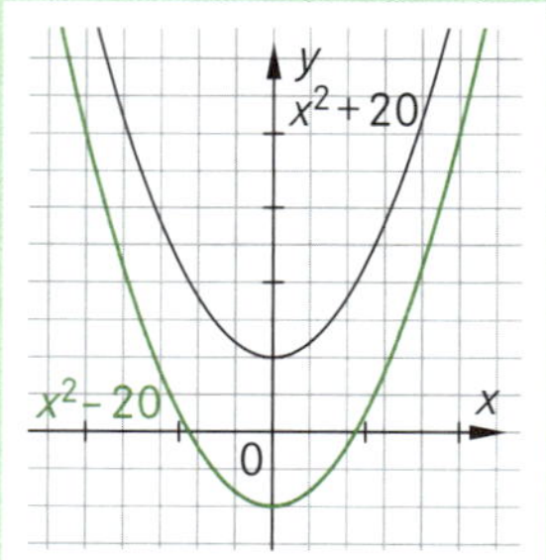

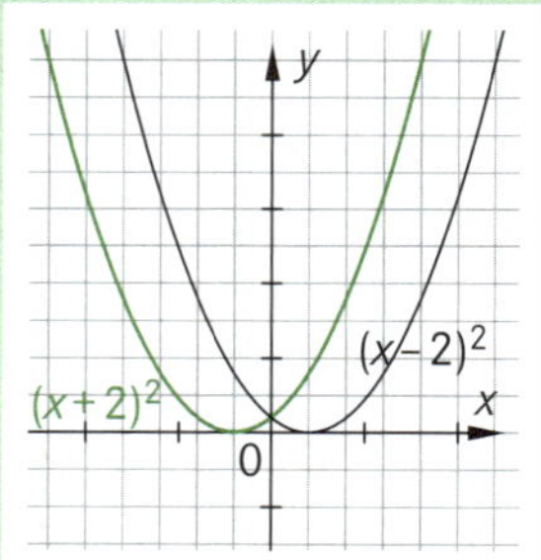

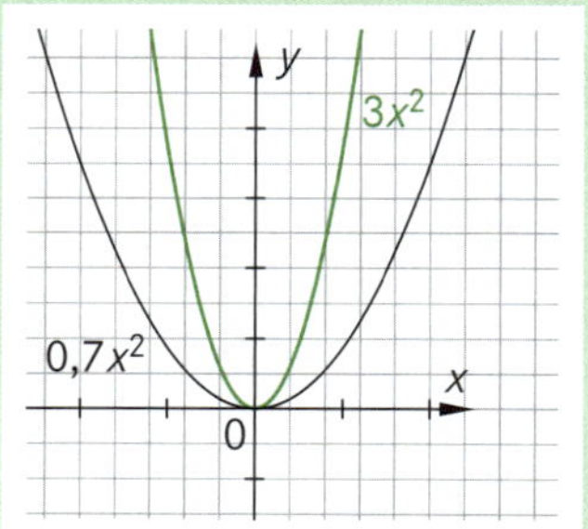

Sind die Nullstellen x_1 und x_2 einer quadratischen Funktion bekannt, kann mit dem Satz von VIETA ($x_1 \cdot x_2 = q$ und $x_1 + x_2 = -p$) die Funktionsgleichung $y = x^2 + px + q$ aufgestellt werden.

Umformung einer Parabelgleichung in Normalform in die Scheitelpunktform (quadratische Ergänzung)

$$y = x^2 + px + q = x^2 + px + \frac{p^2}{4} - \frac{p^2}{4} + q = \left(x + \frac{p}{2}\right)^2 - \frac{p^2}{4} + q$$

Diese entspricht der Scheitelform mit $d = -\frac{p}{2}$ und $-\frac{p^2}{4} + q$.

Die Scheitelform ermöglicht es, den Scheitelpunkt einer Parabel sofort abzulesen. Der Scheitelpunkt ist der größte bzw. der kleinste Punkt einer Parabel. Ob ein größter Punkt **(Maximum)** oder ein kleinster Punkt **(Minimum)** vorliegt, erkennt man daran, ob die Parabel nach oben oder unten geöffnet ist. Mit dem Scheitelpunkt bestimmt man daher auch den größten bzw. kleinsten Wert einer quadratischen Funktion.

Aufgaben zu den Grundfertigkeiten

1 Zeichne in ein Koordinatensystem 3 nach oben geöffnete und verschobene Normalparabeln ein, die

a. 2 Nullstellen,

b. eine Nullstelle und

c. keine Nullstelle haben.

Gib die Nullstellen und die Scheitelpunkte der 3 Graphen an. **TIPP:** Benutze die Schablone für das Zeichnen von Normalparabeln.

2 Ordne den Funktionsgleichungen die entsprechenden Eigenschaften bezogen auf die Normalparabel $y = x^2$, die Nullstellen und Scheitelpunkte zu. **HINWEIS:** Bei den Eigenschaften sind mehrfache Zuordnungen möglich.

	Funktionsgleichungen		Eigenschaften		Nullstellen		Scheitelpunkt
y_1	$y = 4x^2$	(I)	Anstieg flacher	(A)	(−4 | 0)	(a)	(0 | 0)
y_2	$y = -6x^2$	(II)	nach rechts verschoben	(B)	(0 | 0)	(b)	(0 | 9)
y_3	$y = x^2 + 9$	(III)	Anstieg steiler	(C)	(1 | 0); (−1 | 0)	(c)	(0 | 0)
y_4	$y = x^2 - 1$	(IV)	nach unten verschoben	(D)	(0 | 0)	(d)	(0 | −1)
y_5	$y = x^2 + 8x + 16$	(V)	nach oben verschoben	(E)	keine Nullstellen	(e)	(−4 | 0)
y_6	$y = x^2 - 2x + 1$	(VI)	nach oben geöffnet	(F)	(0 | 0)	(f)	(1 | 0)
y_7	$y = -5x^2$	(VII)	nach unten geöffnet	(G)	(1 | 0)	(g)	(0 | 0)
y_8	$y = \frac{1}{4}x^2$	(VIII)	nach links verschoben	(H)	(0 | 0)	(h)	(0 | 0)

3 **a.** Welche Funktionsgleichung passt zu welchem Graphen?

$y_1 = x^2 + 2$ $\quad y_2 = (x + 2)^2$ $\quad y_3 = (x + 2)^2 + 2$ $\quad y_4 = -2x^2$

b. Beschreibe die Eigenschaften der Graphen bezüglich der Normalparabel $y = x^2$.

TIPP: Nutze für die Formulierungen folgende Stichwörter:

- Stauchung oder Streckung
- Verschiebung nach oben, unten, links oder rechts
- Öffnung der Parabel nach unten oder oben

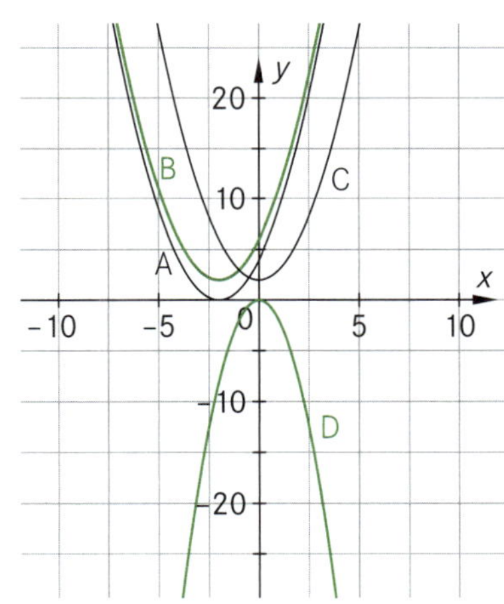

4 Betrachte den Graphen der Funktion $y = x^2$.

a. Liegen die folgenden Punkte auf dem Graphen:
$A(0 \mid 0)$; $B(-5 \mid 25)$; $C(-4 \mid 8)$; $D(2{,}6 \mid 6{,}76)$; $E(-1{,}5 \mid 2{,}45)$?

b. Ergänze die fehlenden Koordinaten: $A(-3 \mid$ ■$)$; $B($■$\mid 25)$; $C($■$\mid 2{,}56)$; $D(8 \mid$ ■$)$; $E(\frac{3}{4} \mid$ ■$)$.

c. Gib jeweils 3 weitere Punkte an, die auf dem Graphen und im ersten oder zweiten Quadranten liegen.

5 Gegeben sei die Funktion $y = x^2 + 2x + 2$.

a. Stelle eine Wertetabelle für $-4 \le x \le 4$ mit der Schrittweite 1 auf.

b. Zeichne den Graphen der Funktion in ein Koordinatensystem.

c. Bestimme rechnerisch die Koordinaten des Scheitels S und die Nullstellen des Graphen.

6 Folgende Parabeln sind gegeben:
$y_1 = -(x+4)^2 - 2$; $y_2 = x^2 - x + 1$; $y_3 = -2x^2$; $y_4 = 0{,}5x^2 + 2$; $y_5 = (x+2)^2 + 1$

a. Sind die Parabeln nach oben oder nach unten geöffnet? Begründe.

b. Bestimme jeweils die Nullstellen, zeichne die Parabel und bestimme den Scheitelpunkt.

7 Bestimme die Anzahl der Nullstellen (Lösungen), ohne die Parabeln zu zeichnen. Begründe dein Vorgehen.

a. $y = x^2 + 4$ **b.** $y = x^2 - 5$ **c.** $y = x^2 - 2x$ **d.** $y = (x-4)^2$ **e.** $y = x^2 + 5x + 6$

Aufgaben zum Trainieren

8 Gegeben ist die quadratische Funktion $y = x^2 + 4x - 5$.

a. Vervollständige die Wertetabelle.

b. Stelle die Funktion in einem Koordinatensystem dar.

c. Lies die Koordinaten des Scheitelpunktes ab.

d. Überprüfe die Koordinaten des Scheitelpunktes rechnerisch.

x	−5	−4	−3	−2	−1	0	1
y							

9 Ein Fallschirmspringer springt in 2 km Höhe aus einem Flugzeug. Er hat im freien Fall eine Beschleunigung von ungefähr $a = 10\,\frac{\text{m}}{\text{s}^2}$. Nach 4 Sekunden öffnet sich der Fallschirm und der Springer bewegt sich durch den Luftwiderstand abgebremst mit konstanter Geschwindigkeit bis zum Erdboden.

a. Berechne nach der Formel $s = \frac{a}{2}t^2$ den zurückgelegten Weg während des freien Falles nach 0, 1, 2, 3 und 4 Sekunden.

b. Welche Höhe hat der Fallschirmspringer zum Zeitpunkt des Öffnens des Fallschirms?

c. Zeichne das Weg (y-Achse)-Zeit (x-Achse)-Diagramm für den freien Fall.

d. Markiere im Diagramm den Absprung mit A und das Öffnen des Fallschirms mit F.

10 Der parabelförmige Bogen einer Brücke auf einer Modellanlage kann mit der Funktion $y = -\frac{3}{9}x^2 + 3$ beschrieben werden (x und y in cm).

a. Wie hoch und wie breit ist die Modellbrücke?
TIPP: Nutze den Scheitelpunkt und die Nullstellen.

b. Zeichne den Graphen in ein Koordinatensystem. Die Brücke ist im Maßstab 1 : 120 für eine TT-Bahn gebaut.

c. Wie hoch und wie breit ist die Brücke in Wirklichkeit?

Foto nicht maßstabsgerecht und nur zur Illustration

11 Gegeben sind 2 verschobene Normalparabeln p_1 und p_2.

a. Bestimme beide Funktionsgleichungen.

b. Berechne die Koordinaten der Schnittpunkte P beider Parabeln.

c. Zeichne die Parabeln p_1 und p_2 in ein Koordinatensystem und verbinde die Schnittpunkte und den Koordinatenursprung so, dass ein Dreieck entsteht.

d. Bestimme den Flächeninhalt des Dreiecks.

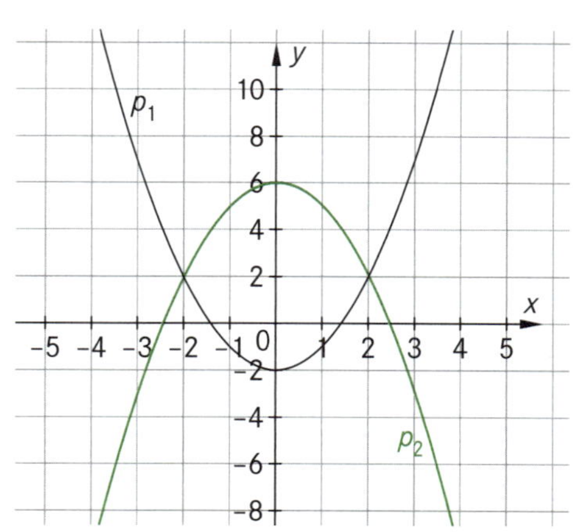

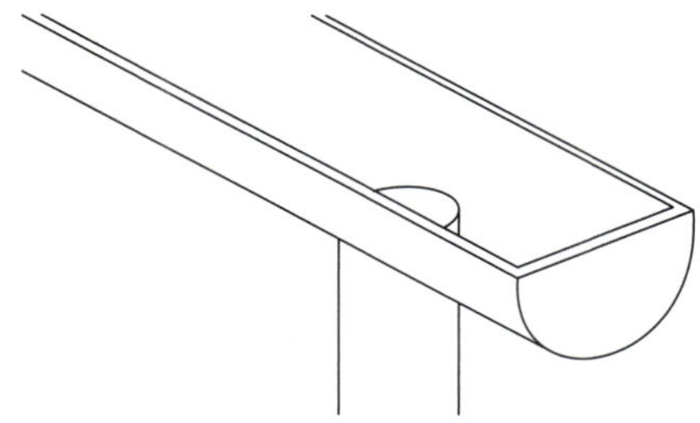

12 Der parabelförmige Querschnitt einer Dachrinne soll mit einer der folgenden Funktionen beschrieben werden (x und y in cm):
(A) $y = -\frac{1}{2}x^2 - 8$ (B) $y = \frac{1}{2}x^2 - 8$ (C) $y = 2x^2 - 8$
a. Wähle die richtige Funktionsgleichung aus und begründe die Entscheidung.
b. Wie tief und wie breit ist die Dachrinne?
TIPP: Nutze den Scheitelpunkt und die Nullstellen.
c. Zeichne den Graphen der Funktion in ein Koordinatensystem.
d. Wie würde sich die Form der Dachrinne verändern, wenn die Funktionsgleichung ($y = ax^2 + bx + c$) folgende Parameter annimmt: $a = 3$; $b = 0$; $c = -16$?

13 Berechne die Schnittpunkte der Parabel $y = 2x^2 + 2x - 1$ und der Geraden $y = x + 5$.

14* Bestimme mithilfe der quadratischen Ergänzung den Extremwert der Gleichung $y = x^2 + 6x - 2$.

15* Eine Schnur der Länge $s = 20$ cm wird zu einem Rechteck gelegt, dessen eine Seite die Länge x hat. Bei welchem Wert von x ist sein Flächeninhalt maximal?

5 Komplexe Aufgaben

1 Gegeben sind unterschiedliche Zahlenangaben. Ordne die Zahlen jeweils aufsteigend der Größe nach und stelle sie auf einem Zahlenstrahl dar. Beschrifte die Zahlenstrahlen mit den Buchstaben A bis H.

	A	B	C	D	E	F	G	H
a.	0,75	$-\frac{12}{10}$	$3\frac{1}{5}$	$\frac{1}{4}$	−1	5,2	−6,7	−6
b.	12^1	$\sqrt{16}$	0,000 005 Mega	60 Dezi	200 %	1^{12}	4^2	0,014 Kilo

2 Welche 3 Angaben passen jeweils am besten zu den abgebildeten Gegenständen?

(A)

(I) Masse	**a.** 20 kg	**b.** 0,002 t	**c.** 200 g
(II) Durchmesser	**a.** 0,003 m	**b.** 30 mm	**c.** 3 dm
(III) Volumen	**a.** 1400 cm^3	**b.** 0,014 m^3	**c.** 140 l

(B)

(I) Masse	**a.** 1000 g	**b.** 0,01 kg	**c.** 0,500 g
(II) Oberfläche	**a.** 0,07 m^2	**b.** 7000 cm^2	**c.** 0,7 dm^2
(III) Volumen	**a.** 100 cm^3	**b.** 1 dm^3	**c.** 10 l

(C)

(I) Masse	**a.** 1000 mg	**b.** 0,01 kg	**c.** 0,1 kg
(II) Oberfläche	**a.** 3 dm^2	**b.** 3 cm^2	**c.** 3 m^2
(III) Volumen	**a.** 1,25 m^3	**b.** 12,5 dm^3	**c.** 125 cm^3

3 Setze >, < oder = ein.

a. 0,5 kg ■ 5000 g
b. $\frac{3}{4}\,\text{m}^2$ ■ $75\,\text{dm}^2$
c. 4 l ■ $4000\,\text{cm}^3$
d. $60\,\frac{\text{km}}{\text{h}}$ ■ $1\,\frac{\text{km}}{\text{min}}$
e. $\frac{1}{4}\,\text{h}$ ■ 900 s
f. $8{,}5\,\text{cm}^3$ ■ $0{,}085\,\text{dm}^3$

4 Der 21. oder 22. Dezember ist der Tag der Wintersonnenwende. Wie lange dauert an diesem kürzesten Tag des Jahres die Nacht, wenn laut Kalender die Sonne um 8:24 Uhr aufgeht und um 16:16 Uhr untergeht?

5 Welche Zahlen bzw. Terme bezeichnen genau ein Zehntel einer Zahl x?

A	B	C	D	E	F	G
$\frac{2}{20}$	10 %	$10x$	$\frac{x}{10}$	$x\,10^{-1}$	$x - \frac{1}{10}$	$x : 10$

6 Ordne jeder Aussage die passende Gleichung zu und löse sie.

	Wortvorschrift
(A)	Das Vierfache der Summe einer Zahl und 3 ergibt 24.
(B)	Eine Zahl mit 8 multipliziert und um 4 vermindert ist gleich dem Doppelten der Zahl.
(C)	Die Differenz aus 10 und der Hälfte einer Zahl ist 5.
(D)	Vier ist gleich dem Quotienten aus dem Dreifachen einer Zahl und 9.
(E)	Das Vierfache einer Zahl vermehrt um das Doppelte dieser Zahl ergibt 12.
(F)	Addiert man zu einer Zahl 8 und halbiert die Summe, erhält man 4.

	Funktionsgleichung
1	$8x - 2x - 4 = 0$
2	$3x : 9 = 4$
3	$4 = (x + 8) : 2$
4	$12 = 2x + 4x$
5	$24 = 4(x + 3)$
6	$10 - 0{,}5x = 5$

7 Finde die wahren Aussagen. Begründe deine Entscheidungen.

(I) $(6 - 4x)^2 =$ ■ **a.** $36 - 24x + 16x$ **b.** $36 - 48x + 16x^2$ **c.** $36 - 24x + 16x$
(II) $x - 3(x - 2) =$ ■ **a.** $x - 3x - 2$ **b.** $x - 3x - 6$ **c.** $x - 3x + 6$
(III) $6a^2 - 8a^2 =$ ■ **a.** $2a^4$ **b.** -2^2 **c.** $-2a^2$
(IV) $(3 - 2x)(x + 2) =$ ■ **a.** $-2x^2 - x + 6$ **b.** $3x^2 + 6$ **c.** $-2x^2 + 4$

8 Ergänze in den Zahlenpyramiden mögliche fehlende Angaben nach folgenden Vorschriften:
Für (A): Über 2 Zahlen bzw. Termen steht immer das Produkt der beiden unteren.
Für (B): Über 2 Zahlen bzw. Termen steht immer die Summe der beiden unteren.
Für (C): Über 2 Zahlen steht immer die Differenz der beiden unteren Zahlen (Differenzbildung von rechts nach links).

(A)
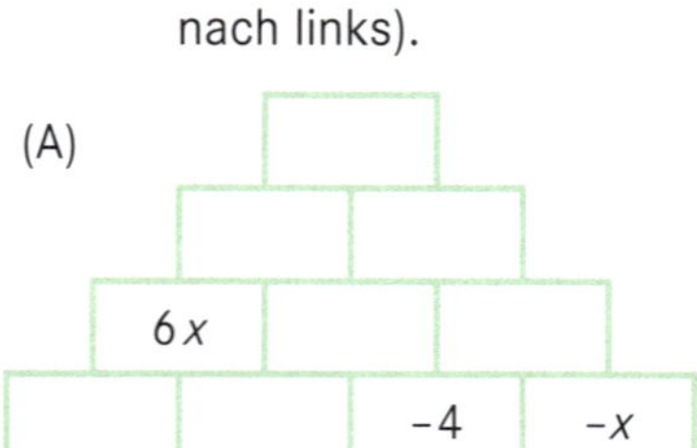

(B)
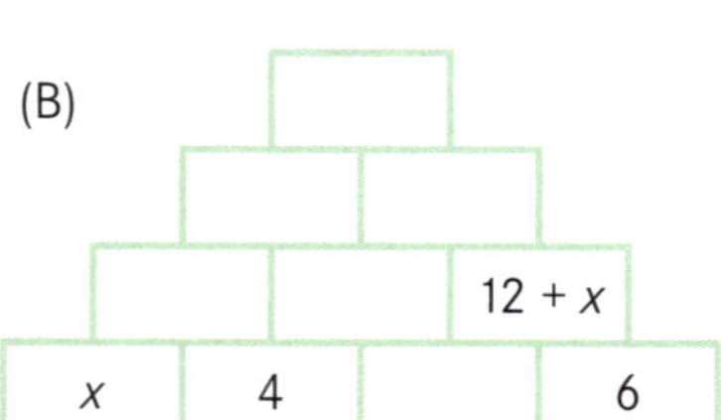

(C)
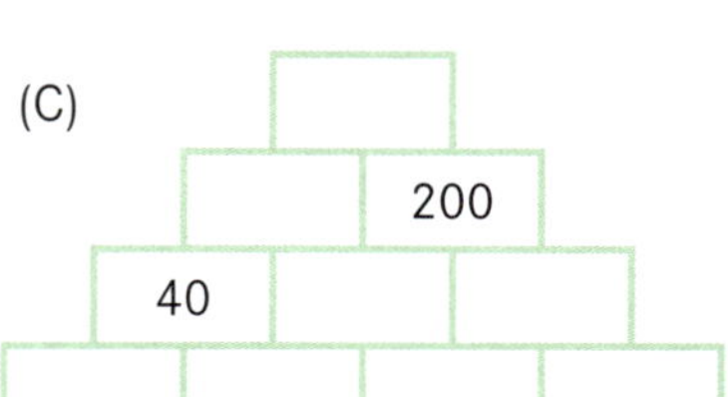

9 Ein Fußballfeld muss bei internationalen Länderspielen zwischen $6400\,\text{m}^2$ und $8250\,\text{m}^2$ groß sein. Die Abmessungen der langen Seiten müssen zwischen 100 m und 110 m liegen.

a. Wie lang sind jeweils die kurzen Seiten des Fußballfeldes?
b. Um wie viel Prozent unterscheiden sich größtmögliche und kleinstmögliche Spielfläche?

10 An einer Grundschule werden 200 Kinder befragt: $\frac{1}{4}$ kommen mit dem Fahrrad zur Schule, 80 zu Fuß, 10% benutzen den Bus und der Rest wird von den Eltern zur Schule gebracht. Die gleiche Befragung an einer Realschule ergab: Von 600 Schülern nutzen 50% das Fahrrad, 20 kommen zu Fuß, 5 werden von den Eltern gebracht und der Rest fährt mit dem Bus.

a. Wie viele Grundschüler benutzen das Fahrrad?

b. Um wie viel Prozent verringert sich der Anteil der Schüler von der Grund- zur Realschule, die von den Eltern zur Schule gebracht werden?

11 Berechne und runde auf ganze Zahlen.

(A) Wie viel sind 4% von 240 kg?

(B) Wie viel Zinsen erhält man, wenn man 2500 € für ein Jahr zu 4% anlegt?

(C) Wie viel Prozent sind 24 m von 120 m?

(D) Von wie viel € sind 20% genau 100 €?

(E) Wie hoch war der Zinssatz, wenn man nach einem Jahr das Kapital um 18 € auf 460 € erhöht hat?

12* Deutschland hat etwa 80 Millionen Einwohner. Der Anteil der Raucher liegt bei 27%. Vereinfacht gehen wir davon aus, dass die Bevölkerung je zur Hälfte männlich und weiblich ist.

a. Es rauchen 13,5 Millionen Männer. Wie viel Prozent aller Männer sind Raucher? Wie viele Frauen sind Raucherinnen, welchem Prozentsatz entspricht dies?

b. Angenommen, durch Aufklärungsarbeit und schärfere Bestimmungen geben 10% der Raucher das Rauchen auf. Wie groß ist dann der Prozentsatz der Raucher in Deutschland?

13* Frau Lehmann möchte 1000,– Euro für fünf Jahre festlegen. Die Bank bietet ihr einen jährlich steigenden Zinssatz an. Er beträgt im ersten Jahr 2%, im zweiten Jahr 2,25%, im dritten Jahr 2,75% und im vierten Jahr 3,5%. Zinsen werden mitverzinst. Nach fünf Jahren erhält Frau Lehmann 1159,05 € ausgezahlt. Wie hoch war der Zinssatz im fünften Jahr? Welcher gleichbleibende Zinssatz hätte nach fünf Jahren zu dem gleichen Zinsbetrag geführt?

14 Die Hälfte einer Zahl vermehrt um 4 ist genauso groß wie das Doppelte der um 4 verminderten Zahl.

a. Welche Gleichung gibt den Sachverhalt korrekt wieder?

(A) $\frac{2}{x} \cdot 4 = \frac{2x}{4}$ (B) $\frac{1}{2}x + 4 = \frac{2x}{4}$ (C) $\frac{x}{2} + 4 = 2x - 4$ (D) $\frac{x}{2} + 4 = 2(x - 4)$

b. Löse die ausgewählte Gleichung. Gib die Lösungsmenge an.

15 Ein Pfadfinderheim verfügt über Zimmer mit 2 und mit 3 Betten. Wie viele Zimmer jeder Sorte benötigen 30 Pfadfinder, wenn sie 12 Zimmer mieten wollen?

16 Toni schaut sich die Gleichung: $(x + 2) \cdot (x - 5) = 0$ an und sagt: „Die Lösungen sehe ich sofort."

a. Gib die Lösungen der Gleichung an.

b. Warum konnte Toni die Lösungen sofort erkennen? Begründe.

17 Gegeben ist Funktion $y = x^2 + 2x - 4$.

a. Stelle eine Wertetabelle ($-5 \leq x \leq 3$; Schrittweite 1) auf und zeichne den Graphen der Funktion.

b. Lies den Scheitelpunkt und die Nullstellen der Funktion ab und überprüfe das Ergebnis rechnerisch.

18* Bestimme die Definitions- und die Lösungsmenge der folgenden Gleichung: $\frac{8(2x^2 - 4x - 1)}{6x^2 - 24} = \frac{2x + 2}{2x + 4} - \frac{2x - 3}{3x - 6}$

19* Gegeben ist die Funktion $y = x(4 - x)$.

a. Zeichne die Funktion für den Wertebereich $-1 \leq x \leq 5$.

b. Bestimme die Nullstellen, den Scheitelpunkt und die Schnittpunkte der Parabel mit der Geraden $y = 3$.

c. Berechne den Flächeninhalt des Trapezes, das durch die Nullstellen der Parabel und die Schnittpunkte mit der Geraden $y = 3$ gebildet wird.

20 Eine nach oben geöffnete Normalparabel geht durch die Punkte $P_1(1|8)$ und $P_2(0|5)$. Wie lautet die Funktionsgleichung?

21* Gegeben sind die beiden Parabeln mit den Gleichungen $y = x^2 - 4$ und $y = -x^2 + 2x$.

a. Berechne ihre Schnittpunkte.

b. Zeichne beide Parabeln im Wertebereich $-3 \leq x \leq 3$.

c. Die Punkte $P_4(0|0)$, $P_5(2|0)$ und P_3 auf der Parabel $y = x^2 - 4$ bilden Dreiecke. Bestimme P_3, wenn das Dreieck gleichschenklig ist.

22 Entscheide, ob eine proportionale oder antiproportionale Zuordnung vorliegt und berechne den gesuchten Wert.

a. 6 Gärtner benötigen 34 Stunden. Wie lange benötigen 5 Gärtner für den gleichen Garten?

b. 100 g Pastete kosten 6,85 €. Wie viel kosten 2,3 kg?

c. 12 LKW benötigen 85 Fahrten. Wie viele Fahrten würden 21 LKW für die gleiche Fracht benötigen?

d. Für 22 km benötigt ein Wanderer 4,5 h. Welchen Weg legt er bei gleichem Tempo in 90 min zurück?

23 Ein Aquarium wird mit Wasser gefüllt. Es fließen gleichmäßig 0,2 Liter pro Minute ein.

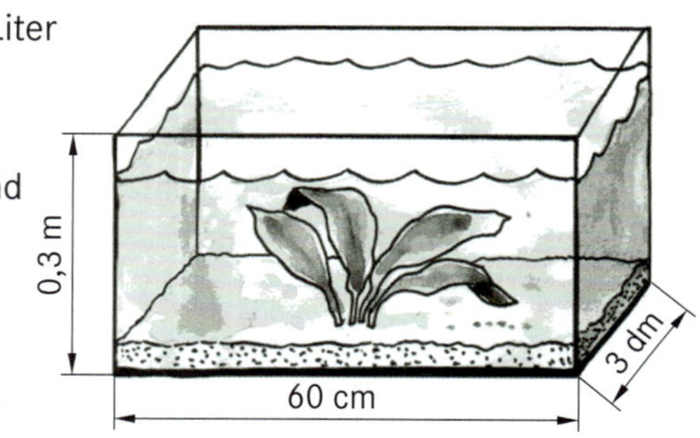

a. Berechne das Volumen des Aquariums.

b. Wie lange dauert es, bis das Aquarium bis 5 cm unter dem Rand gefüllt ist?

c. Gib die Funktionsgleichung für die Zuordnung:
Zeit x in Minuten ⇒ Füllhöhe y in cm an.

d. Zeichne den Graphen der Funktion in ein Koordinatensystem.

24 Ein Spieler schießt den Ball schräg nach oben. Die Bahn des Fußballs kann näherungsweise mit der Gleichung $y = -\frac{1}{2}x^2 + 20$ beschrieben werden.

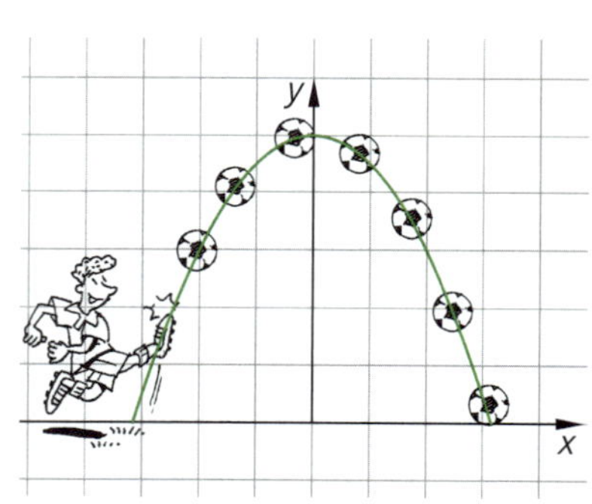

a. Wie heißt der Graph, der die Flugbahn beschreibt?

b. Wie weit kommt der Ball? Berechne den waagerechten Abstand von der Abschuss- bis zur Landestelle.

c. Welche Höhe erreicht der Ball maximal?

d. Was muss der Spieler beim Abschuss verändern, damit der Ball weiter kommt? Was könnte sich an der Funktionsgleichung ändern?

25* Von den folgenden Funktionen sollen jeweils 2 Punkte bestimmt werden:

(I) $y = \frac{5}{4}x - 5$ (0; $\square$), ($\square$; 0); (III) $y = -\frac{4}{5}x - 5$ ($\square$; −5), ($\square$; −9);

(II) $y = \frac{5}{4}x + 5$ ($\square$; 5), ($\square$; 0); (IV) $y = -\frac{4}{5}x + 5$ (0; $\square$), (−5; $\square$).

a. Ergänze die fehlenden Koordinaten und stelle die Funktionen im gleichen Koordinatensystem dar.

b. Bestimme den Flächeninhalt der von den vier Graphen eingeschlossenen Fläche.

Schnell-Check Algebra und Funktionen

Ich kann ...		
... mit Brüchen rechnen, Brüche in Dezimalzahlen und Zehnerpotenzen umwandeln		
... mit Wurzeln und Potenzen rechnen, den Zusammenhang zwischen Wurzeln und Potenzen erklären		
... in Sachaufgaben zur Prozentrechnung den Grundwert, den Prozentwert und den Prozentsatz identifizieren		
... mit der Zinseszinsformel rechnen und sie auch auf andere Sachaufgaben anwenden, in denen Größen sich regelmäßig um einen gleichbleibenden Prozentsatz ändern (z. B. Werteverfall von Autos)		
... aus den Informationen einer Sachaufgabe Terme aufstellen		
... Terme umformen und berechnen		
... bestimmen, ob ein lineares Gleichungssystem eine Lösung hat, diese ggf. berechnen		
... den Unterschied zwischen einem Term und einer Funktion erklären		
... Funktionen für in Sachaufgaben gegebene Zusammenhänge aufstellen		
... bestimmen, ob eine Zuordnung eine Funktion ist oder nicht		
... exponentielle und lineare Wachstumsprozesse berechnen		
... Besonderheiten bei der Berechnung von Ungleichungen nennen		
... eine quadratische Gleichung lösen		
... eine Gleichung lösen, in der Bruchterme vorkommen		
... Eigenschaften von Funktionen nennen (z. B. monoton wachsend)		
... aus dem Graph einer Parabel Angaben zur Parabelgleichung machen		
... den Zusammenhang zwischen Normal- und Scheitelpunktform der Parabelgleichung erklären		
... den Scheitelpunkt einer Normalparabel bestimmen		
... aus dem Verlauf eines Graphen auf Eigenschaften der Funktionsgleichung schließen		
... aus Geschichten (z. B. über den Verlauf einer Reise) einen Graphen (z. B. zum Verlauf der Geschwindigkeit) erstellen		

Kapitel II
Geometrie

Basisinformationen

Geometrie stellt einen großen Anteil an den Aufgaben der Abschlussprüfung. In geometrischen Aufgaben werden Figuren in der Ebene und Körper im Raum berechnet - einige Größen wie Längen, Höhen und Winkel sind gegeben, andere müssen berechnet werden. Dabei musst du die Zusammenhänge anwenden, die du für z. B. Dreiecke, Vierecke, Quader und Pyramiden gelernt hast.
Bei manchen Aufgaben ist sehr klar gesagt, welche Größen gegeben sind und welche berechnet werden müssen. Bei anderen musst du selber überlegen, wie du Angaben erschließen kannst.

Tipps zur Herangehensweise

- Skizziere die zu berechnende Figur und zeichne alle gegebenen Angaben ein. Markiere auch, welche Größen berechnet werden sollen.
- Überlege dir, welche Größen du vielleicht zusätzlich berechnen musst, um zum gewünschten Ergebnis zu kommen.
- Rechtwinklige Dreiecke lassen sich am einfachsten berechnen und sind oft der Schlüssel zur Lösung einer Aufgabe. Häufig hilft es, zunächst alle rechtwinkligen Dreiecke in einer Figur zu suchen, manchmal ist es sogar sinnvoll, rechtwinklige Dreiecke einzuzeichnen, selbst dann, wenn dazu z. B. ein gegebener Winkel geteilt werden muss.
- Wenn du mit rechtwinkligen Dreiecken nicht weiterkommst, erinnere dich, dass es auch zwei Sätze für beliebige Dreiecke gibt - den Sinus- und den Kosinussatz.
- Bei Berechnungen an räumlichen Figuren helfen oft Schnitte durch verschiedene Ebenen.
- Grundsätzlich gilt: Wenn man eine Figur mit den gegebenen Angaben eindeutig zeichnen kann, dann kann man sie auch berechnen. Überlege dir also, ob es mehrere Möglichkeiten gibt, z. B. ein Dreieck mit dem zu zeichnen, was du weist. Wenn nicht, dann lassen sich die fehlenden Angaben auch berechnen - du musst nur noch überlegen wie.

In diesem Kapitel findest du

- Satz des Pythagoras
- Satz des Thales
- Strahlen- oder Vierstreckensatz
- Formeln für Dreiecke, Vierecke, Kreise, Pyramiden, Zylinder und Kugeln
- Sinus, Kosinus und Tangens am rechtwinkligen Dreieck
- Sinussatz und Kosinussatz

Besonders anspruchsvoll sind die Aufgaben 8 und 9 auf S. 80, 9 und 11 auf S. 84, 5 und 6 auf S. 86, 5, 6 und 7 auf S. 87. Sie sind mit einem * gekennzeichnet.

1 Maßeinheiten

Überblick

Länge

Umrechnungszahl für Längen: 10

1 km = 1000 m

1 m = 10 dm

1 dm = 10 cm

1 cm = 10 mm

1 Zoll = 1 Inch = 2,54 cm

1 Fuß = 12 Inch = 30,48 cm

Fläche

Umrechnungszahl für Flächen: 100

$1\,km^2 = 100\,ha$

1 ha = 100 a

$1\,a = 100\,m^2$

$1\,m^2 = 100\,dm^2$

$1\,dm^2 = 100\,cm^2$

$1\,cm^2 = 100\,mm^2$

$1\,ha = 0{,}01\,km^2$

1 a = 0,01 ha

$1\,m^2 = 0{,}01\,a$

$1\,dm^2 = 0{,}01\,m^2$

$1\,cm^2 = 0{,}01\,dm^2$

$1\,mm^2 = 0{,}01\,cm^2$

Beispiel: $1\,ha = 100\,a = 100 \cdot 100\,m^2 = 100 \cdot 100 \cdot 100\,cm^2$, also $1\,ha = 1\,000\,000\,cm^2$

oder $1\,mm^2 = 0{,}01\,cm^2 = 0{,}01 \cdot 0{,}01\,dm^2 = 0{,}01 \cdot 0{,}01 \cdot 0{,}01\,m^2$, also $1\,mm^2 = 0{,}000\,001\,m^2$

Volumen

Umrechnungszahl für Körper: 1000

$1\,km^3 = 1\,000\,000\,000\,m^3$

$1\,m^3 = 1000\,dm^3$

$1\,dm^3 = 1000\,cm^3$

$1\,cm^3 = 1000\,mm^3$

$1\,m^3 = 0{,}000\,000\,001\,km^3$

$1\,dm^3 = 0{,}001\,m^3$

$1\,cm^3 = 0{,}001\,dm^3$

$1\,mm^3 = 0{,}001\,cm^3$

Volumina werden auch in Litern angegeben:

$1\,dm^3 = 1\,l$

$1\,cm^3 = 1\,ml$

1 l = 1000 ml

1 hl = 100 l

Beispiel: $1\,m^3 = 1000\,dm^3 = 1000 \cdot 1000\,cm^3$, also $1\,m^3 = 1\,000\,000\,cm^3$

oder $1\,mm^3 = 0{,}001\,cm^3 = 0{,}001\,dm^3 \cdot 0{,}001\,dm^3$, also $1\,mm^3 = 0{,}000\,001\,dm^3$

Masse

1 t = 1000 kg

1 kg = 1000 g

1 g = 1000 mg

Zeit

1 d = 24 h

1 h = 60 min

1 min = 60 s

Beispiel: $3{,}6\,h = 3{,}6 \cdot 60\,min = 180\,min + 36\,min = 216\,min$

> Nur Größen mit gleicher Einheit sind auch vergleichbar (Zeit mit Zeit, Flächeninhalt mit Flächeninhalt, usw.), nicht vergleichbar sind alle Einheiten unterschiedlicher Größen (Länge mit Zeit usw.).

Aufgaben zu den Grundfertigkeiten

1 Wandle in die nächst kleinere und nächst größere Maßeinheit um.
Beispiel: $5\,m^2 = 500\,dm^2 = 0{,}05\,a$

a. $83\,cm^2$	**c.** 0,79 a	**e.** $0{,}0125\,m^2$	**g.** $3 \cdot 10^{-3}\,ha$
b. $176{,}5\,m^2$	**d.** 483,57 ha	**f.** $6 \cdot 10^5\,dm^2$	**h.** $6{,}21 \cdot 10^4\,cm^2$

2 Wandle in die angegebene Maßeinheit um.

a. $7200\,dm^3$	$[mm^3]$	**e.** $0{,}005\,m^3$	[l]
b. 58 l	$[dm^3]$	**f.** $2 \cdot 10^3\,dm^3$	[ml]
c. $0{,}13\,cm^3$	$[m^3]$	**g.** $3 \cdot 10^{-3}\,hl$	$[ml, mm^3]$
d. 15 ml	$[dm^3]$	**h.** $5{,}2 \cdot 10^2\,mm^3$	$[l, m^3]$

3 Rechne in die angegebenen Maßeinheiten um.

a. $99{,}1\,m^2$	$[cm^2]$	**d.** $1\frac{1}{2}$	$[mm^3]$	**g.** $1{,}7230\,km^2$	[a]
b. 0,0002 ml	$[m^3]$	**e.** 400 200 a	$[km^2]$	**h.** $10^5\,hl$	[ml]
c. 14 ha	$[dm^2]$	**f.** $\frac{3}{4}\,m^3$	[l]	**i.** $12^3\,cm^3$	$[m^3]$

4 Gegeben sind folgende Längen-, Flächen- und Volumenangaben:

30 l	$5600\,mm^2$	7 dm	0,004 km	$12\,dm^3$
$130\,cm^3$	600 cm	0,007 ha	230 mm	$0{,}35\,m^3$
$19\,000\,mm^2$	8 m	$50\,mm^3$	$12\,cm^2$	$4{,}5\,m^2$

a. Suche alle Längenangaben heraus und ordne sie beginnend mit der kleinsten Angabe.
b. Suche alle Flächenangaben heraus und ordne sie beginnend mit der größten Angabe.
c. Suche alle Volumenangaben heraus und ordne sie beginnend mit der kleinsten Angabe.

2 Dreiecke

2.1 Grundlagen und Konstruktion von Dreiecken

Überblick

Die Winkelsumme im Dreieck beträgt immer 180°. Dreiecke werden in verschiedene Kategorien eingeteilt.

spitzwinklig

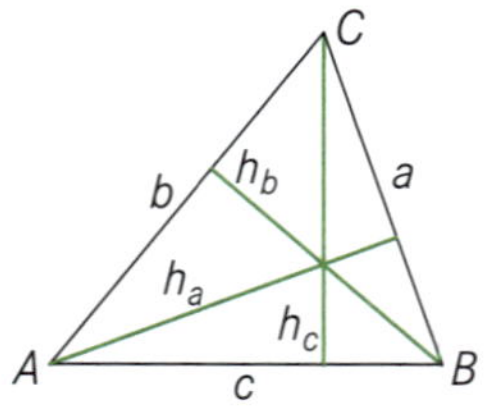

$\alpha, \beta, \gamma < 90°$

rechtwinklig

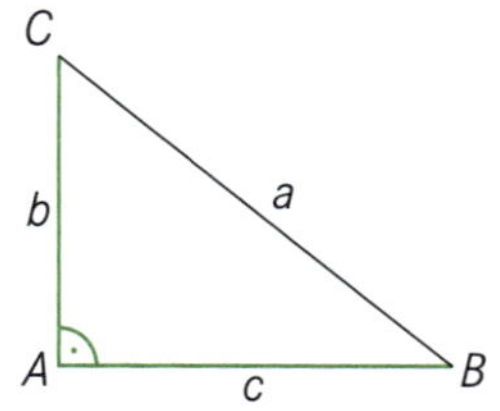

$c = h_b$ und $b = h_c$

stumpfwinklig

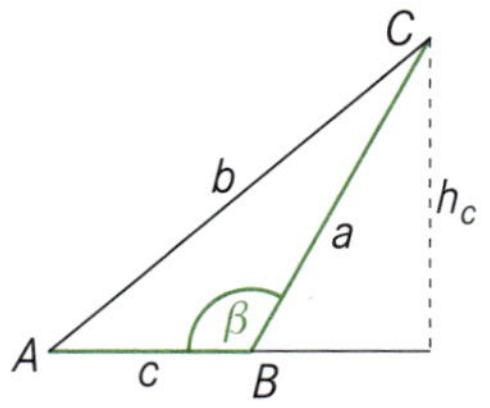

h_c und h_a liegen außerhalb des Dreiecks, $\beta > 90°$

gleichseitig

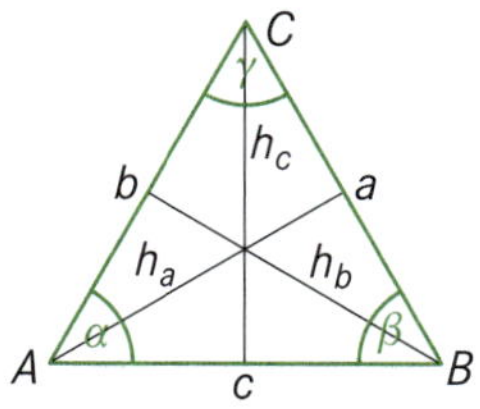

$\alpha = \beta = \gamma = 60°$
$a = b = c$
h_a, h_b, h_c sind Symmetrieachsen

gleichschenklig

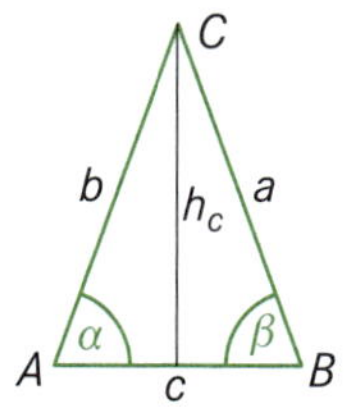

$\alpha = \beta$
$a = b$
h_c ist Symmetrieachse

Konstruktion von Dreiecken

Ein Dreieck kann konstruiert werden, wenn

a. drei Seiten gegeben sind (sss).
Beachte: Die beiden kürzeren Seiten müssen zusammen länger sein als die größte Seite.

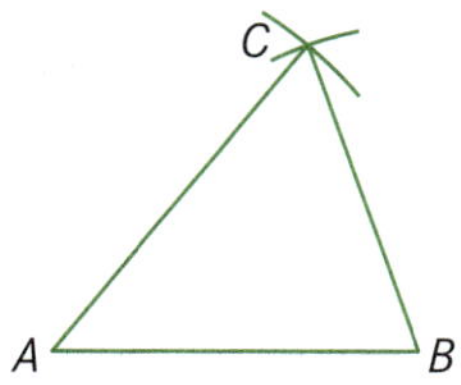

1. Zeichne eine Seite.
2. Trage die Längen der anderen beiden Seiten an den Endpunkten der Seite mit dem Zirkel ab.
3. Der Schnittpunkt der beiden Kreisbögen zeigt die dritte Dreiecksecke.

---

b. zwei Seiten und der eingeschlossene Winkel gegeben sind (sws).

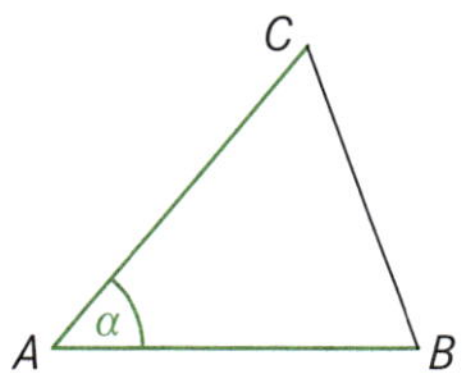

1. Zeichne zuerst eine Seite.
2. Zeichne dann die zweite Seite im angegebenen Winkel.
3. Die dritte Seite ergibt sich, wenn man die beiden Endpunkte der Seiten verbindet.

---

c. eine Seite und zwei anliegende Winkel gegeben sind (wsw).
Beachte: Die beiden Winkel müssen kleiner als 180° sein.

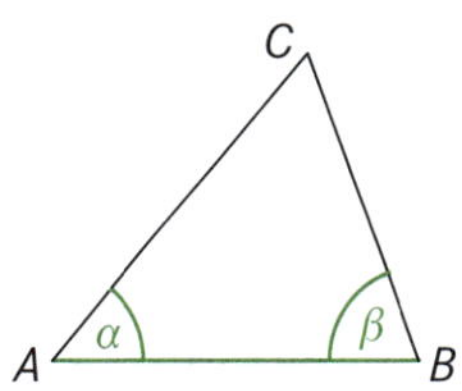

1. Zeichne die gegebene Seite.
2. Zeichne an beiden Endpunkten in jeweils einem der angegebenen Winkel eine beliebig lange Gerade.
3. Der Schnittpunkt beider Geraden zeigt den dritten Eckpunkt des Dreiecks an.

---

d. zwei Seiten und der der größeren Seite gegenüberliegende Winkel gegeben sind (ssw).
TIPP: Beginne immer mit der Seite, an der der gegebene Winkel liegt.
Beachte: Liegt der Winkel der kleineren Seite gegenüber, so kann es keine, genau eine (rechtwinkliges Dreieck) oder zwei Lösungen geben.

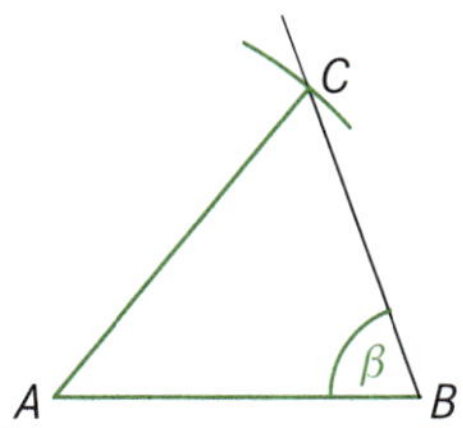

1. Zeichne die Seite, an der der angegebene Winkel liegt.
2. Zeichne am Endpunkt im gegebenen Winkel eine beliebig lange Gerade.
3. Trage am anderen Endpunkt mit dem Zirkel die zweite gegebene Länge ab.
4. Der Schnittpunkt zwischen Gerade und Kreisbogen zeigt den dritten Eckpunkt des Dreiecks an.

Wann sind diese Zusammenhänge nützlich?

Dreiecke kommen in vielen Sachaufgaben vor. Mit den Konstruktionsanleitungen können aus den gegebenen Angaben die gesuchten bestimmt werden.

Beispielaufgabe:
Wie weit ist der Weg vom Haus zum Kiosk, wenn der See im Winter zugefroren ist?

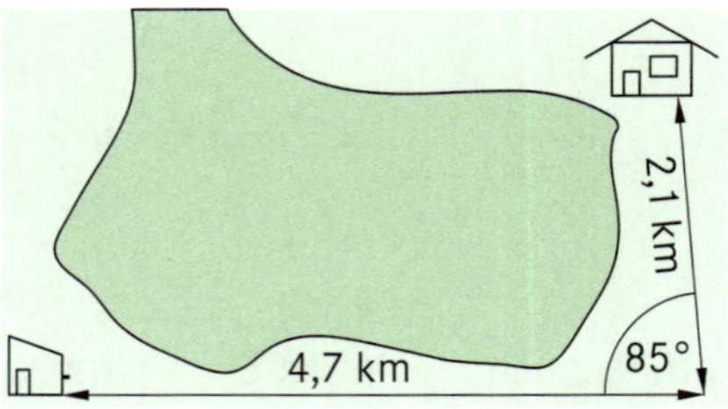

Allgemeine Anleitung
1. Lies die Aufgabe und gib sie mit eigenen Worten wieder.
2. Zeichne eine Dreiecksskizze und beschrifte sie.
3. Markiere und notiere alle gegebenen Maße in der Skizze.
4. Welche Größe suchst du?
5. Überlege, ob und in welcher Reihenfolge die Konstruktion auszuführen ist.
6. Schreibe einen Antwortsatz. Schätze ab, ob das Ergebnis realistisch ist!

Beispiel

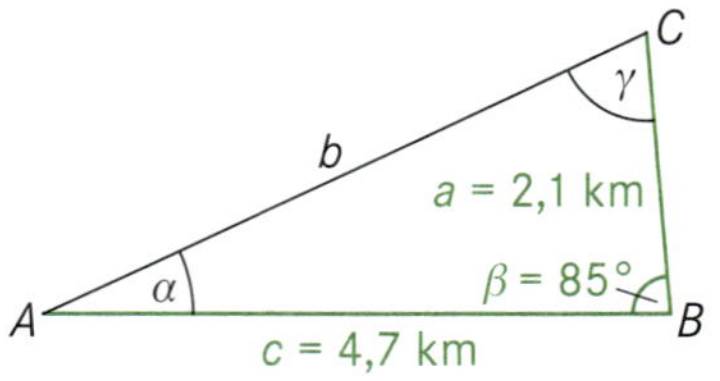

Gegeben sind zwei Seiten und der eingeschlossene Winkel: Fall b. in der obigen Auflistung.
Die Länge $\overline{AC}$ beträgt 5 cm.
Im Winter kann man 5 km über den See zum Kiosk gehen.

Aufgaben zu den Grundfertigkeiten

1 Konstruiere die Dreiecke wenn möglich und ergänze die fehlenden Angaben.

	a.	b.	c.	d.	e.	f.	g.	h.
a	3,4			2,4		4,8	7,3	6,4
b	10,6	2,5		5,7	4,5			
c	5,4	4,5			3,1			4,2
α			47°				39°	87°
β			90°	76°	128°	36°	95°	
γ		64°	43°			53°		

Aufgaben zum Trainieren

Vorbemerkung: Die folgenden Aufgaben können gelöst werden, indem die entsprechenden Dreiecke konstruiert und die gesuchten Seiten von der Konstruktion abgelesen werden (Maßstab beachten). Sie können aber auch mithilfe des Satzes des Pythagoras und der trigonometrischen Formeln (siehe Kapitel 2.3 und 7) berechnet werden.

2 Maria will mit ihrer Mutter eine Hundehütte bauen. Die Hütte soll 1,50 m breit sein. Wie lang müssen die Bretter für die Seitenwände sein?

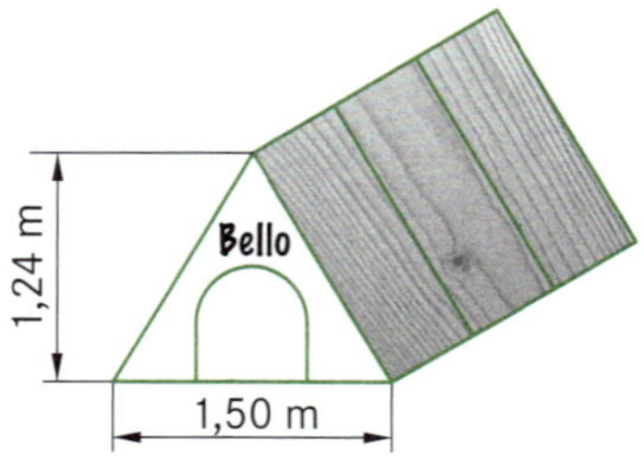

3 Dennis hat sich mit seinen Freunden zum Schwimmen verabredet. Er fährt von zu Hause mit seinem Fahrrad auf der Sterntalerallee zunächst 2,5 km geradeaus und biegt dann in die Lerchenallee rechts ein.
Nun muss er noch 3,1 km zum Waldschwimmbad fahren. Es gibt aber auch einen Waldweg, der zwar nicht mit dem Fahrrad zu befahren ist, aber direkt zum Waldschwimmbad führt.

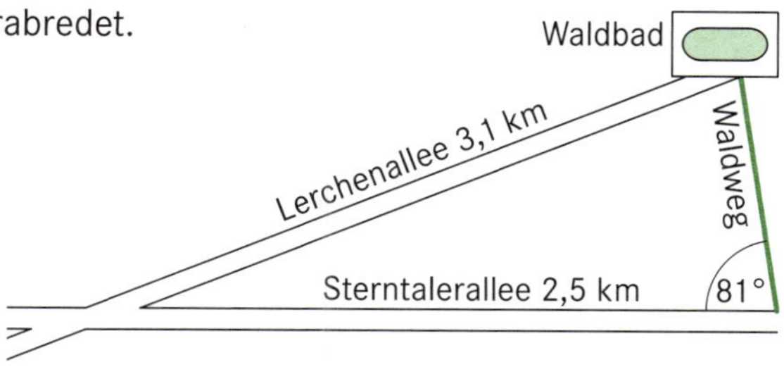

- **a.** Fertige eine Zeichnung im Maßstab 1 : 50 000 an.
- **b.** Um wie viel kürzer ist der Waldweg?
- **c.** Auf welchem Weg ist Dennis schneller am Schwimmbad?

4 Herr Plötzke fährt mit seinem Motorboot von Kühlungsborn in nordöstliche Richtung auf die Ostsee. Frau Greve fährt von Warnemünde aus in nordwestliche Richtung. Beide Boote treffen sich aufgrund ihrer unterschiedlichen Geschwindigkeiten auf offener See.

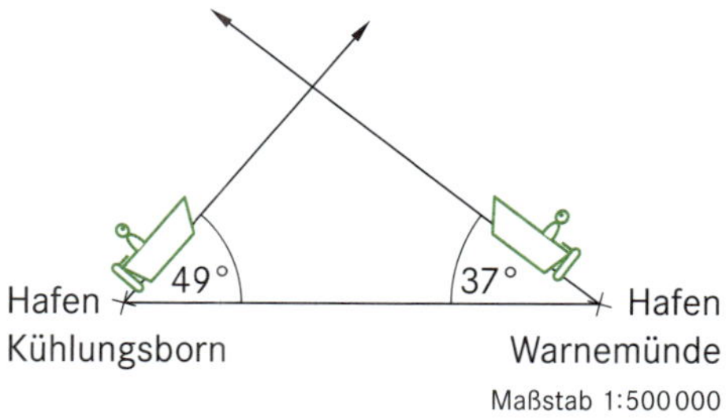

- **a.** Wie viel km sind beide zum Zeitpunkt des Treffens gefahren?
- **b.** Wie groß ist die Entfernung zur Küste?

5 Wie lang ist die Raumdiagonale in einem Quader mit den Seitenlängen $a = 7{,}3\,\text{cm}$; $b = 5\,\text{cm}$ und $c = 2{,}6\,\text{cm}$?

2.2 Flächen- und Umfangsberechnung von Dreiecken

Überblick

Die **Höhen** stehen immer senkrecht auf einer Dreiecksseite, werden nach dieser benannt und verlaufen durch den gegenüber liegenden Eckpunkt des Dreiecks.

Flächeninhalt eines Dreiecks: $A = \frac{g \cdot h}{2} = \frac{a \cdot h_a}{2} = \frac{b \cdot h_b}{2} = \frac{c \cdot h_c}{2}$

Umfang eines Dreiecks: $U = a + b + c$

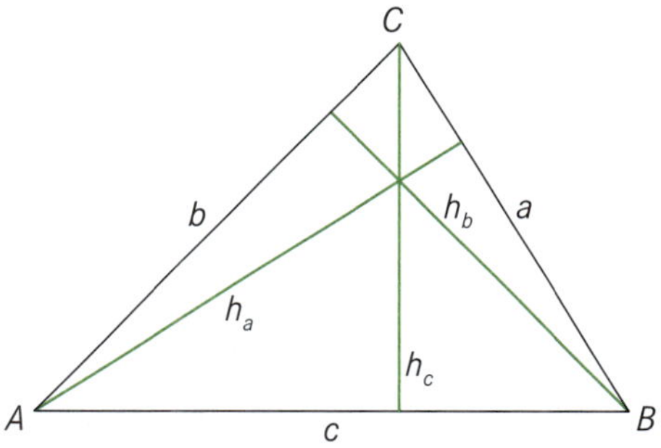

Wann sind diese Zusammenhänge nützlich?

Die Formeln für Flächeninhalt und Umfang können auch benutzt werden, um über sie andere Größen eines Dreiecks zu bestimmen. Dies wird in der folgenden Beispielaufgabe deutlich.

Beispielaufgabe:

Gesucht: A, h_c und b

Flächenberechnung: $A = \frac{g \cdot h}{2} = \frac{a \cdot h_a}{2} = \frac{6{,}5\,\text{cm} \cdot 4{,}56\,\text{cm}}{2} = 14{,}82\,\text{cm}$

Berechnung von b: $A = \frac{g \cdot h}{2} = \frac{b \cdot h_b}{2} \qquad | :h_b;\ \cdot 2$

$$\frac{A \cdot 2}{h_b} = b$$

$$b = \frac{14{,}82\,\text{cm} \cdot 2}{5{,}7\,\text{cm}} = 5{,}2\,\text{cm}$$

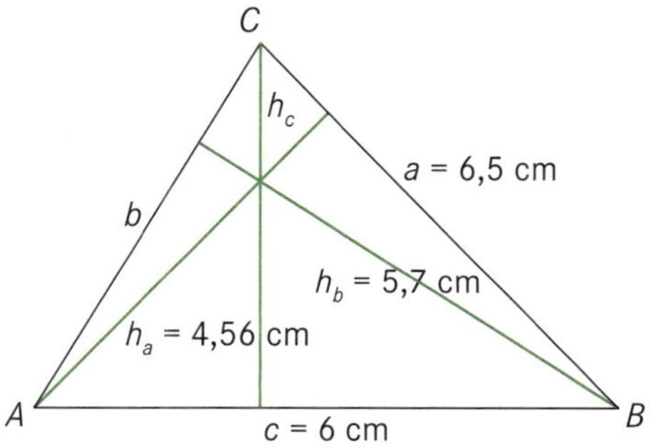

(nicht maßstabsgerecht)

Berechnung von h_c: $A = \frac{g \cdot h}{2} = \frac{c \cdot h_c}{2}$ | :c; -2

$\frac{A \cdot 2}{c} = h_c$

$h_c = \frac{14{,}82\,\text{cm} \cdot 2}{6\,\text{cm}} = 4{,}94\,\text{cm}$

Aufgaben zu den Grundfertigkeiten

1 Berechne die fehlende Größe.

a. a = 1,2 km
h_a = 0,75 km
A = ▒

b. A = 615,76 dm^2
h_c = 17,2 dm
c = ▒

c. A = 0,0248 m^2
c = 0,012 m
h_c = ▒

d. A = 15,35 ha
b = 122,8 m
h_b = ▒

Aufgaben zum Trainieren

2 Wie groß ist die weiße Fläche dieses Verkehrsschildes (a = 60 cm)?

Ermittle die Höhe durch Konstruktion!

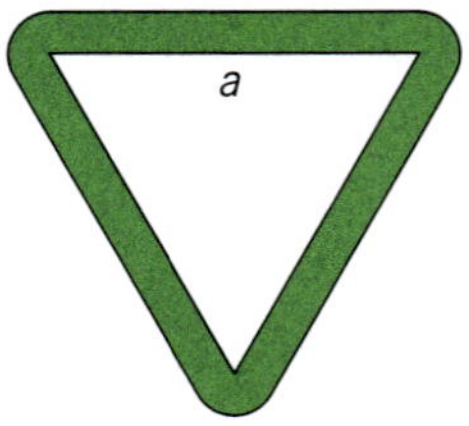

3 Vergleich von Dreiecken

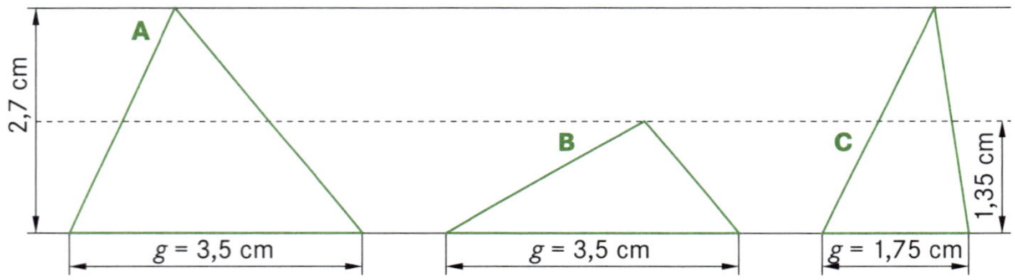

a. Wie groß ist das Dreieck A?

b. Wie groß müssen die Dreiecke B und C sein? Begründe ohne zu berechnen!

4 Finde ein stumpfwinkliges, ein spitzwinkliges und ein rechtwinkliges Dreieck, dessen Flächeninhalt ca. 6 cm^2 beträgt.

5 Berechne den Stoffbedarf für ein pyramidenförmiges Zelt, in dem du stehen kannst. Der Winkel zwischen dem Boden und der Zeltaußenwand beträgt 30°. (Die Höhe der Außenwand kannst du auch durch eine Konstruktion ermitteln.)

2.3 Satz des Thales, Pythagoras und Strahlensatz

Überblick

Satz des Thales

Einen Halbkreis über einer Strecke nennt man den **Thaleskreis**.
Liegt der Punkt C eines Dreiecks ABC auf dem Halbkreis über der Strecke $\overline{AB}$, so ist der Winkel bei C stets ein rechter Winkel.

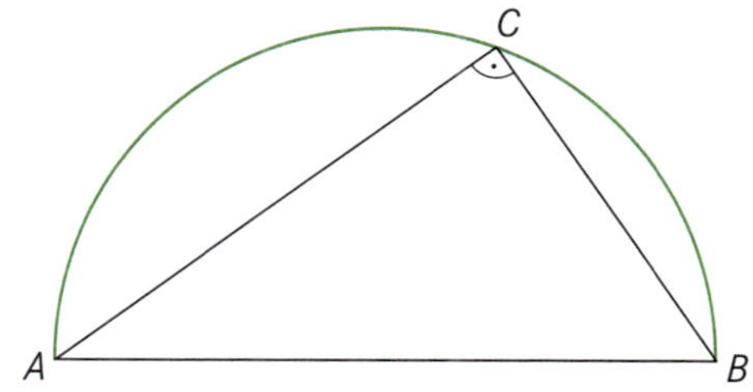

Satz des Pythagoras

In jedem rechtwinkligem Dreieck ist die Summe der beiden Kathetenquadrate genau so groß wie das Hypotenusenquadrat: $a^2 + b^2 = c^2$.
Die **Hypotenuse** liegt immer dem rechten Winkel gegenüber und ist somit die längste Seite des Dreiecks.
Die **Katheten** liegen am rechten Winkel.

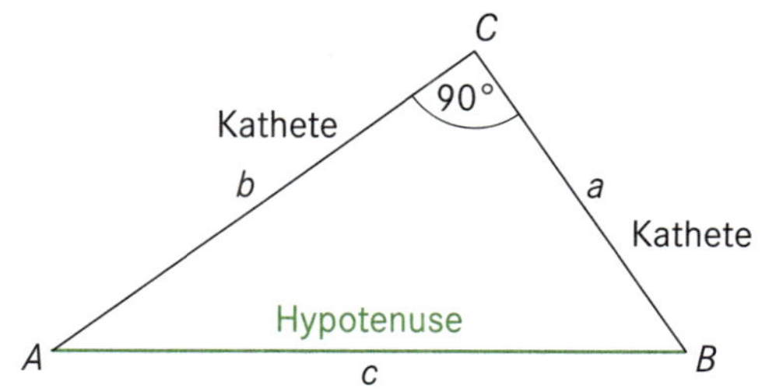

Strahlensatz (oder Vierstreckensatz)

Werden zwei von S ausgehende Strahlen von Parallelen geschnitten, so verhalten sich

- die Abschnitte auf dem einen Strahl zueinander, wie die entsprechenden Abschnitte auf dem anderen Strahl (1. Teil)

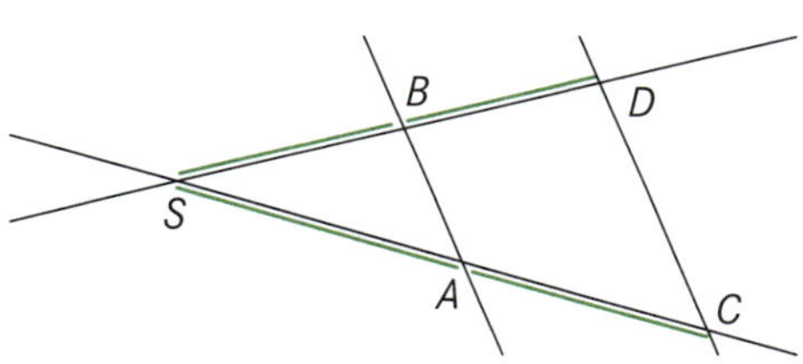

$\frac{\overline{SA}}{\overline{AC}} = \frac{\overline{SB}}{\overline{BD}}$

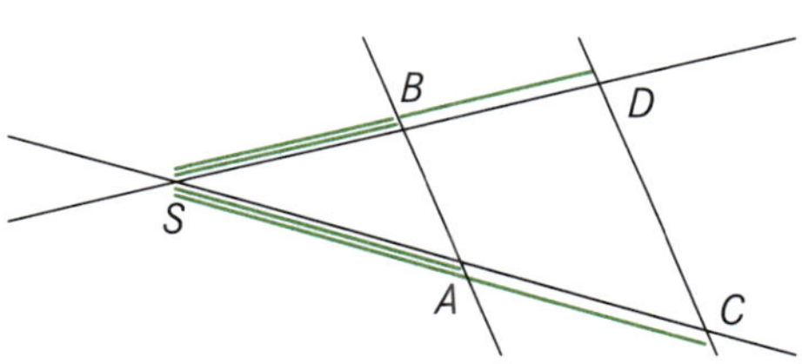

$\frac{\overline{SA}}{\overline{SC}} = \frac{\overline{SB}}{\overline{SD}}$

- die Parallelabschnitte zueinander, wie die von S ausgehenden, entsprechenden Strahlenabschnitte (2. Teil)

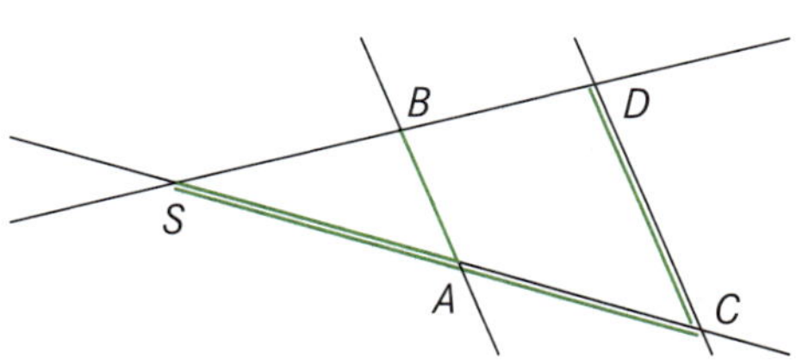

$\frac{\overline{SA}}{\overline{AB}} = \frac{\overline{SC}}{\overline{CD}}$

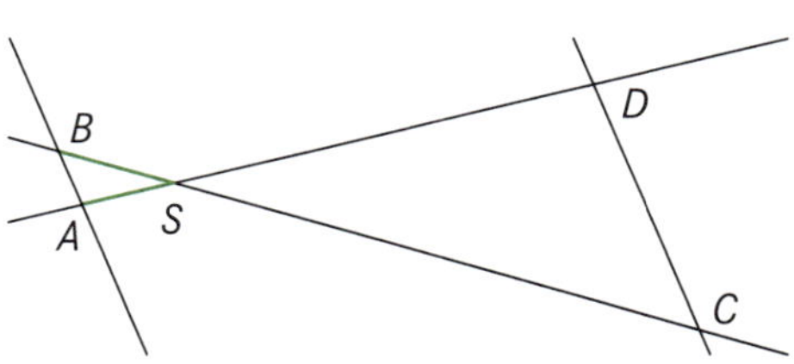

$\frac{\overline{SA}}{\overline{SB}} = \frac{\overline{SD}}{\overline{SC}}$ (1. Teil) oder $\frac{\overline{SC}}{\overline{CD}} = \frac{\overline{SB}}{\overline{BA}}$ (2. Teil)

Aufgaben zu den Grundfertigkeiten

1 Bestimme die Hypotenuse und die Katheten, stelle die entsprechende Formel nach dem Satz des Pythagoras auf.

a.

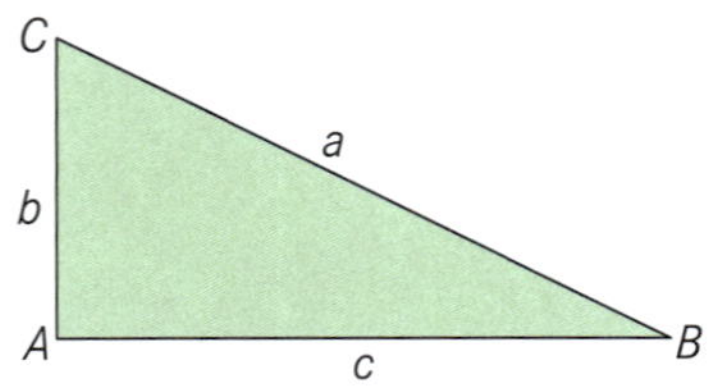

b.

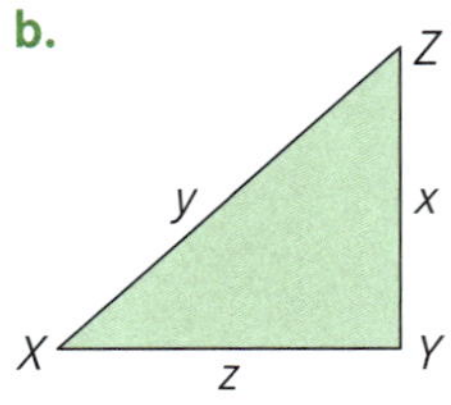

c.

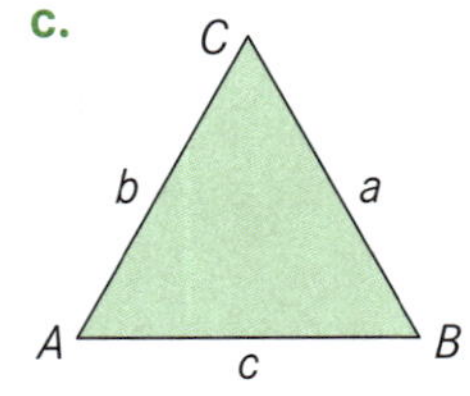

Aufgaben zum Trainieren

2 **a.** Konstruiere ein rechtwinkliges Dreieck, dessen Hypotenuse 5 cm lang ist.
b. Konstruiere je ein Quadrat über den beiden Katheten und der Hypotenuse.
c. Bestimme den Flächeninhalt der drei Quadrate und des Dreiecks und überprüfe den Satz des Pythagoras.

3 Ergänze die Verhältnisgleichungen für beide Strahlensätze mit den Bezeichnungen in der Abbildung.

a.	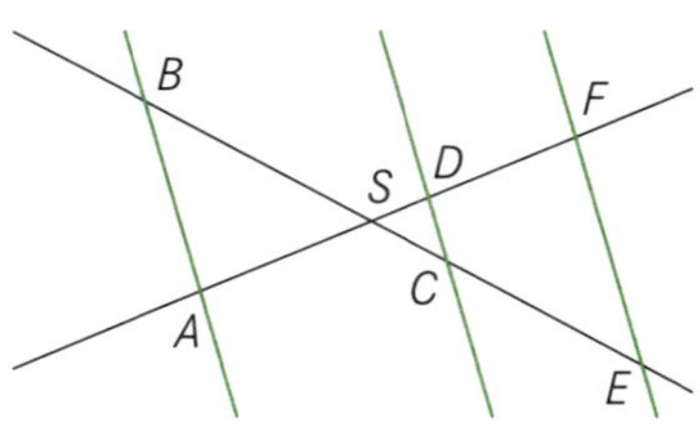	$\frac{\overline{AB}}{\overline{CD}} = $ ■	
b.	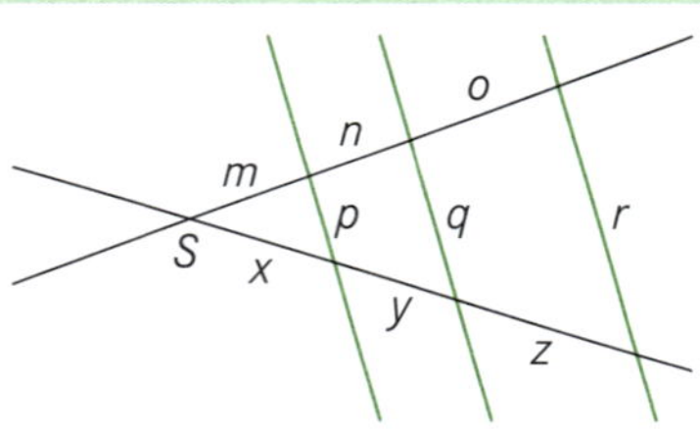	$\frac{x}{m} = $ ■ $\frac{r}{q} = $ ■	

4 Sabrina und Pascal stehen in einer Entfernung von ca. 350 m vor einer Windkraftanlage. Sabrina meint, das Windrad der Anlage ist in einer Höhe von mehr als 100 m am Rotor befestigt. Pascal glaubt ihr nicht.
a. Wie können sie die Höhe mit Hilfe eines Stabes überprüfen?
b. Erkläre die Anwendung des Försterdreiecks, des Daumensprungs und des Storchenschnabels. Recherchiere ggf. im Internet.

5 Du befindest dich auf einem Schiff. Wie weit kannst du über das offene Meer sehen?
TIPP: Du benötigst für die Lösung den Erdradius.

6 Lea will sich einen Kaninchenstall (2,50 m mal 0,75 m) selbst bauen. Sie möchte gern überprüfen, ob die Wände tatsächlich rechtwinklig stehen. Handwerker benutzen zur Überprüfung einen sog. Anschlagwinkel (siehe Bild). Lea hat zwar keinen Anschlagwinkel, wohl aber einige Leisten übrig, die zwischen 30 cm und 1 m lang sind. Was würdest du ihr empfehlen?

Weitere Übungen zum Satz von Pythagoras und zu den Strahlensätzen findest du in den Aufgaben des Kapitels „Körper“.

3 Vierecke

Überblick

Vereinbarung über die Bezeichnungen bei Vierecken:
Beginne an der unteren linken Ecke mit der Benennung des Punktes *A*. Die weiteren Punkte werden entgegen dem Uhrzeigersinn mit *B*, *C*, *D* benannt. Die bei *A* beginnende Seite wird mit *a* bezeichnet, die bei *B* beginnende mit *b* usw. Die Winkel werden mit griechischen Buchstaben entsprechend unseres Alphabetes bezeichnet, also α bei *A*, β bei *B* usw. Die Diagonalen heißen *e* (= $\overline{AC}$) und *f* (= $\overline{DB}$).

Die Winkelsumme im Viereck beträgt immer 360°. Vierecke werden in verschiedene Kategorien eingeteilt.

	Formeln für Flächeninhalt und Umfang	Eigenschaften
Quadrat 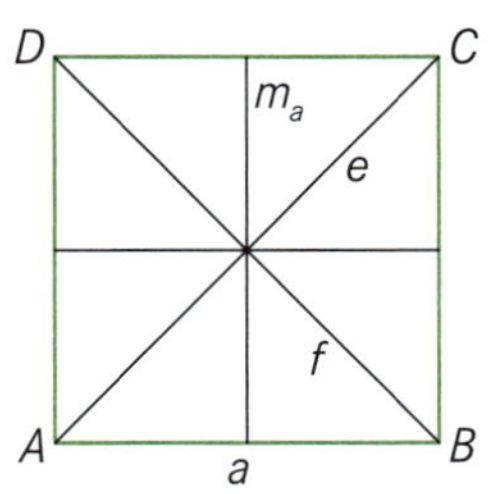	$A = a^2$ $u = 4 \cdot a$	Alle Seiten sind gleich lang, alle Winkel sind 90° groß, beide Diagonalen und Mittelsenkrechte sind jeweils gleich lang, halbieren sich gegenseitig und stehen im rechten Winkel zueinander. Die Mittelsenkrechten entsprechen den Höhen.
Rechteck 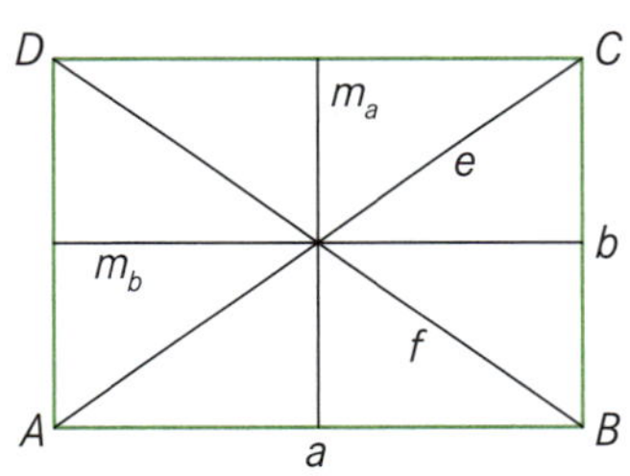	$A = a \cdot b$ $u = 2a + 2b$	Die gegenüber liegenden Seiten sind gleich lang, alle Winkel sind 90° groß, die Mittelsenkrechten stehen senkrecht aufeinander und halbieren sich gegenseitig, die Diagonalen halbieren sich gegenseitig. Die Mittelsenkrechten entsprechen den Höhen.
Raute/Rhombus 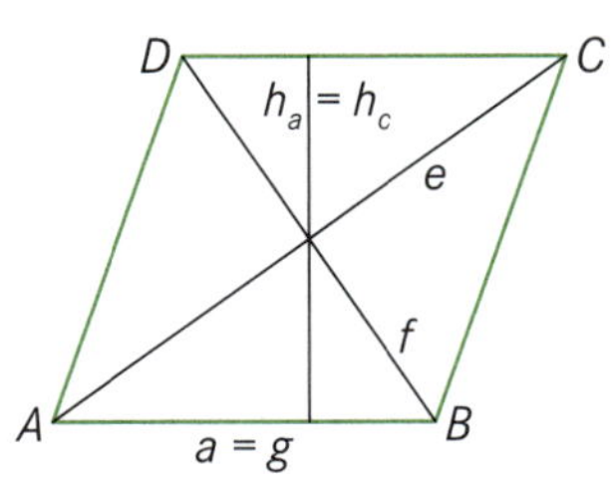	$A = g \cdot h$ oder auch $A = \frac{e \cdot f}{2}$ $u = 4a$	Alle Seiten sind gleich lang, die gegenüberliegenden Seiten sind parallel zueinander, die gegenüber liegenden Winkel sind gleich groß, die Diagonalen stehen senkrecht aufeinander und halbieren sich gegenseitig.
Parallelogramm 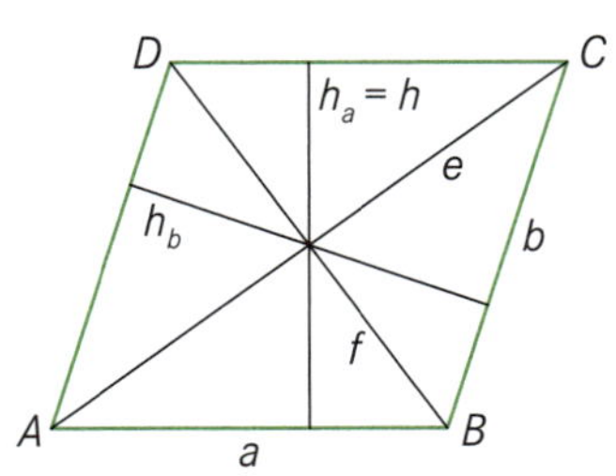	$A = g \cdot h$ $u = 2a + 2b$	Die gegenüberliegenden Seiten sind gleich lang und parallel zueinander, die gegenüberliegenden Winkel sind gleich groß, die Diagonalen halbieren sich gegenseitig.

Trapez 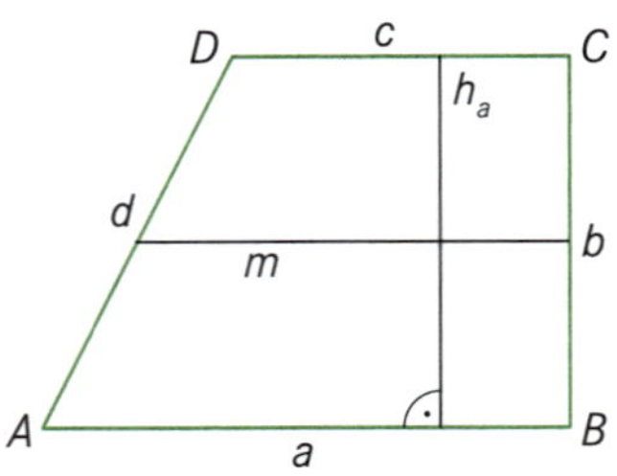	$A = \frac{a+c}{2} \cdot h$ (die Mittellinie ist $m = \frac{a+c}{2}$, daher gilt auch $A = m \cdot h$) $u = a + b + c + d$	Zwei Seiten sind parallel zueinander, im gleichschenkligen Trapez ist $b = d$ und $\alpha = \beta$.
Drachenviereck 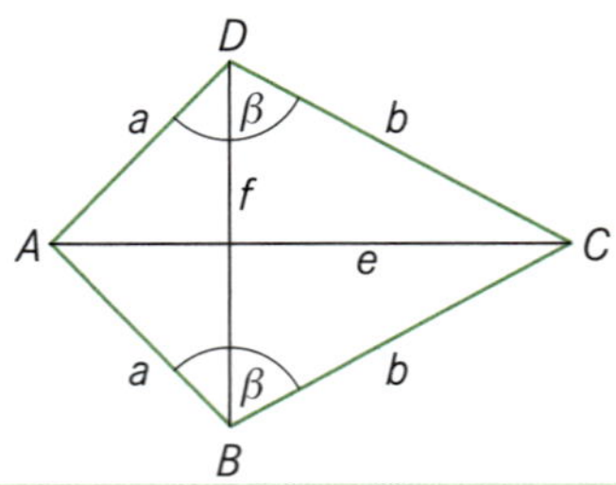	$A = \frac{e \cdot f}{2}$ $u = 2 \cdot (a + b)$	Zwei benachbarte Seiten sind gleich groß, zwei gegenüberliegende Winkel sind gleich groß, die Diagonalen stehen senkrecht aufeinander, eine Diagonale wird von der anderen halbiert.

Wann sind diese Zusammenhänge nützlich?

Die Formeln für Vierecke erlauben es oft, in geometrischen Anordnungen gesuchte Größen zu bestimmen. Da für die unterschiedlichen Arten von Vierecken verschiedene Formeln für Flächeninhalt und Umfang gelten, sollte man anhand der Eigenschaften in jedem Fall genau bestimmen, welche Viereckart vorliegt.

HINWEIS: Jedes allgemeine Viereck lässt sich durch Flächenzerlegung in berechenbare Drei- und Vierecke zerlegen.

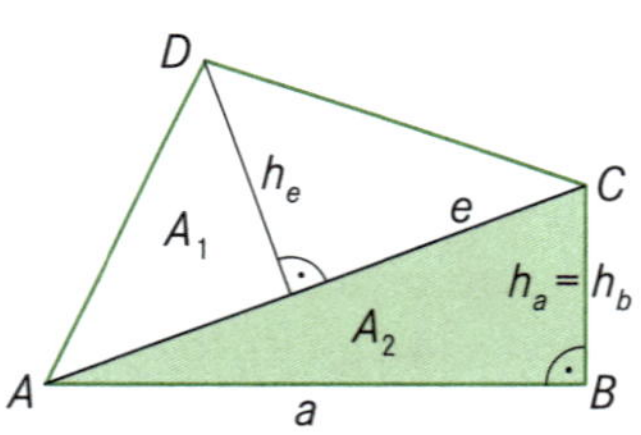	$A = A_1 + A_2 = \frac{e \cdot h_e}{2} + \frac{a \cdot h_a}{2}$
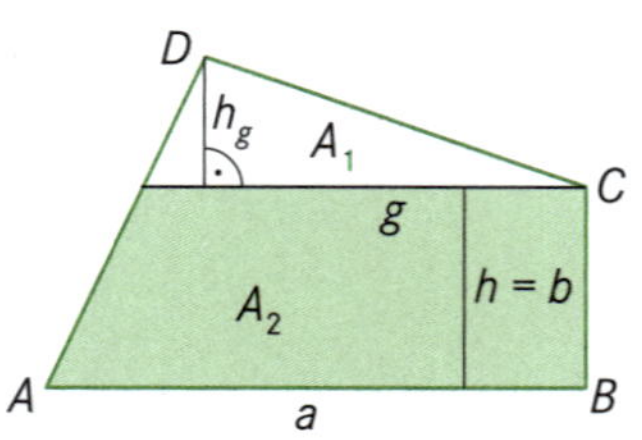	$A = A_1 + A_2 = \frac{g \cdot h_g}{2} + \frac{a+g}{2} \cdot h$

Aufgaben zu den Grundfertigkeiten

1 Berechne die fehlenden Werte.

a. Quadrat			
Seitenlänge a	4,2 cm		
Fläche		0,0576 m^2	
Umfang			500 dm
Diagonale			

b. Rechteck			
Seitenlänge a	12,3 cm	0,54 dm	
Seitenlänge b	6,4 cm		4 m
Fläche		19,98 cm^2	
Umfang			190 dm
Diagonale			

c. Raute/Rhombus			
Seitenlänge a	7,5 cm		
Höhe h_a	3,4 cm	42 m	
Fläche		504 m^2	11 151 mm^2
Umfang			70,8 cm

d. Parallelogramm			
Seitenlänge a	0,4 dm		
Seitenlänge b	2,3 dm	32 mm	3 m
Höhe h_b	1,5 dm	0,11 dm	
Fläche			24 dm^2
Umfang		15,4 cm	103 dm

e. Trapez			
Seitenlänge a	45,1 cm	98,05 mm	0,34 m
Seitenlänge c	23,9 cm	100,3 mm	
Höhe	15 cm		7,1 cm
Fläche		19 934,175 mm^2	4,047 dm^2

Aufgaben zum Trainieren

2 Friederike will mit ihrem kleinen Bruder Max einen Drachen bauen. Max fragt sie, wie lang die Hölzer sein sollen und ob die Farbe reichen wird. Friederike überlegt und fertigt sich erst einmal eine Skizze an:

Die Querstrebe will sie im Verhältnis 1 : 2 anbringen und die Angabe auf der Farbdose verspricht, dass sie eine Fläche von 0,3 m^2 streichen kann. Wie groß müssen alle Hölzer sein und reicht die Farbe, wenn die beiden den Drachen zweimal anmalen müssen?

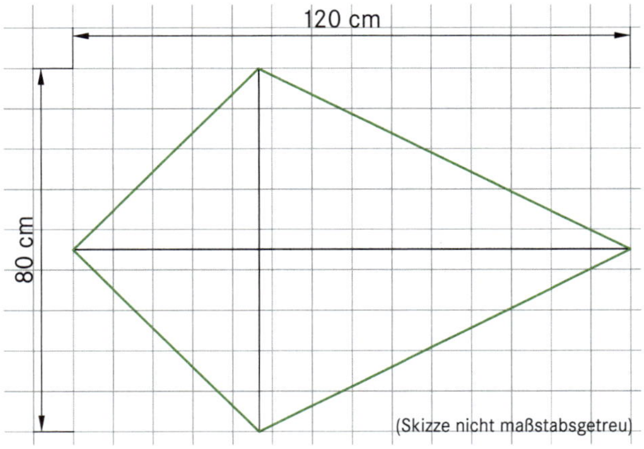

3 Gegeben ist ein Viereck mit den Seiten $a = 9$ cm, $d = 7$ cm, der Verbindung f der Punkte B und D mit $f = 5$ cm, $\beta = 80°$, $\delta = 120°$. Konstruiere dieses Viereck, berechne den Flächeninhalt und entnehme alle fehlenden Maße deiner Konstruktion.

4 Felicias Eltern ziehen um. Felicia darf sich für ihr neues Kinderzimmer (siehe Skizze) einen Teppich und Tapeten aussuchen.

Die drei Fenster sind 1 m breit und 1,50 m hoch. Die Tür ist 95 cm breit und 2 m hoch. Die Deckenhöhe beträgt 2,45 m. Der ausgesuchte Teppich kostet im Zuschnitt pro Quadratmeter 12,50 €, die Fußleisten pro Meter 2,65 € und eine Tapetenrolle 9,95 € (**HINWEIS:** Handelsübliche Tapetenrollen (außer Raufaser) sind ca. 10 m lang und 50 cm breit).

a. Berechne die Materialkosten für die Renovierung.

b. Bei Barzahlung erhalten Felicias Eltern 10 % Rabatt im Baumarkt.

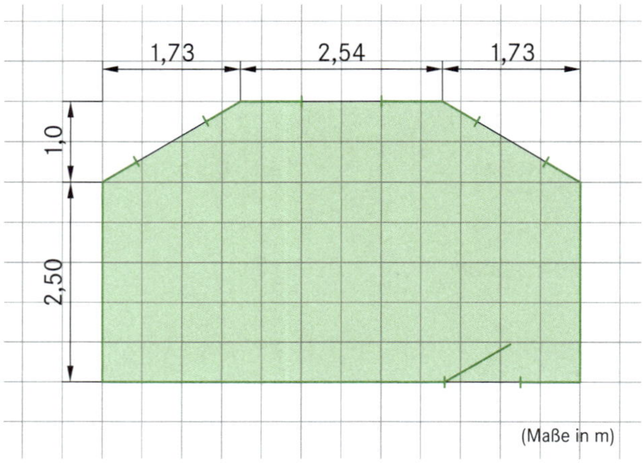

5 Familie Freundt möchte ein neues Haus bauen. Es gibt drei benachbarte Grundstücke, die zur Auswahl stehen und unten als grüne Flächen eingezeichnet sind. Der Grundstückspreis beträgt 148 € pro Quadratmeter. Berechne den Preisunterschied.

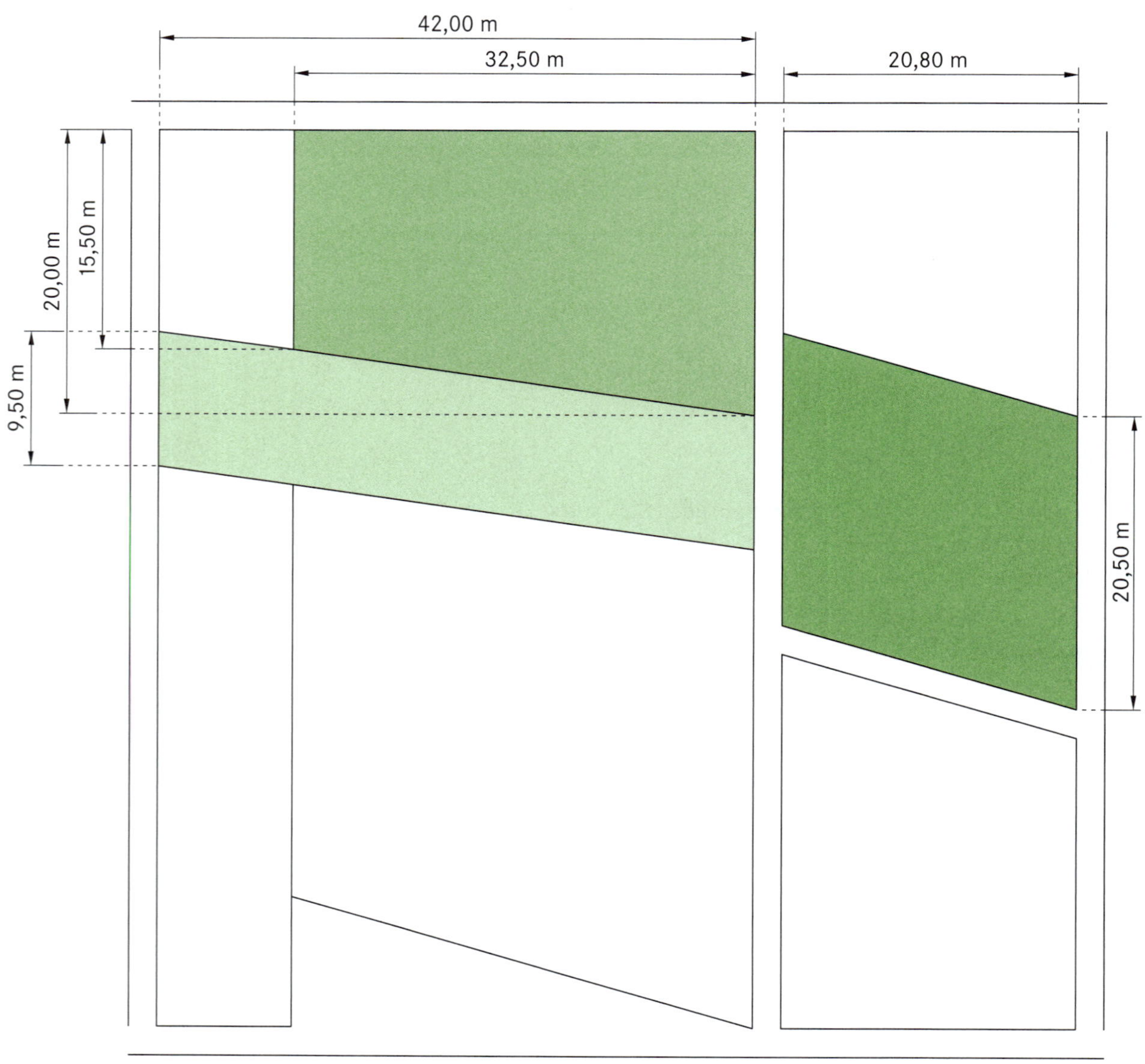

4 Kreise und Kreisteile

Überblick

Berechnungsformeln für Kreisfläche und Kreisumfang

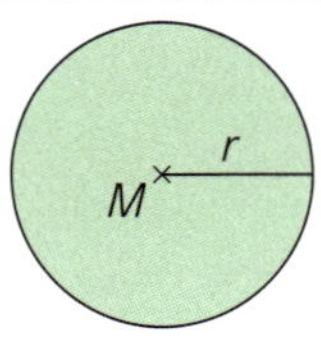	**Kreisfläche** $A = \pi \cdot r^2$	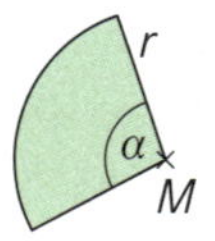	Fläche eines **Kreisausschnitts** $A_S = \pi \cdot r^2 \frac{\alpha}{360°}$
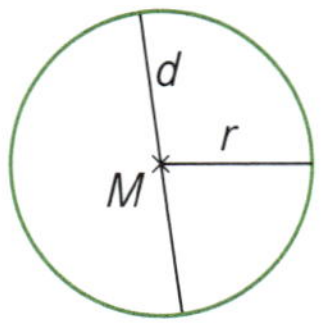	**Kreisumfang** $u = 2 \cdot \pi \cdot r = \pi \cdot d$	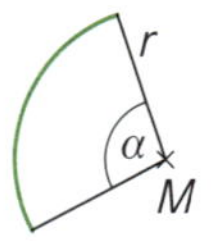	**Kreisbogen** $b = 2 \cdot \pi \cdot r \frac{\alpha}{360°}$ $= \pi \cdot r \frac{\alpha}{180°}$

Aufgaben zu den Grundfertigkeiten

1 Berechne die fehlenden Angaben.

	a.	b.	c.
r	24 cm		
A		683,98 m²	
u			142,6 mm

2 Berechne die fehlenden Angaben.

	a.	b.	c.
r	4,5 mm		7,4 cm
A_s			
b		96 dm	8,6 cm
α	48°	118°	

Aufgaben zum Trainieren

3 Das Wahrzeichen des Wiener Praters ist das Riesenrad. Der äußere Durchmesser des Riesenrades ist 60,96 m lang. Das Rad hat 16 Gondeln. Welchen Abstand haben die Gondeln voneinander?

4 Goldschmied Adler hat einen Kettenanhänger entworfen (siehe Skizze). Der Kreisring wird aus einem Silberblech ausgeschnitten, der Kreisausschnitt aus goldenem Blech. Beide werden übereinander gelegt und miteinander verlötet. Die Ausgangsbleche sind 20 cm lang und 10 cm breit, ein solches Goldblech aus 333iger Gold kostet 2393 €, ein Blech aus 925iger Silber kostet 1554 €. Wie teuer ist der Anhänger?

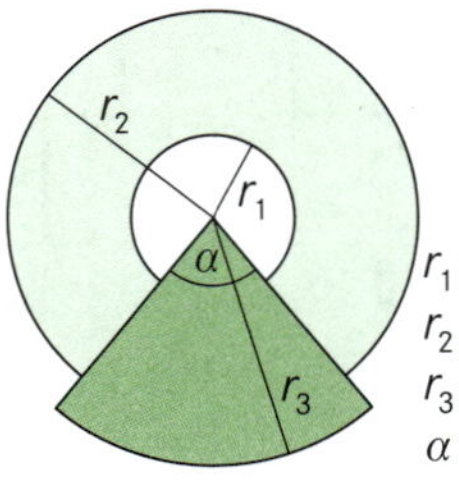

$r_1 = 0{,}8$ cm
$r_2 = 2{,}0$ cm
$r_3 = 2{,}4$ cm
$\alpha = 80°$

5 Zusammengesetzte und nicht gradlinig begrenzte Flächen

Überblick

Um zusammengesetzte Flächen zu berechnen, müssen diese in Teilflächen zerlegt werden. Besteht die Fläche aus geradlinig begrenzten Flächen und/oder Kreisbögen, so kann sie oft in berechenbare Teilflächen (Dreiecke, Vierecke, Kreisteile) zerlegt werden. Bei unregelmäßigen Flächen wird ein Raster verwendet. Je feiner man das Raster bzw. die Zerlegung wählt, desto genauer wird das Ergebnis.

Wann sind diese Zusammenhänge nützlich?

Die folgende Beispielaufgabe zeigt, wie man mithilfe der Rasterung die Fläche des Bodensees näherungsweise bestimmen kann.

Maßstab: 1:750 000

Zuerst rasterst du die Fläche auf:

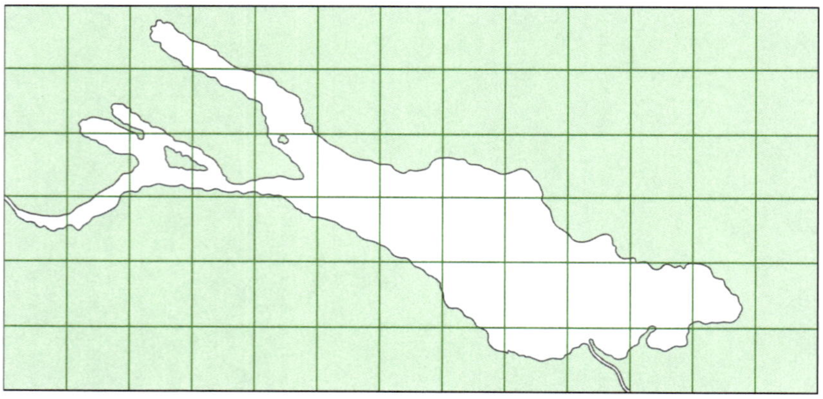

und scherst sie – je kleiner dein Raster, umso genauer kannst du die Flächen bestimmen!

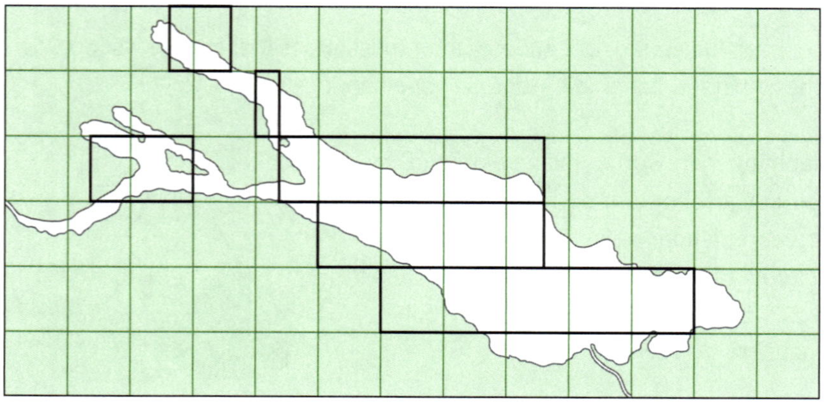

Man versucht nun, die Fläche mit einer ganzen Anzahl von Rasterkästchen anzunähern. Dabei sollten in etwa gleich große Teile der gesuchten Fläche außerhalb der Kästchen liegen und innerhalb der Kästchen frei bleiben. In unserem Beispiel ergeben sich etwa 15 Kästchen.

Ein Kästchen entspricht 0,8 cm · 0,8 cm, also wären es ca. 9,6 cm^2. Der Maßstab 1 : 750 000 besagt, dass jeder Zentimeter in der Realität 750 000 cm = 7500 m = 7,5 km groß ist.

0,8 cm · 0,8 cm entspricht also 6 km · 6 km = 36 km^2.

15 Kästchen entsprechen somit 540 km^2. (Offiziell ist der Bodensee 536 km^2 groß.)

Aufgaben zum Trainieren

1 Bestimme die Fläche von Hessen.

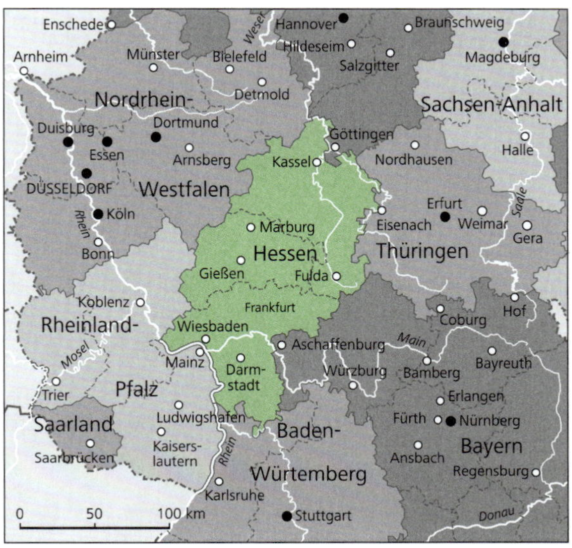

Maßstab 1 : 5 000 000

© *Rainer J. Fischer, Berlin*

2 Das Werkstück in der Skizze wurde aus einem Rechteck ausgeschnitten. Das Rechteck war 95 mm lang und 30 mm breit.

a. Berechne auf zwei verschiedenen Wegen die Fläche des Werkstücks.

b. Gib den prozentualen Anteil des Werkstückes an dem Rechteck an, aus dem es gearbeitet wurde.

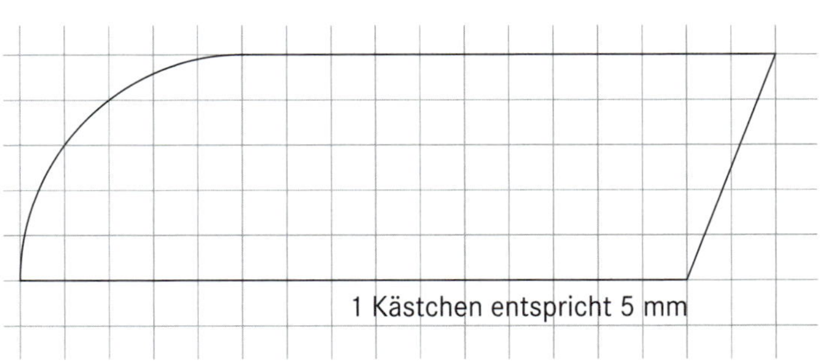

6 Körper

6.1 Darstellung von Körpern

Überblick

Schrägbilder

Schrägbilder sind räumliche Darstellungen von Körpern. Um ein Schrägbild zu zeichnen, wird eine Seite des Körpers als Vorderseite festgelegt, auf die man schaut. Für das Schrägbild gilt dann:

- Alle Linien und Winkel, die in dieser Vorderseite liegen, werden maßstabsgetreu gezeichnet.
- Alle Strecken, die nach hinten verlaufen, werden in einem festgelegten Winkel ω angetragen und um einen festgelegten Faktor q verkürzt,
- Üblich sind der Winkel $\omega = 45°$ und der Verkürzungsfaktor $q = 0{,}5$. Man spricht dann von der „Kavaliersperspektive".

Wann sind diese Zusammenhänge nützlich?

Mit Schrägbildern kann man sich die räumlichen Gegebenheiten einer Figur klar machen. Die folgenden Beispiele zeigen das Schrägbild in der Kavaliersperspektive eines Quaders und eines Kegels.

Quader

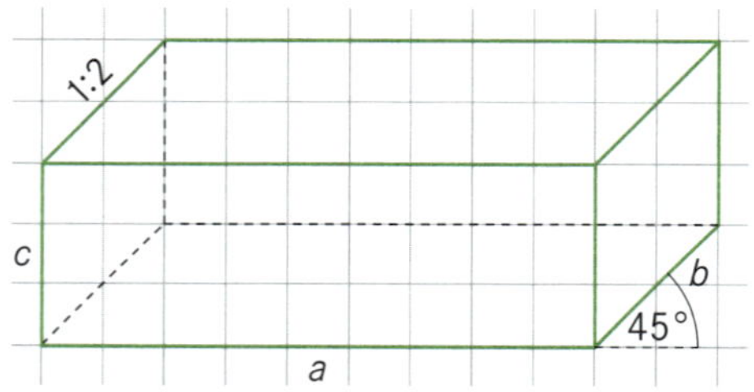

Maße des Quaders: $a = 6\,\text{cm}$, $b = 4\,\text{cm}$, $c = 3\,\text{cm}$.

Zeichenanleitung:

1. Zeichne ein Rechteck mit den vorgegebenen Maßen für a und c.
2. Zeichne in jedem Eckpunkt Hilfslinien, die alle rechts nach hinten verlaufen und im Winkel von 45° zur Grundseite stehen (einfacher geht es, wenn du die Parallelverschiebung nutzt).
3. Nimm die Hälfte der Strecke b in den Zirkel und trage in allen Eckpunkten an den Hilfslinien diese Länge ab.
4. Ergänze die waagerechten und senkrechten Strecken a und b der hinteren Quaderfläche.

Kegel

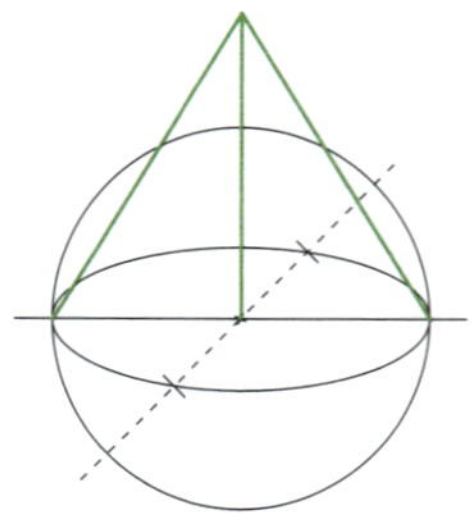

Maße des Kegels: $d = 5\,\text{cm}$, $h = 4\,\text{cm}$.

Zeichenanleitung:

1. Zeichne einen Kreis mit dem Radius 2,5 cm. Markiere den Durchmesser, der waagerecht durch den Kreis geht und markiere den Mittelpunkt.
2. Zeichne den senkrechten Durchmesser im 45°-Winkel als Hilfslinie im Mittelpunkt ein.
3. Trage an dieser Hilfslinie vom Mittelpunkt ausgehend die Hälfte des Radius (1,25 cm) zu beiden Seiten ab.
4. Vervollständige die Punkte zu einer elliptischen Grundfläche.
5. Zeichne die Höhe im Mittelpunkt ein und zeichne die Seitenlinien ein.

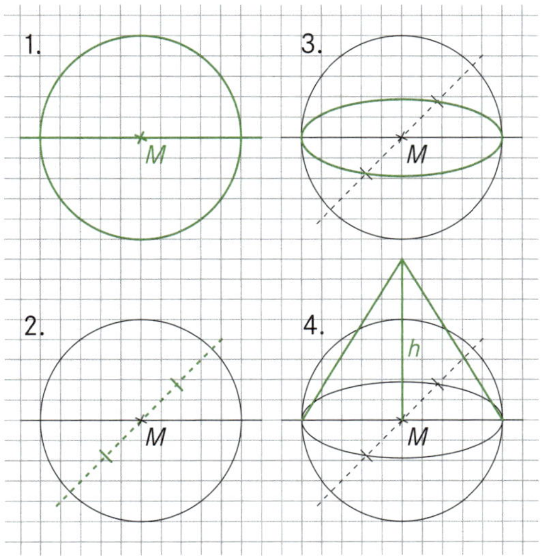

Netze von Körpern

Das Netz zeigt alle Flächen des Körpers nebeneinander liegend.

Wann sind diese Zusammenhänge nützlich?

Um eine Oberfläche oder Mantelfläche berechnen zu können, muss man sich das Netz des Körpers vorstellen können. Beispiele:

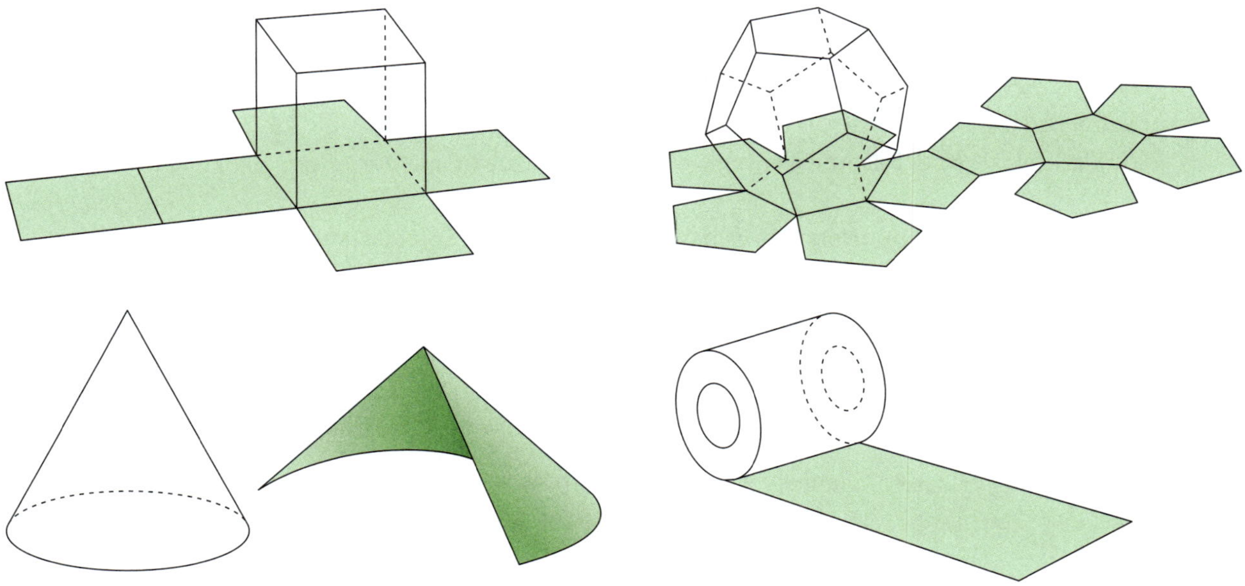

Aufgaben zum Trainieren

1 Welches Netz gehört zu welchem Körper?

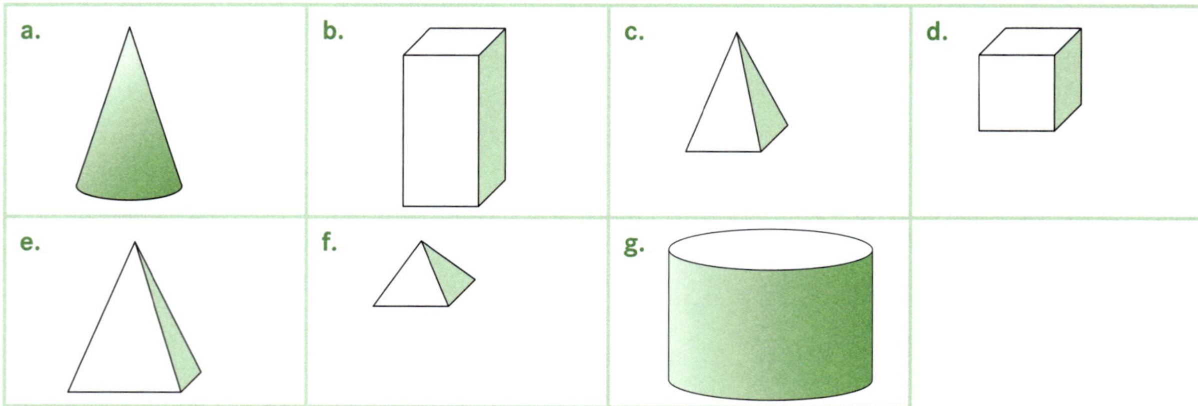

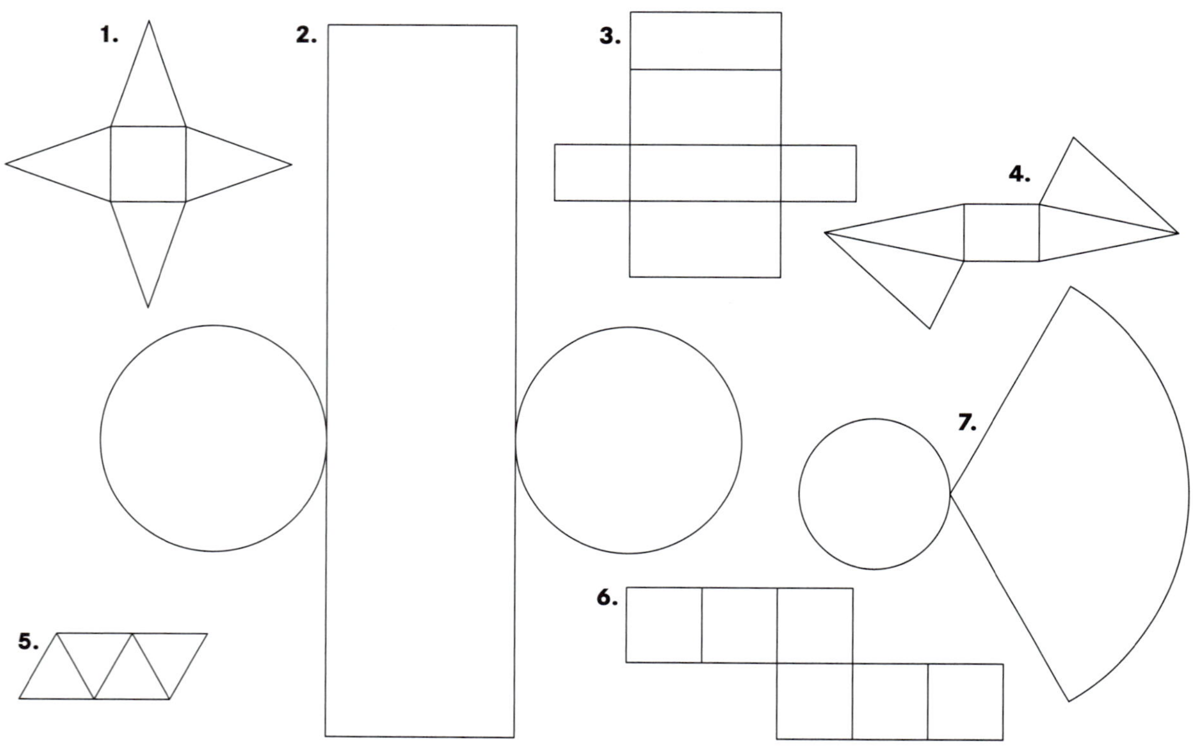

2 Zeichne drei verschiedene Netze für

a. einen Würfel mit einer Kantenlänge von 3 cm; **b.** einen Quader mit a = 1,5 cm, b = 2 cm, c = 4 cm.

3 Zeichne zu dem abgebildeten Netz das Schrägbild des Körpers. Entnimm die Maße der Zeichnung, die Zeichnung wurde im Maßstab 1:2 verkleinert.

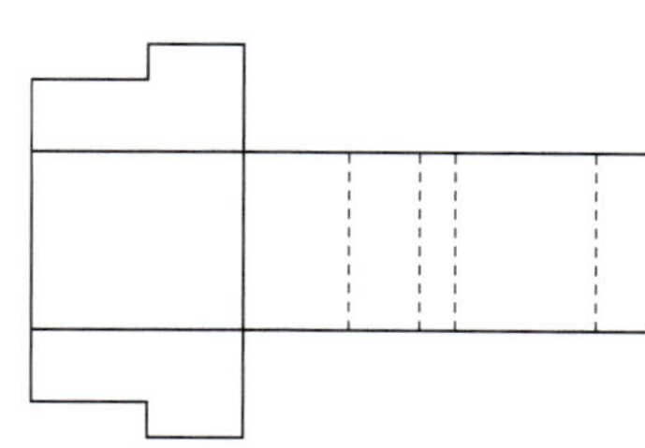

4 Zeichne zu dem abgebildeten Schrägbild das Netz des Körpers. Entnimm die Maße der Zeichnung, die Zeichnung wurde im Maßstab 1:2 verkleinert.

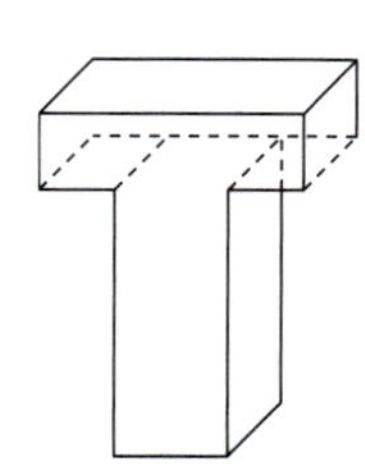

6.2 Volumen und Oberfläche von Körpern

Überblick

Prisma

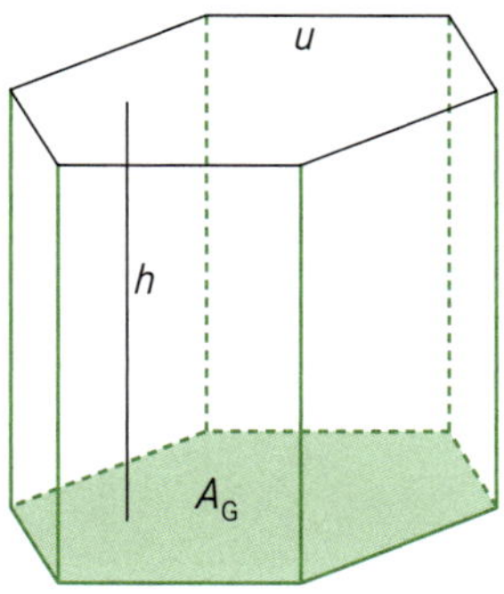

Eigenschaften

Grund- und Deckfläche sind gleich groß, der Abstand zwischen diesen beiden Flächen ist die Höhe h.

Volumen
$V = A_G \cdot h$

Die Grundfläche ist ein beliebiges n-Eck.

Mantel
$A_M = u \cdot h$

u ist der Umfang der Grundfläche. Der Mantel A_M ist ein Rechteck mit der Seitenlänge u und der Höhe h.

Oberfläche
$A_0 = 2 \cdot A_G + A_M$

Die Oberfläche setzt sich aus der Grund- und Deckfläche und dem Mantel zusammen.

Zylinder

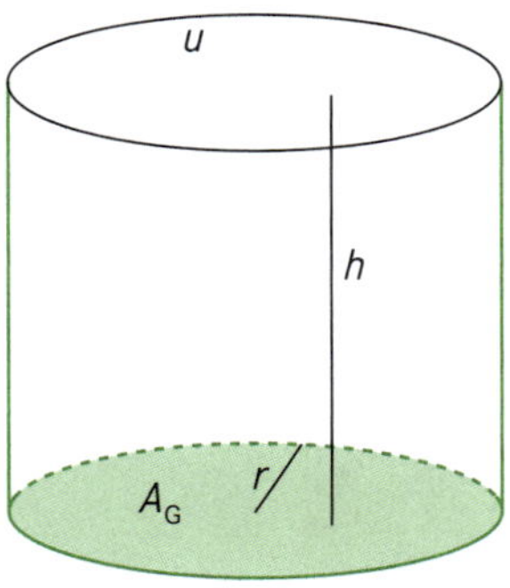

Eigenschaften

Grund- und Deckfläche sind gleich große Kreise, der Abstand zwischen diesen beiden Flächen ist die Höhe h.

Volumen
$V = A_G \cdot h = \pi \cdot r^2 \cdot h$

Die Grundfläche ist ein Kreis.

Mantel
$A_M = u \cdot h = 2 \cdot \pi \cdot r \cdot h$

u ist der Umfang des Grundkreises. Der Mantel A_M ist ein Rechteck mit der Seitenlänge u und der Höhe h.

Oberfläche
$A_0 = 2 \cdot A_G + A_M$

Die Oberfläche setzt sich aus der Grund- und Deckfläche und dem Mantel zusammen.

Pyramide

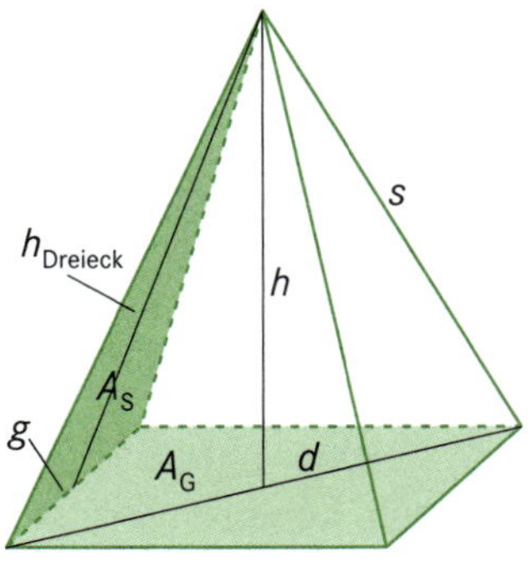

Volumen
$V = \frac{1}{3} A_G \cdot h$

Die Grundfläche ist ein beliebiges n-Eck.

Seitenflächen
$A_S = \frac{g \cdot h_{\text{Dreieck}}}{2}$

Die Seitenflächen sind Dreiecke mit der Grundseite g.

Mantelfläche
$A_M = \sum A_S$

Der Mantel ist die Summe der Seitenflächen.

Oberfläche
$A_0 = A_G + A_M$

Die Oberfläche setzt sich aus den Grund- und Seitenflächen zusammen.

Seitenlinie
$s = \sqrt{\left(\frac{d}{2}\right)^2 + h^2}$

Die Seitenlinie berechnet sich aus der halben Diagonale der Grundfläche und der Höhe.

Kegel

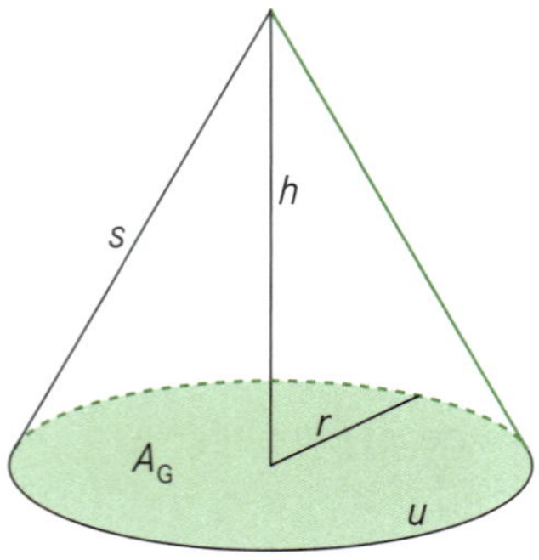

Volumen
$V = \frac{1}{3} A_G \cdot h = \frac{1}{3} \pi \cdot r^2 \cdot h$

Die Grundfläche ist ein Kreis.

Mantelfläche
$A_M = \pi \cdot r \cdot s$

Der Mantel besteht aus einem Kreissektor.

Oberfläche
$A_O = A_M + A_G$
$= \pi \cdot r \cdot s + \pi \cdot r^2$
$= \pi \cdot r \cdot (s + r)$

Die Oberfläche setzt sich aus Grundfläche und Mantel zusammen.

Seitenlinie
$s = \sqrt{r^2 + h^2}$

Die Seitenlinie errechnet sich aus dem Radius des Grundkreises und der Höhe.

Kugel

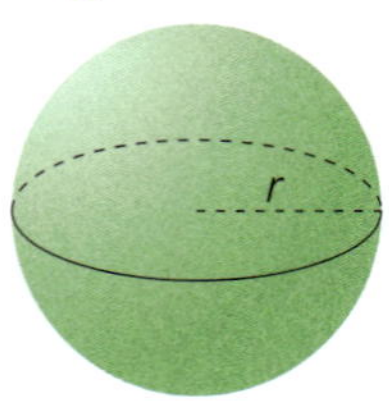

Volumen
$V = \frac{4}{3} \pi \cdot r^3$

Oberfläche
$A_O = 4 \pi \cdot r^2$

Aufgaben zu den Grundfertigkeiten

1 **a.** Schreibe zu jedem abgebildeten Körper den passenden Begriff.
b. Notiere die Formel für die Grundfläche A_G.
c. Skizziere das Netz der Oberflächen.

(I)

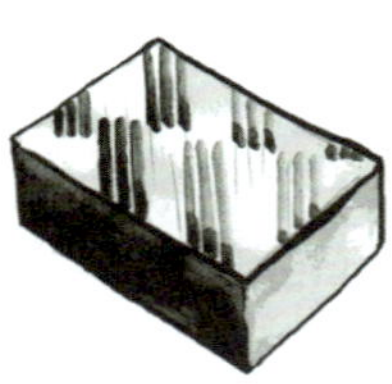

(II)

(III)

(IV)

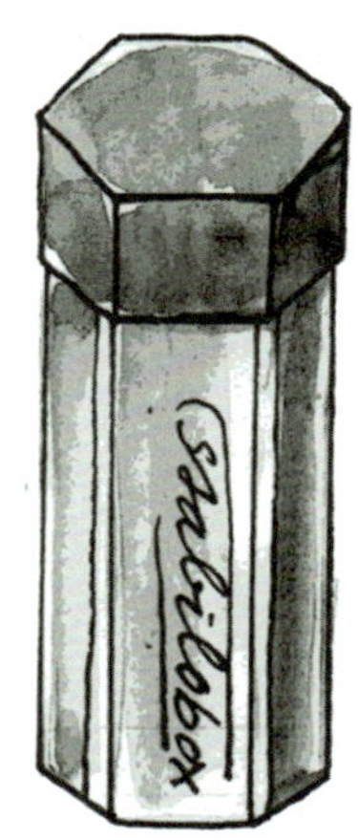

2 **a.** Berechne die Oberfläche und das Volumen der Rechteckspyramide (siehe Skizze). Gib das Ergebnis in dm^3 bzw. in dm^2 an und runde dabei auf eine Stelle nach dem Komma.

b. Berechne die Oberfläche des Kegels. Runde das Ergebnis auf zwei Stellen nach dem Komma!

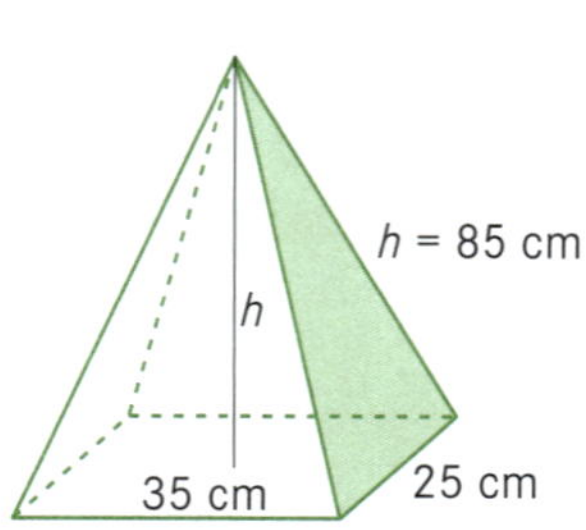

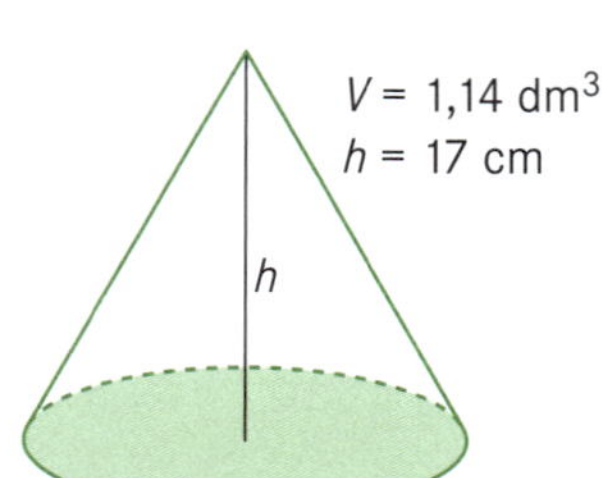

Aufgaben zum Trainieren

3 Eine Schokoladenpackung enthält 100 g Schokolade. Berechne das Volumen der Verpackung. 1 cm^3 Schokolade wiegt ca. 1,3 g. Erkläre die Differenz zwischen dem Gewicht der Schokolade, das du mit diesen Angaben erhältst und dem tatsächlichen Gewicht. Die Verpackung ist ein Prisma mit einem gleichseitigen Dreieck als Grundfläche.
Maße der Verpackung: Länge: 20,8 cm; Dreiecksseite: 3,5 cm

© Rheinische Industriekultur, Buschmann 1995

4 Dieser Scheibengasbehälter in Oberhausen wurde 1988 stillgelegt und beherbergt heute eine Ausstellungshalle. Wie viel Gas war in dem Gasometer enthalten, wenn du davon ausgehst, dass der Behälter einen Durchmesser von rund 68 m besitzt und nur ein Viertel des von außen sichtbaren Behälters gefüllt wurde?

5 Wie dick ist eine Goldmünze, die 31,1 g schwer ist und einen Durchmesser von 30 mm hat?
$\left[\text{Dichte von Gold: } 19{,}32\,\frac{g}{cm^3}\right]$

6 Aus einem Quadratmeter Weißblech vom 2 mm Dicke sollen Unterlegscheiben (Innendurchmesser 1 cm, Außendurchmesser 1,9 cm) angefertigt werden.
- **a.** Wie viele Scheiben kann man herstellen, wenn die Schnittbreite 1 mm beträgt?
- **b.** Berechne den prozentualen Anteil des Abfalls.
- **c.** Unterlegscheiben werden nach Gewicht verkauft. Du benötigst für neue Türen in einem Haus 30 Unterlegscheiben. Ein Kilo kostet 27,80 €. Wie viel musst du bezahlen (Dichte von Eisen: 7,86 g pro cm^3)?

7 Die Cheops-Pyramide bildet zusammen mit der Chephren-Pyramide und der Mykerinos-Pyramide das älteste und letzte noch existierende Weltwunder der Antike. Sie wurde ca. 2580–2560 v. Chr. erbaut und ist genau nach den vier Himmelsrichtungen ausgerichtet. Der Unterschied in den Längen ihrer vier Seiten beträgt weniger als ein Promille!
Diese quadratische Pyramide wies ursprünglich eine Höhe von 146,5 Metern (ca. 280 Königsellen) und eine Seitenlänge von 230,3 Metern auf, wodurch sie die größte aller Pyramiden des Alten Ägyptens ist.
Sie wurde aus 1 m × 1 m × 1 m großen Steinblöcken gebaut, 1 m^3 Stein ist durchschnittlich 2,5 t schwer.
- **a.** Wie viele Steinblöcke hat man verbaut?
- **b.** Wie viele Steinblöcke mussten täglich zusammengesetzt werden?
- **c.** Wie schwer war diese Pyramide?
- **d.** Heute hat diese Pyramide eine Höhe von 138,75 m und eine Länge von 225 m. Wie viel Prozent wurde im Laufe der Jahrhunderte abgetragen?
- **e.** Wie viel Zentimeter beträgt der Unterschied der Seitenkanten *s* zwischen Bauzeit und heute?

8* Von dieser Verpackung werden täglich ca. 10 000 Stück hergestellt.

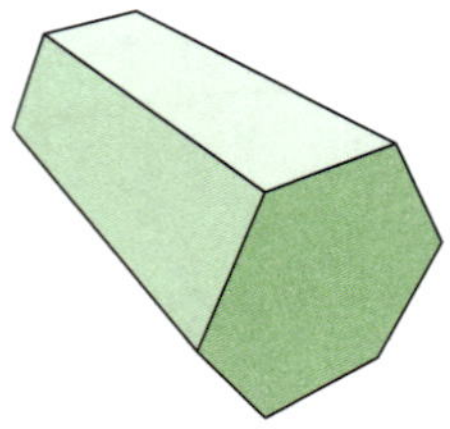

Betrachte einmal die unterschiedlichen Klebeflächen. Würde man sämtliche Klebeflächen wie an der äußeren Seitenfläche auf 1,2 cm Breite reduzieren und ansonsten unverändert lassen, könnte man Verpackungskosten sparen. Wie viel Quadratmeter Pappe würde man jeden Tag einsparen?

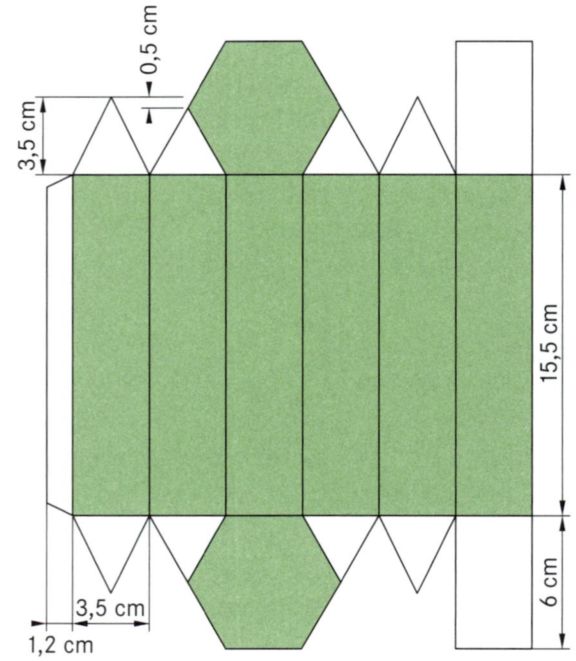

9* Wie viel Tassen Tee kannst du aus solch einer vollen Kanne einschenken? Gehe davon aus, dass die Kanne zu 90 % und die Tassen zu 75 % gefüllt werden.

$d_{oben} = 8$ cm, $d_{unten} = 2$ cm, $h = 5$ cm

$h = 14$ cm

10 Berechne die Oberfläche unserer Erde. (Du kannst von einer Kugel ausgehen, Unebenheiten werden vernachlässigt.) Der Radius der Erde beträgt 6378 km.

6.3 Zusammengesetzte Körper

Überblick

Werden zusammengesetzte Körper berechnet, so gibt es mehrere Lösungsmöglichkeiten: die Körper können in Teile zerlegt werden oder sie können zu größeren, einfacheren Körpern ergänzt werden, von denen dann Teile abgezogen werden. Soll zum Beispiel Volumen und Oberfläche des abgebildeten Sessels berechnet werden, so gibt es dafür verschiedenen Möglichkeiten.

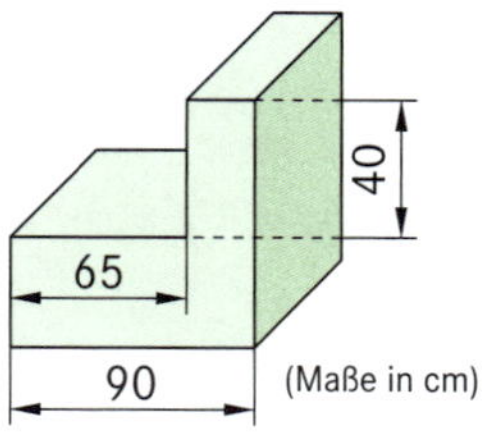

Bestimmung der Oberfläche

Lösungsweg 1

Ergänze den Sessel in Gedanken zu einem Würfel und berechne die Oberfläche des Würfels:

$O_{\text{Würfel}} = 6 \cdot 90\,\text{cm} \cdot 90\,\text{cm} = 6 \cdot 8100\,\text{cm}^2 = 48\,600\,\text{cm}^2$

Anschließend berechnest du den Teil der Oberfläche, der durch das Ausschneiden des Quaders für die Sitzfläche fehlt: Breite der Sitzfläche: 90 cm; Höhe der Lehne: 40 cm; Sitztiefe: 65 cm. Durch das Ausschneiden des Quaders fehlen die beiden Seitenflächen, die 65 cm · 40 cm groß sind.

$A_Q = 2 \cdot 65\,\text{cm} \cdot 40\,\text{cm} = 5200\,\text{cm}^2$

Die Oberfläche des Sessels beträgt also $O_{\text{Würfel}} - A_Q = 48\,600\,\text{cm}^2 - 5200\,\text{cm}^2 = 43\,400\,\text{cm}^2$

Lösungsweg 2

Stelle dir die Stofffläche, die über die Standfläche, Sitzfläche und Lehne geht, als Stoffbahn vor. Sie ist 90 cm breit. Nun musst du nur die Längen addieren und die Fläche berechnen. Anschießend musst du die beiden Seitenflächen des Sessels hinzu addieren.

Länge der Stoffbahn: 90 cm + 50 cm + 65 cm + 40 cm + 25 cm + 90 cm = 360 cm, Stoffbreite: 90 cm

$O_{\text{Stoffbahn}} = 90\,\text{cm} \cdot 360\,\text{cm} = 32\,400\,\text{cm}^2$

Die Oberfläche der Seitenteile wird berechnet, indem die Teile in zwei Rechtecke zerlegt werden:

$O_{\text{Seitenteile}} = 2 \cdot (90\,\text{cm} \cdot 50\,\text{cm} + 40\,\text{cm} \cdot 25\,\text{cm}) = 2 \cdot 5500\,\text{cm}^2 = 11\,000\,\text{cm}^2$.

Die Gesamtoberfläche beträgt also $O_{\text{Würfel}} = O_{\text{Stoffbahn}} + O_{\text{Seitenteile}} = 32\,400\,\text{cm}^2 + 11\,000\,\text{cm}^2 = 43\,400\,\text{cm}^2$

Lösungsweg 3

Zerlege den Körper in zwei Quader, z. B. in Sitz und Lehne, berechne die jeweiligen Oberflächen der Körper und addiere sie. Anschließend musst du jedoch alle Flächen, die beim Zusammensetzen aufeinander treffen, wieder abziehen.

Lösungsweg 4

Berechne alle Einzelflächen und addiere sie.

Bestimmung des Volumens

Auch hier kannst du mehrere Lösungswege gehen.

Lösungsweg 1

Du bestimmst das Volumen des Würfels und ziehst das Volumen des Quaders (über der Sitzfläche) ab.

$V_{\text{Würfel}} = a^3_{\text{Würfel}} = (90\,\text{cm})^3 = 729\,000\,\text{cm}^3 = 0{,}729\,\text{m}^3$

$V_{\text{Quader}} = 65\,\text{cm} \cdot 40\,\text{cm} \cdot 90\,\text{cm} = 234\,000\,\text{cm}^3 = 0{,}234\,\text{m}^3$

$V_{\text{Sessel}} = V_{\text{Würfel}} - V_{\text{Quader}} = 0{,}729\,\text{m}^3 - 0{,}234\,\text{m}^3 = 0{,}495\,\text{m}^3$

Lösungsweg 2

Du bestimmst das Volumen, indem du den Stuhl „senkrecht zerlegst“, in einen Quader von 65 cm · 50 cm · 90 cm und in einen Quader von 25 cm · 90 cm · 90 cm.

$V_1 = 65\,\text{cm} \cdot 50\,\text{cm} \cdot 90\,\text{cm} = 292\,500\,\text{cm}^3 = 0{,}2925\,\text{m}^3$

$V_2 = 25\,\text{cm} \cdot 90\,\text{cm} \cdot 90\,\text{cm} = 202\,500\,\text{cm}^3 = 0{,}2025\,\text{m}^3$

$V_{\text{Sessel}} = V_1 + V_2 = 0{,}2925\,\text{m}^3 + 0{,}2025\,\text{m}^3 = 0{,}495\,\text{m}^3$

Aufgaben zum Trainieren

1 Wie viel Material benötigt man, um diesen Markierungskegel (innen hohl!) herzustellen? Der Radius der Kegelstandfläche beträgt 230 mm und der Kegel ist 400 mm hoch.

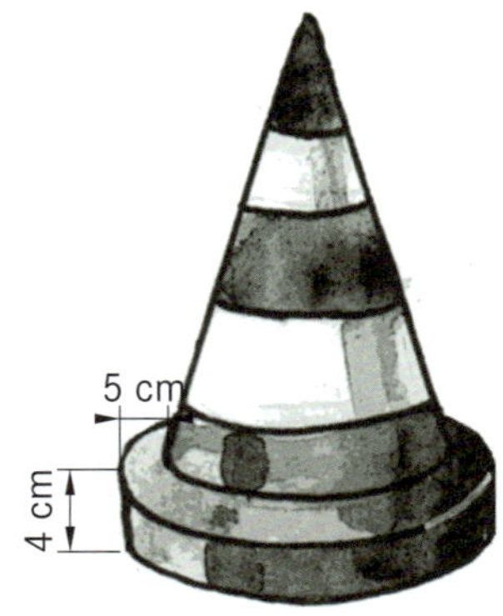

2 Familie Sonnberg will einen neuen Schirmständer für ihre Veranda kaufen. Vater Bernd ist begeistert und holt auch schon seine Zeichnung hervor, um der Familie zu zeigen, dass man den auch selbst anfertigen kann. Alle schauen gespannt seinen Ausführungen zu, bis Marie sagt: „Wenn der wirklich aus Eisen ist, kann den niemand tragen!"
Was meinst du, stimmt das? Schätze erst und berechne anschließend die Masse für eine Dichte von $7{,}86\,\frac{g}{cm^3}$ (Eisen).

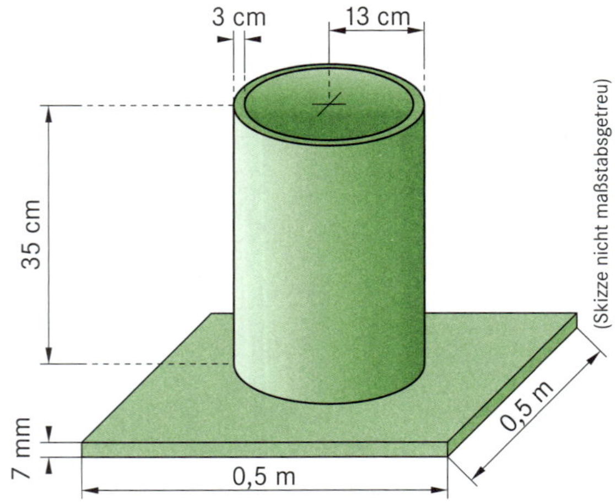

7 Trigonometrie

7.1 Sinus, Kosinus und Tangens in rechtwinkligen Dreiecken

Überblick

In der Trigonometrie werden Beziehungen zwischen Seitenlängen und Winkeln hergestellt.

Bezeichnung der Seiten in rechtwinkligen Dreiecken

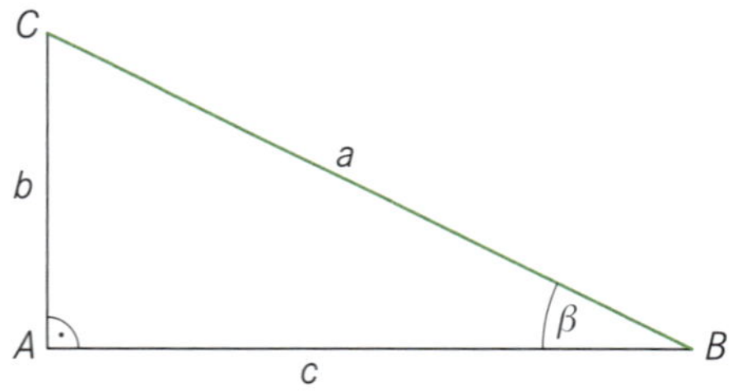

In rechtwinkligen Dreiecken gibt es immer zwei Seiten, die man als **Katheten** und eine die man als **Hypotenuse** bezeichnet (siehe III, 2.3). Die Hypotenuse liegt immer gegenüber dem rechten Winkel (hier *a*), die anderen beiden Seiten (*b* und *c*) sind die Katheten.
Zu jedem Winkel gibt es eine **Ankathete** und eine **Gegenkathete**. Betrachtet man den Winkel β, so ist hier *b* die Gegenkathete (gegenüber liegend) und *c* die Ankathete (anliegend).

Sinus, Kosinus und Tangens

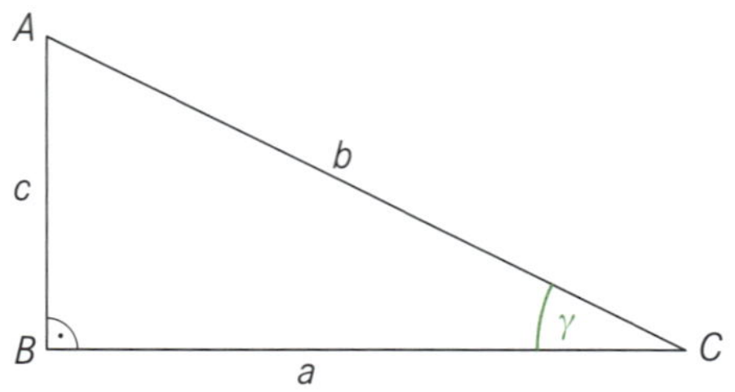

Der **Sinus** ist das Verhältnis von Gegenkathete zu Hypotenuse

$\sin\gamma = \frac{\text{Gegenkathete}}{\text{Hypotenuse}} = \frac{c}{b}$

Der **Kosinus** ist das Verhältnis von Ankathete zu Hypotenuse

$\cos\gamma = \frac{\text{Ankathete}}{\text{Hypotenuse}} = \frac{a}{b}$

Der **Tangens** ist das Verhältnis von Gegenkathete und Ankathete

$\tan\gamma = \frac{\text{Gegenkathete}}{\text{Ankathete}} = \frac{c}{a}$

Nützliche Details

$\sin 0° = 0$	$\cos 0° = 1$	$\tan 0° = 0$
$\sin 30° = 0{,}5$	$\cos 30° = \frac{1}{2}\sqrt{3}$	$\tan 45° = 1$
$\sin 45° = \frac{1}{2}\sqrt{2}$	$\cos 45° = \frac{1}{2}\sqrt{2}$	$\tan 90° = \infty$
$\sin 60° = \frac{1}{2}\sqrt{3}$	$\cos 60° = 0{,}5$	$\tan 180° = 0$
$\sin 90° = 1$	$\cos 90° = 0$	$\tan 135° = -1$
$\sin 180° = 0$	$\cos 180° = -1$	$\tan 225° = 1$
$\sin 270° = -1$	$\cos 270° = 0$	$\tan 270° = \infty$

Wann sind diese Zusammenhänge nützlich?

Mit Hilfe von Sinus, Kosinus und Tangens kann in einem rechtwinkligen Dreieck z. B. aus zwei bekannten Seiten ein Winkel berechnet werden oder aus einer bekannten Seite und einem angegebenen Winkel eine weitere Seite bestimmt werden.

Aufgaben zu den Grundfertigkeiten

1 Berechne die gesuchten Angaben. Fertige vor dem Rechnen eine Skizze des Dreiecks an.

a. gegeben: $\beta = 90°$, $b = 4\,\text{cm}$, $a = 2{,}8\,\text{cm}$, gesucht: α

b. gegeben: $\gamma = 90°$, $\beta = 65°$, $b = 8\,\text{cm}$, gesucht: a

c. gegeben: $\alpha = 90°$, $\beta = 49°$, $a = 3{,}9\,\text{cm}$, gesucht: b

2 Berechne die gesuchten Größen – runde auf eine Stelle nach dem Komma.
Zur Kontrolle ist das Endergebnis angegeben!

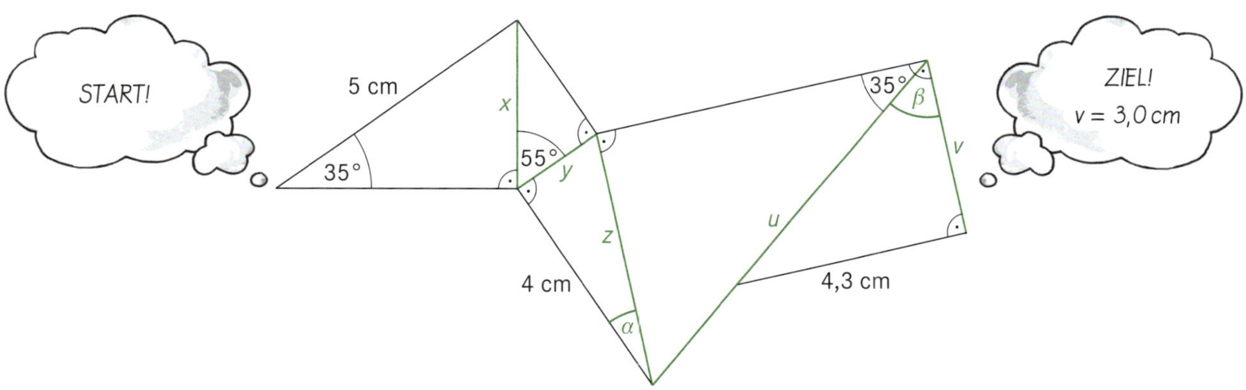

3 Eine 2,40 m lange Leiter wird an eine Hauswand gestellt. Der Stellwinkel soll aus Sicherheitsgründen nicht größer als 50° sein. Kann die Leiter an die obere Kante des Fensters gestellt werden, die sich in 2 m Höhe befindet?

4 Aus Sicherheitsgründen sollte die Steigung einer Tribüne nie über 60 % liegen. Welches ist also der größte Steigungswinkel, der eingebaut werden darf? 80 % Steigung bedeutet: Auf 100 m Länge wird eine Höhe von 80 m überwunden.

5 In dem rechts dargestellten gleichschenkligen Trapez sind die Schenkel 5 cm lang und der Basiswinkel α ist 45° groß.
Wie hoch ist das Trapez und wie lang ist die Basis a?

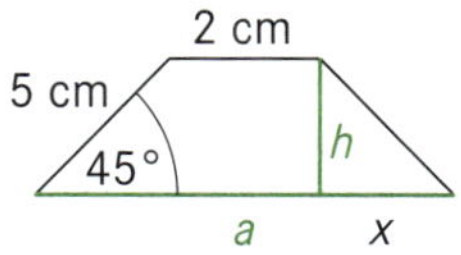

(nicht maßstabsgetreu)

6 Verbindet man in einem regelmäßigen Achteck die jeweiligen Ecken mit dem Mittelpunkt, so wird die Fläche des Achtecks in acht gleichschenklige Dreiecke aufgeteilt. Bestimme den Umfang des Achtecks, wenn die Schenkellängen s der gleichschenkligen Dreiecke jeweils 8 cm betragen.

7 Beweise, dass gilt: $\tan = \frac{\text{Gegenkathete}}{\text{Ankathete}}$

Nutze dabei dein Wissen, dass $\sin = \frac{\text{Gegenkathete}}{\text{Hypotenuse}}$ und $\cos = \frac{\text{Ankathete}}{\text{Hypotenuse}}$

8 Eine Pyramide hat eine rechteckige Grundfläche mit den Seitenlängen $a = 10\,\text{cm}$ und $b = 6\,\text{cm}$ sowie die Höhe $h = 4\,\text{cm}$. Der Fußpunkt der Höhe liegt über dem Mittelpunkt der Grundfläche. Berechne die Länge einer Kante s und den Winkel φ zwischen Kante und Grundfläche.
Welche Werte kann φ in einer solchen Pyramide annehmen, damit noch eine Pyramide entsteht?

9* Ein rechtwinkliges Dreieck hat den Umfang 50 cm. Einer seiner Innenwinkel beträgt 30°. Bestimme alle Seiten und Winkel, fertige eine Zeichnung des Dreiecks an.

10 Ein Dreieck wird aus zwei Radien eines Kreises und der Verbindung ihrer Endpunkte gebildet. Berechne den Flächeninhalt in Abhängigkeit vom Winkel α zwischen den Radien.

11* Will man die Höhe eines Gebäudes bestimmen, dem man sich nur bis auf einen gewissen Abstand nähern kann, so geht man oft folgendermaßen vor: Man bestimmt den Winkel, aus dem die Spitze des Gebäudes erscheint, an zwei Standorten. Der Abstand zwischen den Messpunkten ist bekannt. Die Skizze zeigt das Ergebnis einer solchen Messung. Wie hoch ist das Gebäude?

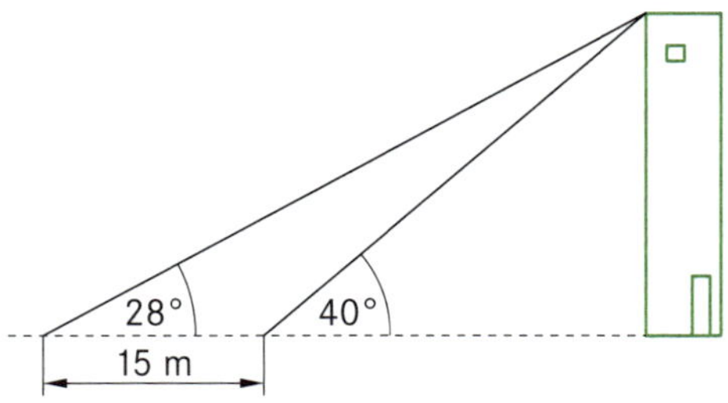

7.2 Sinus- und Kosinussatz

Überblick

Mit den bisher behandelten trigonometrischen Zusammenhängen konnten nur Problemstellungen mit rechtwinkligen Dreiecken gelöst werden. Es gibt allerdings auch Beziehungen, die für allgemeine Dreiecke genutzt werden können.

Sinussatz

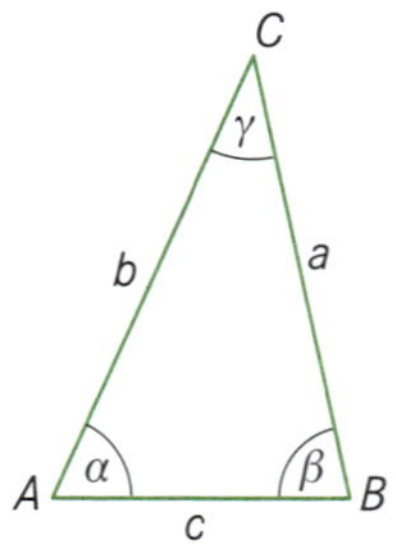

In jedem allgemeinen Dreieck gilt:
Die Verhältnisse der Seitenlängen zum Sinus des jeweils gegenüberliegenden Winkels sind gleich.

$$\frac{a}{\sin\alpha} = \frac{b}{\sin\beta} = \frac{c}{\sin\gamma}$$

Wann sind diese Zusammenhänge nützlich?

Bei passender Konstellation kann man mit dem Sinussatz

- mit zwei Winkeln und einer Seite eine unbekannte Seite oder
- mit zwei Seiten und einem Winkel einen unbekannten Winkel berechnen.

Ist z. B. a, α und γ gegeben und man möchte b berechnen, so lässt sich über die Winkelsumme im Dreieck zunächst β berechnen und dann mit dem Sinussatz b bestimmen.
Es gibt allerdings Konstellationen, bei denen der Sinussatz nicht angewendet werden kann: Sind z. B. a, c und β gegeben, so benötigt man den Kosinussatz.

Kosinussatz

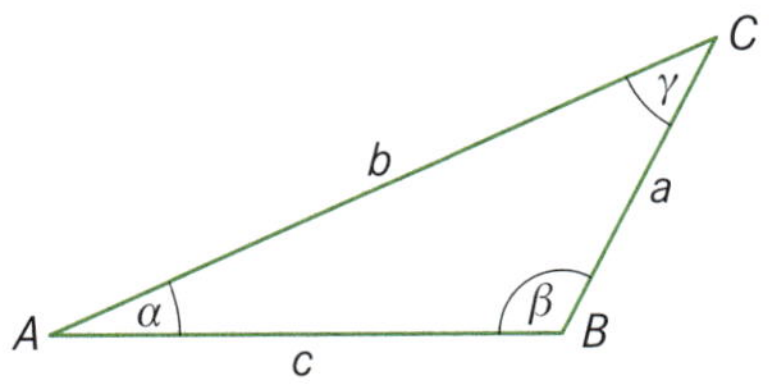

In jedem allgemeinen Dreieck gilt:
Das Quadrat einer Seite lässt sich aus den anderen beiden Seiten und dem Winkel, den sie einschließen, berechnen.

$$a^2 = b^2 + c^2 - 2 \cdot b \cdot c \cdot \cos\alpha$$
$$b^2 = a^2 + c^2 - 2 \cdot a \cdot c \cdot \cos\beta$$
$$c^2 = a^2 + b^2 - 2 \cdot a \cdot b \cdot \cos\gamma$$

Wann sind diese Zusammenhänge nützlich?

Neben der Berechnung von Dreiecksseiten können durch Umformung des Kosinussatzes auch Winkel bestimmt werden, wenn die passenden Seitenlängen gegeben sind.

Aufgaben zu den Grundfertigkeitem

1 Von einem Dreieck sind folgende Größen gegeben: $c = 4{,}5\,\text{cm}$, $b = 6\,\text{cm}$ und $\beta = 64°$
Konstruiere das Dreieck ABC zeichnerisch und miss den Winkel γ.
Überprüfe anschließend deine zeichnerische Lösung durch Berechnungen mit dem Sinussatz.

Aufgaben zum Trainieren

2 Drei Personen stehen wie in der rechts zu sehenden Abbildung zueinander. Person C steht von Person B 2 m und von Person A 3,5 m entfernt. Außerdem besitzt Person C ein Messgerät, das den Blickwinkel von 80° angibt.

a. Wie weit stehen Person A und B voneinander entfernt?
b. Wie groß sind die Blickwinkel von Person A und Person B?

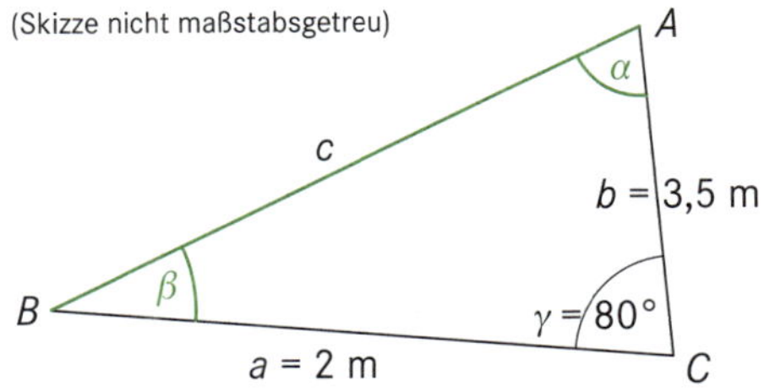

3 Konstruiere das Dreieck ABC mit den Seitenlängen $a = 2{,}5\,\text{cm}$, $b = 3\,\text{cm}$ und $c = 4{,}5\,\text{cm}$ zeichnerisch und miss dann den Winkel β. Forme anschließend den Kosinussatz so um, dass man damit β berechnen kann und überprüfe durch das Einsetzen der gegeben Größen rechnerisch deine Lösung aus der Zeichnung.

4 Mit dem Sinussatz geht das ganz schnell ...
Verbindet man in einem regelmäßigen Neuneck den Mittelpunkt mit den neun Ecken, so entstehen neun gleichschenklige Dreiecke. Die Schenkellänge eines Dreiecks beträgt 4 cm. Berechne den Umfang des Neunecks.

5* In der nebenstehenden Figur sind bekannt:
$\alpha = 32°$,
$\beta = 63°$,
$\overline{AB} = 12\,\text{cm}$.
Berechne die Strecke $\overline{AC}$.

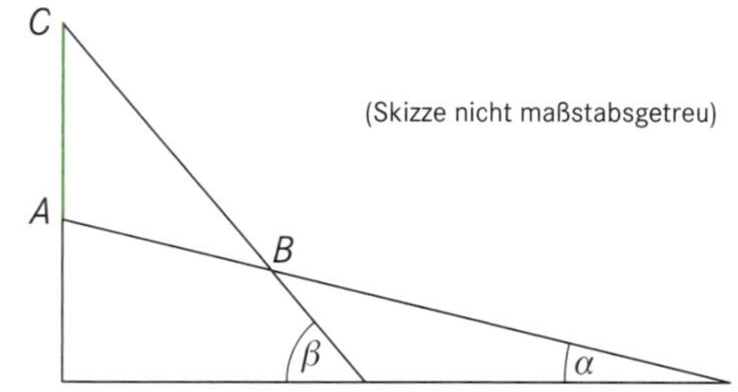

6* In einem Rechteck mit den Seitenlängen $a = 3\,\text{cm}$ und $b = 4\,\text{cm}$ wird eine Diagonale auf beiden Seiten um jeweils 0,5 cm verkürzt.
Dadurch entsteht ein Parallelogramm. Berechne den Flächeninhalt des Parallelogramms.

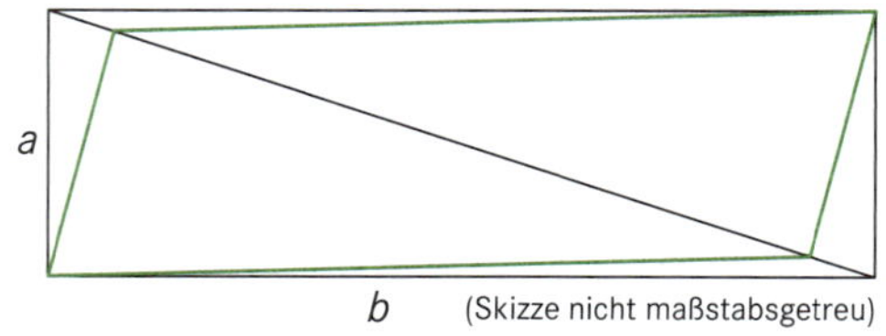

7 Von dem Dreieck ABC sind gegeben:
$\overline{AB} = 4{,}5\,\text{cm}$, $\overline{AC} = 3{,}5\,\text{cm}$ und $\beta = 35°$.
Berechne alle fehlenden Seiten und Winkel.

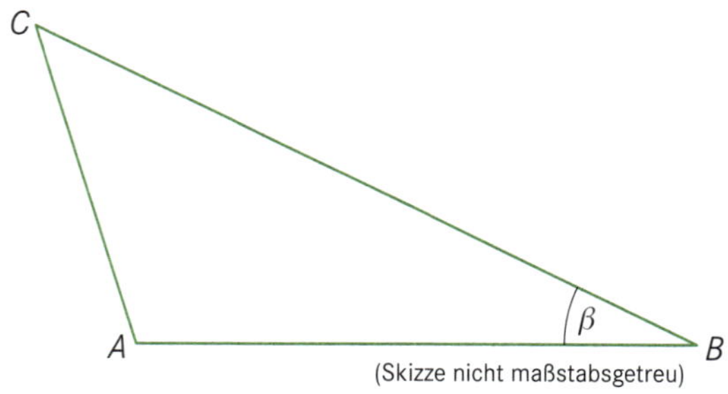

8 Komplexe Aufgaben

1 Wenn eine Verpackung weniger als 70 % Ware enthält, bezeichnet man dieses Produkt als Mogelpackung. Berechne, ob bei diesem Produkt gemogelt wird: Die Seitenkante beträgt 5 cm und die Höhe der Schachtel 3,5 cm.
Die Verpackung enthält 32 Stückchen Schokolade, die jeweils $3{,}9\,\text{cm} \cdot 2{,}1\,\text{cm} \cdot 0{,}5\,\text{cm}$ groß sind.

2 Wie schwer ist wohl dieses Kreuz? Schätze alle benötigten Werte möglichst realitätsnah!

Spezialisten befestigten am Mittwoch in Berlin vor dem Hintergrund des Fernsehturms Sicherungsseile am Kuppelkreuz des Doms. Bei einer Inspektion der Kirche waren gravierende Schäden an der vergoldeten Laternenbekrönung sowie am Kreuz festgestellt worden – trotz Sanierung in den 80er Jahren.

© picture alliance/dpa

3 Ein Glasbläser hat den Auftrag, eine 30 cm große mundgeblasene Kugel herzustellen. Sie soll 2 mm dick sein. Wie viel Rohmaterial muss er allein für die Kugel einschmelzen?

4 Eine Gerade ist gegeben durch die Funktion $y = 3x + 4$. Welchen Winkel schließt sie mit der x-Achse ein?

5* Ein Drachen hat den Flächeninhalt $A = 900\,cm^2$ und eine Länge von $a = 60\,cm$. Die Höhe des kleineren (oberen) Dreiecks beträgt die Hälfte der Höhe des größeren (unteren) Dreiecks.
Wird der Basiswinkel auf jeder Seite um den Winkel α vergrößert, so vergrößert sich der Flächeninhalt um 10 %. Wie groß ist α?
(Die Skizze ist nicht maßstabsgetreu!)

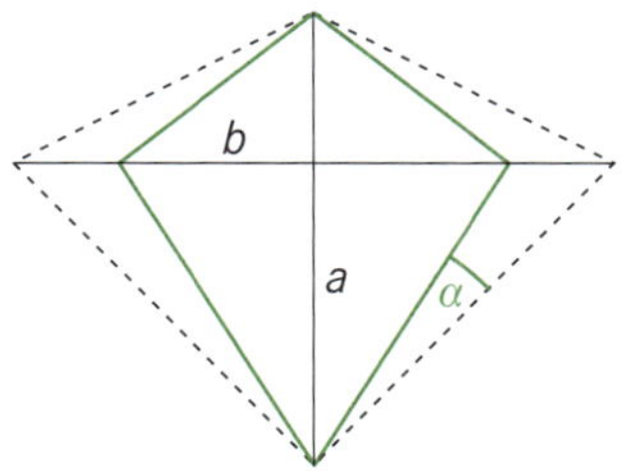

6* Zwei deckungsgleiche Rechtecke mit den Seitenlängen $a = 3\,cm$ und $b = 6\,cm$ werden wie in der Skizze aneinander gelegt.
Berechne den Flächeninhalt des grünen Dreiecks.

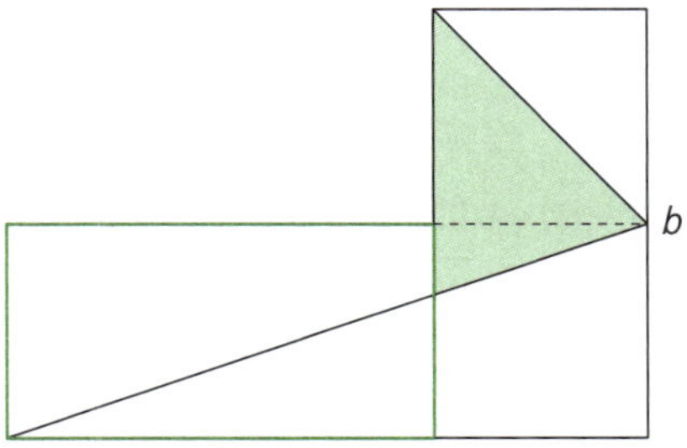

7* Aus einem Zylinder mit dem Radius $r_Z = 5\,cm$ und der Höhe $h = 10\,cm$ wird ein Kegel mit gleicher Höhe herausgeschnitten, dessen Volumen 20 % des Zylindervolumens beträgt. Berechne die Oberfläche des so entstandenen Körpers.

Schnell-Check Geometrie

Ich kann ...		
... mit den Einheiten für Längen, Flächen und Volumen, Gewichte und Zeit umgehen		
... Dreiecke konstruieren und fehlende Seiten bzw. Winkel berechnen. Ich weiß, welche Angaben gegeben sein müssen, damit ein Dreieck berechnet bzw. konstruiert werden kann		
... in rechtwinkligen Dreiecken die Zusammenhänge für sin, cos und tan anwenden		
... die Unterschiede der Formeln zur Berechnung von Seiten in rechtwinkligen und beliebigen Dreiecken erklären		
... mich auch in komplizierteren ebenen Figuren zurechtfinden		
... rechtwinklige Dreiecke in räumlichen Figuren finden, auch indem ich Schnitte durch die Figur lege		
... einen Zusammenhang zwischen Sachaufgaben und geometrischen Fragestellungen herstellen		
... aus Sachaufgaben die Informationen entnehmen, die ich für eine geometrische Zeichnung brauche		
... Texte, in denen geometrische Fragestellungen beschrieben werden, in eine Zeichnung umsetzen		
... Zusammenhänge zwischen den Winkeln in einer komplizierteren ebenen Figur (wie Wechselwinkel und Stufenwinkel) herstellen		
... mir Körper räumlich vorstellen, ihren Mantel „abrollen" und ein Netz sowie ein Schrägbild zeichnen		
... Geometrie mit Prozentrechnung kombinieren (z. B. zwei Körper berechnen, bei denen das Volumen des ersten einen bestimmten Prozentsatz des Volumens des zweiten beträgt).		

Kapitel III
Wahrscheinlichkeitsrechnung und Statistik

Basisinformationen

Daten werden in den unterschiedlichsten Bereichen gesammelt - bei Umfragen, im Sport, in politischen und sozialen Zusammenhängen (z. B. Arbeitslosenzahlen). Diese Daten können statistisch ausgewertet werden, oft wird z. B. der Durchschnitt errechnet. Die Berechnungen an sich sind relativ einfach, wichtig ist hier vor allem, genau zu schauen, welche Ideen hinter den Zahlen stehen und wann es sinnvoll ist, z. B. einen Durchschnitt zu berechnen. Führt man Zufallsexperimente durch, so kann der Ausgang eines konkreten Durchgangs nicht vorhergesagt werden. Typische Beispiele für solche Experimente sind Glücksspiele. Allerdings kann man Wahrscheinlichkeiten berechnen. Führt man ein Experiment sehr oft durch, so gibt die Wahrscheinlichkeit an, wie oft jedes Ergebnis auftreten wird. Je größer die Anzahl der Experimente, desto genauer wird man diesen Wert erreichen.

Tipps zur Herangehensweise

- Mache dir klar, was im vorliegenden Fall das positive Ergebnis ist und was die möglichen Ergebnisse.
- Überlege dir bei umfangreicheren Experimenten, welche Schritte hintereinander ausgeführt werden und wie sich evtl. die Voraussetzungen von einem Schritt zum nächsten ändern - und wie nicht. Ein Baumdiagramm ist sehr hilfreich, um nicht den Überblick zu verlieren.
- Wenn zwei Ereignisse beide eintreten müssen, um ein bestimmtes Ergebnis zu erhalten, müssen ihre Wahrscheinlichkeiten multipliziert werden, wenn nur eines von beiden eintreten muss, so werden die Wahrscheinlichkeiten addiert. Diese Regeln sind auch als die „Pfadregeln" im Baumdiagramm bekannt.

In diesem Kapitel findest du

- Definition statistischer Begriffe: Arithmetisches Mittel, absolute Häufigkeit, Grundgesamtheit, Median, Mittlere Abweichung, Modalwert, relative Häufigkeit, Spannweite, Wahrscheinlichkeit
- Baumdiagramme
- Pfadregeln

1 Statistische Bearbeitung von Daten

Überblick

Die Statistik stellt mathematische Verfahren zur Bearbeitung und Auswertung von Daten zur Verfügung, die z. B. in Befragungen, bei Beobachtungen oder beim Sammeln von Einzelergebnissen (z. B. im Sport) gewonnen wurden.

Grundbegriffe der Statistik

Grundgesamtheit n	Menge (Anzahl) aller erfassten Daten
Arithmetisches Mittel (Mittelwert) $\overline{x}$	Summe aller Einzelwerte dividiert durch die Grundgesamtheit (Anzahl aller erfassten Daten): $\overline{x} = \frac{x_1 + x_2 + x_3 + \ldots + x_n}{n}$
Modalwert m	Wert, der in der gesamten Datenmenge am häufigsten vertreten ist
Median (Zentralwert) Z	Wert in der Mitte der Datenreihe. Werden alle Werte der Größe nach sortiert, so ist der Median ■ bei ungerader Anzahl von Werten der Wert in der Mitte ■ bei gerader Anzahl von Werten das arithmetische Mittel der beiden Werte in der Mitte
Mittlere Abweichung a	Streuung (mittlere Abweichung) der Daten vom arithmetischen Mittel bezogen auf die Summe der Beträge dividiert durch die Grundgesamtheit $a = \frac{\lvert x_1 - \overline{x}\rvert + \lvert x_2 - \overline{x}\rvert + \ldots + \lvert x_n - \overline{x}\rvert}{n}$
Spannweite w	Differenz zwischen dem größten und dem kleinsten Wert aller Daten: $w = x_{max} - x_{min}$
unteres bzw. oberes Quartil q_u bzw. q_o	Werte in der Mitte der unteren bzw. oberen Hälfte der Datenreihe. Für die Berechnung gilt: Man multipliziert die Gesamtzahl der Werte n mit 0,25 (unteres Quartil) bzw. 0,75 (oberes Quartil). Ist das Ergebnis ganzzahlig, so ist das untere (obere) Quartil das arithmetische Mittel zwischen diesem und dem folgenden Wert. Ist das Ergebnis nicht ganzzahlig, so ist das untere (obere) Quartil der nächstgrößere ganzzahlige Wert.

Das arithmetische Mittel wird umgangssprachlich auch oft als Durchschnitt bezeichnet.

Wann sind diese Zusammenhänge nützlich?

Hat man z. B. bei Umfragen vielerlei Daten gesammelt, so lassen sich diese Daten mithilfe der statistischen Berechnung aussagekräftiger darstellen und geben zudem detailliertere Antworten.

Aufgaben zu den Grundfertigkeiten

1 Zwei Sportler erreichten beim Hochsprung folgende Höhen:

Sportler 1	2,05 m	1,95 m	2,15 m
Sportler 2	1,95 m	2,00 m	2,05 m

a. Welche Durchschnittshöhe erreichten die beiden Sportler?
b. Welchen Modalwert gab es bei diesem Wettkampf?

2 Aus der Klasse 10 a haben 10 Schüler ihre Telefonkosten des letzten Monats angegeben.
15 €; 27 €; 39 €; 45 €; 19 €; 31 €; 54 €; 22 €; 30 €; 49 €
a. Berechne, wie viel Euro im Schnitt ausgegeben wurden und nenne den größten Betrag und den kleinsten Betrag.
b. Welche Differenz besteht zwischen dem höchsten und dem niedrigsten Betrag (Spannweite)?
c. Welcher Zentralwert lässt sich aus den Daten der Telefonkosten ermitteln?
d. Bestimme die mittlere Abweichung der aufgeführten Telefonkosten.

Aufgaben zum Trainieren

3 Der Notenspiegel der Klasse 10 e der Heine-Realschule für die zentrale Abschlussarbeit des Jahres 2007/2008 sieht folgendermaßen aus:

I	II	III	IV	V	VI
3	5	9	7	5	2

a. Wie viele Arbeiten wurden mit sehr gut und mit mangelhaft bewertet?
b. Ermittle die Durchschnittsnote und den Median für die Arbeit und vergleiche deren Aussagekraft miteinander.
c. Äußere dich zu dem Modalwert bzw. den Modalwerten der Abschlussarbeit.

4 Im nebenstehenden Diagramm sind die bundesweit angebotenen Ausbildungsplätze in den Jahren von 2000 bis 2008 dargestellt.
a. Ermittle Median und Mittelwert und vergleiche deren Aussagekraft.
b. Berechne die Spannweite der Ausbildungsplatzzahlen.
c. Nenne die Jahre, in denen am meisten bzw. am wenigsten Ausbildungsplätze angeboten wurden.
d. Wie ist die mittlere Abweichung?

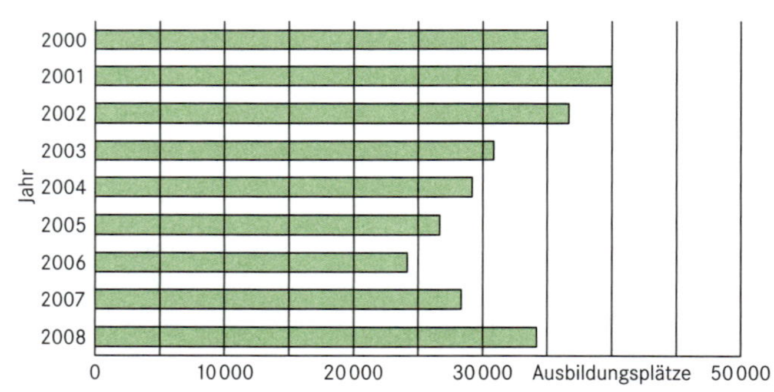

5 Der Aktienkurs der Filmfirma „Magicmovie" hat sich im Laufe der letzten Monate immer wieder verändert.
a. Im welchem Monat stand die Aktie am höchsten bzw. am niedrigsten?
b. Welchen Zentralwert besitzt die Aktie?
c. Der Jahresdurchschnittsbetrag der Aktie beläuft sich auf wie viel Euro?
d. Gib die Spannweite der Aktie an.

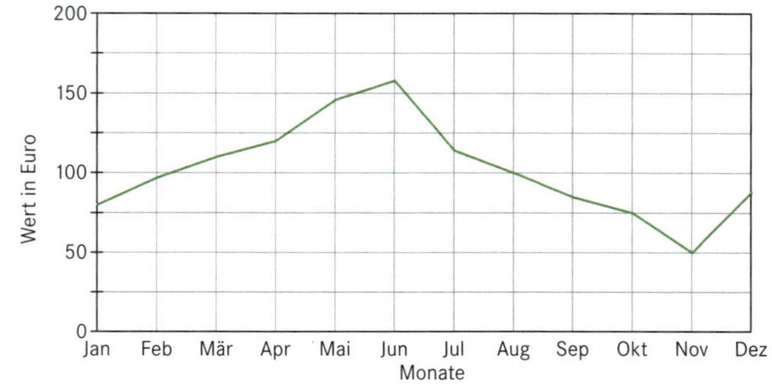

2 Wahrscheinlichkeitsrechnung: Grundbegriffe

Überblick

Sowohl bei der Statistik als auch bei der Wahrscheinlichkeitsrechnung sind die Begriffe „absolute Häufigkeit“ und „relative Häufigkeit“ wichtig.

Absolute Häufigkeit H	Angabe, wie oft ein bestimmtes Merkmal (Ereignis) innerhalb der Grundgesamtheit auftritt
Relative Häufigkeit h	Angabe eines Anteils der Grundgesamtheit, man berechnet sie, indem man die absolute Häufigkeit H durch die Grundgesamtheit n dividiert: $h = \frac{H}{n}$. Je größer die absolute Häufigkeit H ist (je mehr Daten also ausgewertet werden), desto mehr nähert sich die relative Häufigkeit dem Erwartungswert.
Wahrscheinlichkeit p	relative Häufigkeit eines Ereignisses: $p = \frac{\text{Anzahl der günstigen Ergebnisse}}{\text{Anzahl der möglichen Ergebnisse}}$

Nützliche Details

- Die relative Häufigkeit wird in Prozent angegeben, die zugrundeliegenden Daten können aus Umfragen, Beobachtungen, Diagrammdarstellungen oder Zufallsexperimenten gewonnen worden sein.
- Die Wahrscheinlichkeit p wird bei Zufallsexperimenten angegeben. Zufallsexperimente sind z. B. Glücksspiele wie Lotto, Glücksräder, Würfeln, Kartenspiele oder das Ziehen von Kugeln. Sie gibt an, wie groß die Chance (Wahrscheinlichkeit) ist, dass ein bestimmtes Ereignis eintritt (z. B. eine sechs beim Würfeln).
- Zufallsexperimente, bei denen alle Ergebnisse gleich wahrscheinlich sind, nennt man Laplace-Experimente.
- $p = 0$ bedeutet, das Ereignis tritt sicher nicht ein, $p = 1$ (100 %) bedeutet, das Ereignis ist sicher.
- Tritt ein Ereignis mit der Wahrscheinlichkeit p ein, so tritt es mit der Wahrscheinlichkeit $1 - p$ nicht ein. $1 - p$ nennt man auch Gegenwahrscheinlichkeit.

Aufgaben zu den Grundfertigkeiten

1 Bei der Fahrradüberprüfung waren 29 von 203 Fahrrädern nicht verkehrssicher. Gib die absolute und die relative Häufigkeit an.

2 Bei dem Experiment „CD-ROM-Wurf“ landete die CD in 30 % der Fälle mit der bedruckten Seite nach oben. 210-mal lag die andere Seite oben.

a. Wie oft wurde insgesamt geworfen?

b. Ermittle die absolute und die relative Häufigkeit beider Ausgänge des Experiments.

c. Wie oft lag die bedruckte Seite oben?

d. Handelt es sich um ein Laplace-Experiment?

3 Ein Würfel wird einmal geworfen.
Wie groß ist die Wahrscheinlichkeit, eine drei oder eine vier zu würfeln und wie groß ist die Gegenwahrscheinlichkeit?

Aufgaben zum Trainieren

4 Begründe, welche Aussagen sicher sind und welche nur wahrscheinlich eintreten werden.
- **a.** Said wirft mit einem 2 € Stück die Zahl.
- **b.** Tamara bowlt beim ersten Wurf alle 10.
- **c.** Das Nudelwasser fängt bei 100 °C an zu kochen.
- **d.** Du schreibst in der nächsten Mathematikarbeit eine 1.
- **e.** Herr Müller, der nie Lotto spielt und auch nie spielen würde, gewinnt nichts.
- **f.** FC Barcelona verliert im Freundschaftsspiel gegen Hoffenheim.

5 Es wurde 500-mal mit einem Würfel gewürfelt. Davon ist 120-mal die Zahl 4, 80-mal die 3 und 100-mal die 1 notiert worden. Ermittle jeweils die relative Häufigkeit.

6 Aus einem Kartenspiel (32 Karten) wird mit verbundenen Augen eine Karte gezogen. Wie groß ist die Wahrscheinlichkeit für
a. eine 9 **b.** eine rote Karte **c.** ein Bild (Bube, Dame, König)?

7 Ein Glücksrad mit 100 Feldern, auf denen die 1 bis 100 stehen, wird gedreht. Wie wahrscheinlich sind die folgenden Ergebnisse:
a. eine gerade Zahl **b.** eine durch 2 teilbare Zahl **c.** eine durch 5 teilbare Zahl?

8 In einem schwarzen Pappkarton sind 100 Kugeln. Wie viele müssen rot sein, damit mit den folgenden Wahrscheinlichkeiten eine rote Kugel gezogen wird?
a. 10 % **b.** $\frac{1}{4}$ **c.** 0,75 **d.** $\frac{5}{100}$ **e.** 20 % **f.** 1

9 Die Deutscharbeit der Klasse 8 b ist folgendermaßen ausgefallen:
Berechne die relative Häufigkeit für alle Noten.

I	II	III	IV	V	VI
2	4	11	6	8	1

10 Ein Geschäft verkauft 200 Handys und führt Statistik über die an diesen Handys aufgetretenen Defekte. Berechne die Wahrscheinlichkeit dafür, dass das Handy
- **a.** nur 1 Jahr funktioniert,
- **b.** 2 Jahre funktioniert,
- **c.** 5 Jahre funktioniert.

Jahre seit Verkauf	1	2	3	4	5
Anzahl defekte Geräte	10	25	40	50	100

11 1000 Personen wurden nach ihrer liebsten Freizeitbeschäftigung gefragt. Das Kreisdiagramm zeigt die Antworten. Gib zu jeder Freizeitaktivität die absolute Anzahl von Personen an, die dies als ihre Lieblingsbeschäftigung genannt haben.

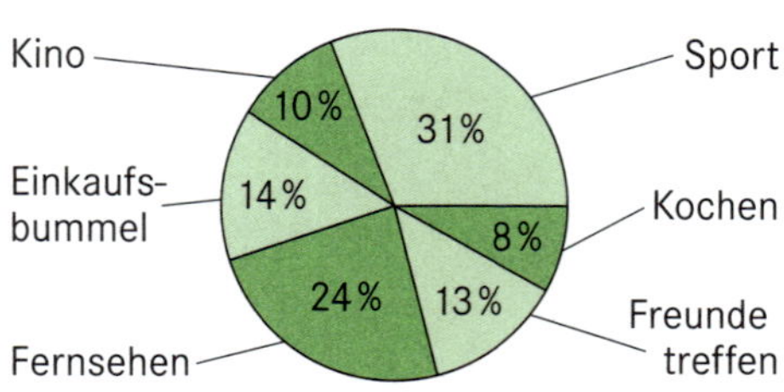

3 Wahrscheinlichkeitsrechnung: Mehrstufiges Zufallsexperiment

Überblick

Zufallsexperimente, bei denen in zwei oder mehreren Schritten Experimente durchgeführt werden, heißen mehrstufige Zufallsexperimente. Hier müssen Wahrscheinlichkeiten kombiniert werden. Die Ergebnisse können bildlich dargestellt und berechnet werden:

Baumdiagramm

In jedem Schritt (Teilexperiment) wird für jedes mögliche Ergebnis ein Pfad eingezeichnet.

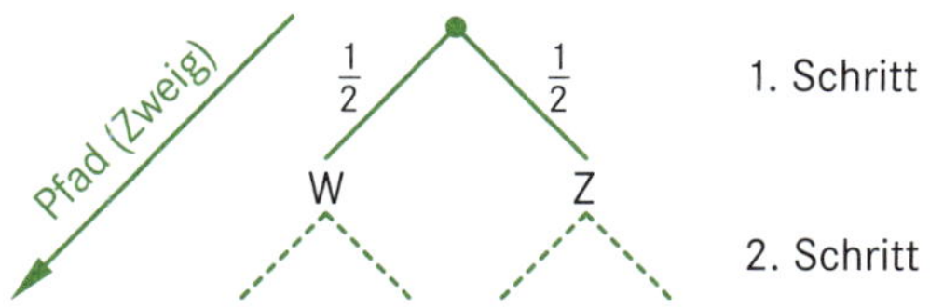

Um die Wahrscheinlichkeit eines Gesamtergebnisses zu bestimmen, wendet man die beiden Pfadregeln an:

1. Pfadregel (Produkt- oder Multiplikationsregel)
Die Wahrscheinlichkeit eines Ergebnisses erhält man durch die Multiplikation der Wahrscheinlichkeiten entlang eines Pfades (Zweiges).

2. Pfadregel (Summen- oder Additionsregel)
Die Wahrscheinlichkeit eines Ereignisses (mehrere Ergebnisse insgesamt) erhält man durch die Addition der Wahrscheinlichkeiten aller Pfade (Zweige), die zu dem gewünschten Ereignis führen.

Nützliche Details

Sind bei der Erstellung eines Baumdiagramms alle Wahrscheinlichkeiten eines Schrittes für die unterschiedlichen Pfade (Zweige) gleich, so spricht man von einem Bernoulli-Experiment.
Die Summe der Wahrscheinlichkeiten aller Pfade (Zweige) ist immer 1.

Wann sind diese Zusammenhänge nützlich?

Bei der Beurteilung realer Sachverhalte verwendet man häufig Simulationen von Zufallsexperimenten. Hierbei sind Baumdiagramme sehr hilfreich, um einen Überblick über die verschiedenen Möglichkeiten zu bekommen und nichts zu vernachlässigen.

Aufgaben zu den Grundfertigkeiten

1 Eine Münze wird zweimal geworfen und landet auf dem Tisch mit Wappen oder Zahl.
- **a.** Erstelle für das Experiment das Baumdiagramm.
- **b.** Berechne die Wahrscheinlichkeit für Wappen-Wappen und für Wappen-Zahl.

2 Aus einem Kartenspiel mit 32 Karten soll dreimal hintereinander gezogen werden, ohne die gezogene Karte wieder ins Spiel zu geben. Wie groß ist die Wahrscheinlichkeit, dass
a. genau ein As **b.** zwei Asse **c.** drei Asse
gezogen werden?

3 Ein 1-€-Stück wird dreimal geworfen. Ermittle die Wahrscheinlichkeit für:
a. dreimal Zahl **b.** genau einmal Wappen **c.** genau zweimal Wappen

Aufgaben zum Trainieren

4 Eine Münze und ein Würfel werden nacheinander geworfen.
- **a.** Zeichne das Baumdiagramm.
- **b.** Nenne die Anzahl der möglichen Ergebnisse und gib die Wahrscheinlichkeiten an.

5 Im CD-Wechsler einer Musikanlage liegen drei CDs. Auf der ersten und der dritten CD befinden sich 4 Musiktitel, auf der zweiten 3. Durch die Zufallsfunktion des Geräts wird irgendein beliebiger Titel abgespielt.
- **a.** Zeichne das Baumdiagramm.
- **b.** Berechne die Wahrscheinlichkeit, dass der erste Musiktitel auf der ersten CD abgespielt wird.

6 Die Buchstaben U, B, L, A werden einzeln auf Blättern in ein undurchsichtiges Gefäß mit Schlitz gegeben. Die Blätter werden blind nacheinander (ohne Zurücklegen) aus dem Gefäß gezogen und nach der Reihenfolge der Ziehung nebeneinander gelegt. Wie groß ist die Wahrscheinlichkeit, dass hierbei das Wort BLAU entsteht?

7 Bei dem Gesellschaftsspiel „Mensch ärgere dich nicht“ darf man in der ersten Runde maximal dreimal würfeln. Wie groß ist die Wahrscheinlichkeit, während dieser drei Würfe eine sechs zu würfeln, damit man seine Spielfigur ins Spiel bringen kann?

8 Erol hat in einem schwarzen Beutel drei 5-€- und drei 10-€-Scheine. Er nimmt nacheinander 3 Scheine aus dem Beutel und legt sie in seinen Geldbeutel. Berechne die Wahrscheinlichkeit dafür, dass die Summe in seinem Geldbeutel genau 20 € beträgt.

9 Herr Meier isst für sein Leben gern Käse. Morgens frühstückt er immer zwei Scheiben Brot. Er hat 8 verschiedene Käsesorten gekauft. Wie viele Tage kommt er damit aus, wenn er jeden Tag eine andere Kombination aus 2 Sorten auf seine Brotscheiben verteilt?

10 Ein Topf enthält eine gelbe und vier blaue Karten. Tim zieht blind zwei Karten (ohne Zurücklegen).
- **a.** Zeichne das Baumdiagramm.
- **b.** Notiere alle Wahrscheinlichkeiten.
- **c.** Wie groß ist die Wahrscheinlichkeit des Ereignisses „mindestens eine blaue Karte wird gezogen“?

11 Auf einem Jahrmarkt kann man entweder zweimal würfeln oder fünfmal Münzen werfen. Der Hauptgewinn wird vergeben, wenn man zweimal eine sechs würfelt oder beim Münzwurf fünfmal das Wappen oben liegt. Wann ist die Gewinnwahrscheinlichkeit größer, beim Würfeln oder beim Münzwurf?

Schnell-Check Wahrscheinlichkeit und Statistik

Ich kann …	🙂	🙁
… aus Diagrammen, Texten, Umfragen oder Sportergebnissen Daten zusammenstellen und (sinnvolle) Durchschnittswerte berechnen		
… statistische Begriffe wie arithmetisches Mittel, Median oder Spannweite erklären		
… den Unterschied zwischen relativer Häufigkeit und Wahrscheinlichkeit erklären		
… den Unterschied zwischen Ereignis und Ergebnis erklären		
… Wahrscheinlichkeiten in mehrstufigen Zufallsexperimenten berechnen		

Kapitel IV
Daten und Diagramme

Basisinformationen

Sachverhalte lassen sich oft einfacher und aussagekräftiger über Diagrammdarstellungen ausdrücken. Die Aussagekraft eines Diagramms ist eine Kurzform der Darstellung, für die man sonst einen Text über eine oder mehrere Seiten lesen müsste. Zudem besitzt man die Möglichkeit, einen besseren Überblick über einen größeren Zeitraum zu haben und kann direkt Vergleiche ziehen, die sonst im Text erst an späterer Stelle möglich wären. Die Zahlenpaare/Koordinaten geben Auskunft über wichtige Details, z. B. wann die Arbeitslosenquote am höchsten war, in welchen Monat die Heizkosten stark ansteigen, usw. Diagrammdarstellungen ermöglichen oft auch recht einfach Interpretationen, z. B. was die Folge wovon gewesen sein könnte.
Diagramme kommen im Alltag, z. B. in den Nachrichten, recht oft vor und man sollte mit den verschiedenen Darstellungen vertraut sein - auch um vielleicht zu erkennen, wo Schlussfolgerungen behauptet werden, die man den Daten nicht unbedingt so entnehmen kann.

Tipps zur Herangehensweise

- Sollen Daten als Diagramm dargestellt werden, überlege dir zuvor, welche Darstellung im konkreten Fall sinnvoll ist.
- Überlege bei Kurvendiagrammen zunächst, welche Größe auf welcher Achse dargestellt ist und welcher Wertebereich ausgewählt wurde.
- Soll ein Text ausgewertet werden, so markiere die Daten farbig, erstelle eine Tabelle und lies dann die geforderten Informationen aus der Tabelle ab.

In diesem Kapitel findest du

- Diagrammarten
- Texte und Daten
- Vergleich verschiedener Angebote (z. B. Tarife)

1 Diagramme

Überblick

Daten werden oft einzeln ermittelt (erfasst) und so als Informationen gesammelt. Um einen besseren Überblick der Einzelinformationen zu erhalten, können diese in verschiedenen Darstellungsformen präsentiert werden:

<table>
<tr><th>Darstellungsform</th><th>Aussehen der Darstellung</th><th>Wichtige Details zur Darstellung</th></tr>
<tr><td>Tabelle</td><td>
<table>
<tr><td>Menge in kg</td><td>2</td><td>5</td><td>9</td><td>15</td><td>20</td></tr>
<tr><td>Preis in €</td><td>4</td><td>10</td><td>18</td><td>30</td><td>40</td></tr>
</table>
</td><td>■ Daten werden meist in Tabellen zusammengestellt
■ Die Daten innerhalb der Tabelle sind einander zugeordnet und gehören dadurch fest zusammen</td></tr>
<tr><td>Säulen- und Balkendiagramm</td><td>
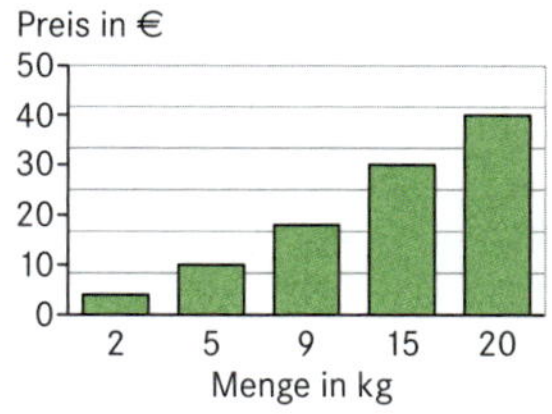

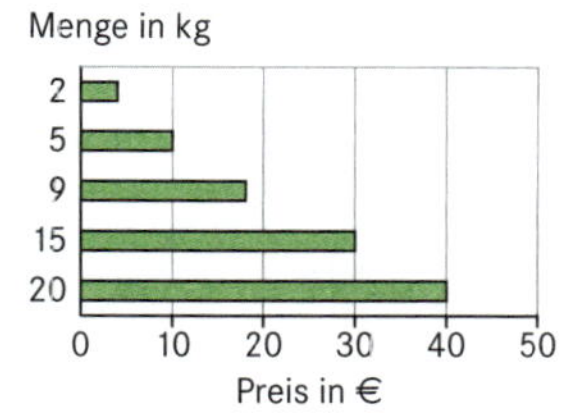

</td><td>■ Achsen (x-Achse und y-Achse) zeichnen und beschriften
■ Säulen bzw. Balken werden mit den vorgegebenen Werten der Daten eingetragen</td></tr>
<tr><td>Streifendiagramm</td><td>

</td><td>■ Streifenlängen werden mit der Formel „Datenwert · Maßstab" berechnet und eingezeichnet</td></tr>
<tr><td>Kreisdiagramm</td><td>
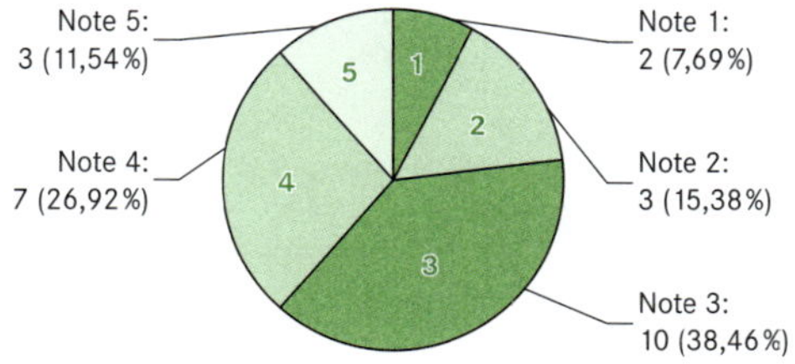

</td><td>■ beliebigen Kreis zeichnen
■ aus den Datenwerten die Prozentwerte (p) ermitteln
■ die Winkel mit der Formel „Prozentwerte · 3,6°" berechnen und für die einzelnen Teilflächen einzeichnen</td></tr>
<tr><td>Kurvendiagramm</td><td>
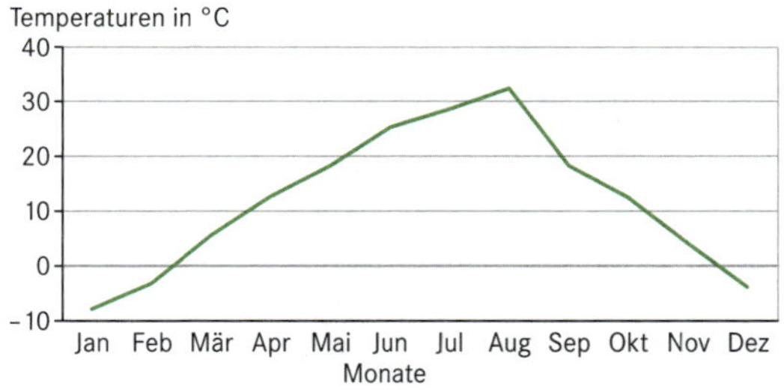

</td><td>■ Achsen (x-Achse und y-Achse) zeichnen und beschriften
■ genaues Abtragen der Datenwerte und Verbinden der Einzelwerte zu einer Geraden bzw. Kurve
■ nur die Datenwerte sind exakt bestimmt, die Kurve zwischen zwei Werten dient der Veranschaulichung</td></tr>
<tr><td>Boxplots</td><td>
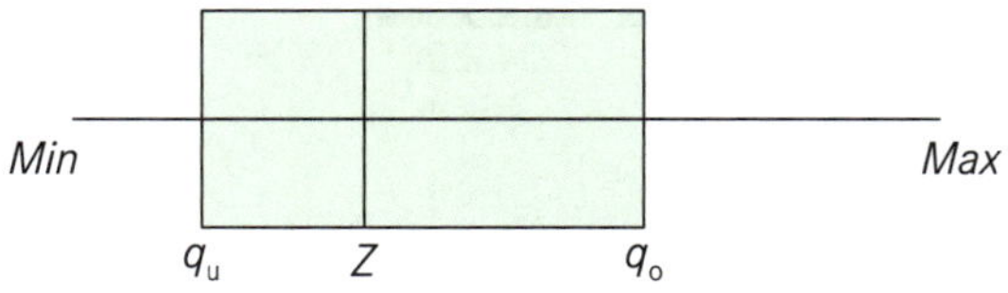

</td><td>■ Boxplots stellen statistische Werte dar: den kleinsten Wert der Datenreihe (*Min*), das untere Quartil (q_u), den Median (Z), das obere Quartil (q_o) und den Maximalwert (*Max*) (s. S. 89)
■ innerhalb der Box liegen mindestens 50 % der Werte
■ die Länge der Antennen (Whisker) ist ein Maß für die Streuung der Daten</td></tr>
</table>

Nützliche Details

> Sowohl in Tabellen als auch in Diagrammen werden Zahlenpaare/Koordinaten $(x|y)$ dargestellt. Die feste Zuordnung von je zwei Daten bzw. Zahlen ist unbedingt zu beachten.

Wann sind diese Zusammenhänge nützlich?

Einfache und aussagekräftige Darstellung von Sachverhalten, die als Text bedeutend unübersichtlicher wären, Überblick über längere Zeiträume, einfachere Vergleichbarkeit

Diagrammen kann man oft einfach sowohl Werte zu bestimmten Zeitpunkten als auch Veränderungen entnehmen. Für Wahlergebnisse oder sonstige Aufteilung einer Gesamtheit sind Kreisdiagramme oder Streifendiagramme besonders geeignet, für den zeitlichen Verlauf einer Größe Balkendiagramme oder Kurvendiagramme.

Aufgabe zu den Grundfertigkeiten

1 Stelle die angegebenen Sachverhalte zunächst in Form einer Tabelle dar und zeichne diese anschließend in der aufgeführten Diagrammart.

a. Wahl der Schulelternvertreter: *Kreisdiagramm*

Frau Meier: 20 Stimmen   Herr Schmidt: 37 Stimmen
Herr Blume: 19 Stimmen   Frau Sand: 49 Stimmen

b. Verkauf von Handys: *Kurvendiagramm*

2001: 3,4 Mio.   2002: 4,5 Mio.   2003: 1,9 Mio.   2004: 4,4 Mio.
2005: 0,8 Mio.   2006: 5,5 Mio.   2007: 3,7 Mio.   2008: 5,9 Mio

Aufgaben zum Trainieren

2 Der Verkauf einer bekannten Automarke ergab für die letzten Jahre folgende Zahlen:

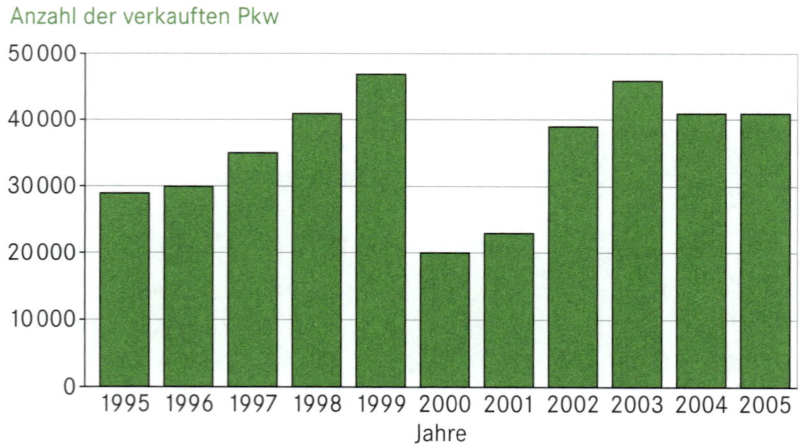

a. Wann war der Verkauf am niedrigsten und am höchsten? Nenne die Verkaufszahlen des höchsten und niedrigsten Werts.

b. Warum sind die Verkaufszahlen in den Jahren von 1999 auf 2000 gesunken? Begründe mit möglichen wirtschaftlichen Antworten.

c. Im Jahr 2003 gab es ein neues Modell der Autofirma. Ist dies im Diagramm zu bemerken? Begründe, falls ja.

3 Familie Seiner hat ihre Urlaubsreise als Kurvendiagramm dargestellt. Der Sohn Thomas berichtet über folgende Geschehnisse:

(A) Wir sind um 7:00 Uhr auf die Autobahn gefahren.
(B) Danach fuhren wir 1 Stunde lang 170 $\frac{km}{h}$.
(C) Von 9:00 bis 9:30 Uhr machten wir Pause.
(D) Kurz nach unserer Pause kamen wir wegen einer Baustelle in ein „stop and go“.
(E) Gegen 14:00 Uhr musste meine kleine Schwester dringend auf die Toilette.
(F) Ab 15:00 Uhr standen wir eine $\frac{3}{4}$ Stunde im Stau.
(G) Gegen 16:30 Uhr mussten wir einem Stuhl ausweichen, der von einem Anhänger gefallen war, und der für Verwirrung auf der Autobahn gesorgt hatte.
(H) Um 18:00 Uhr sind wir endlich im Hotel angekommen.

Notiere zu jeder Aussage, ob diese durch das Diagramm dargestellt wird oder nicht.

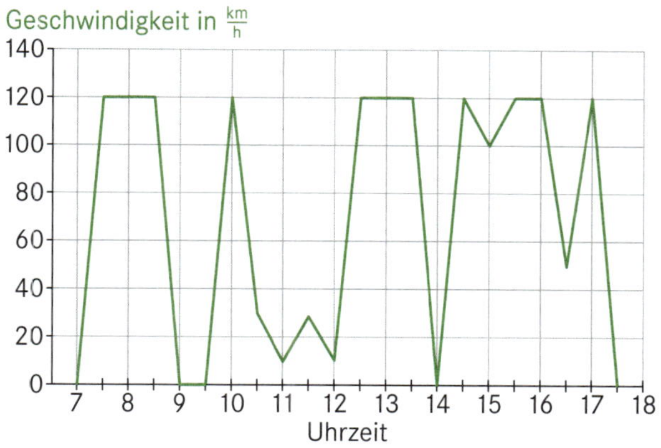

4 Die Radtour von Hingsen nach Föhre hat mehrere Etappen.

a. Nenne den höchsten und den niedrigsten Ort der Radtour.
b. Geht es von Helmers nach Gußtal bergauf oder bergab?
c. Wie ist die Höhendifferenz zwischen Deutel und Neutal?
d. Welche Etappe (Strecke zwischen zwei Orten) weist den geringsten Energieaufwand für den Radfahrer auf?
e. Auf welcher durchschnittlichen Höhe liegen die Etappenorte?

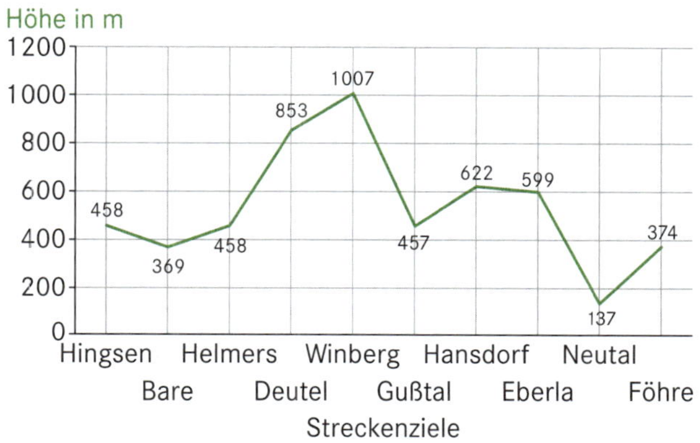

5 Das Sportverhalten von Mädchen und Jungen war Inhalt des letzten Jugendparlaments.

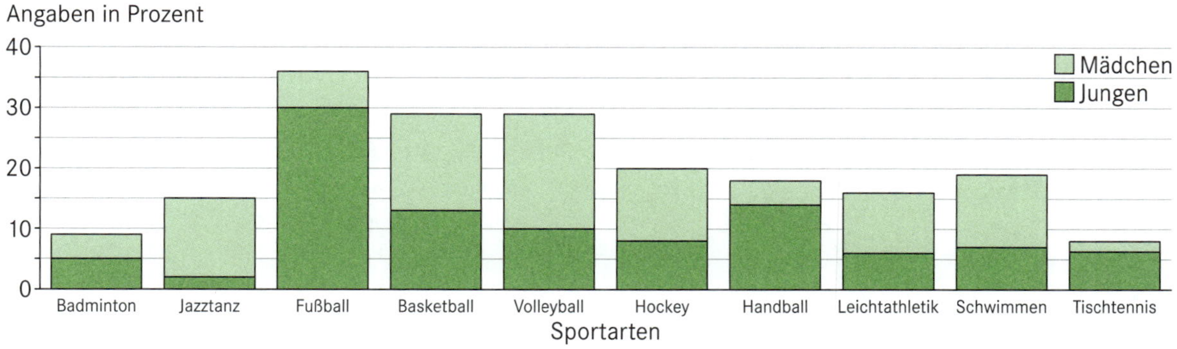

a. Welche drei Sportarten sind bei den Mädchen und welche bei den Jungen am beliebtesten?
b. Gib es Sportarten, die von den Mädchen häufiger ausgeübt werden als von den Jungen?
c. Spielen mehr Mädchen Hockey oder mehr Jungen? Begründe.
d. Wer hat offensichtlich mehr Spaß am Handballspielen?
e. Beurteile die Art der Diagrammdarstellung: Ist es übersichtlich, hat man einen direkten Vergleich zwischen Jungen und Mädchen, ... Begründe deine Antworten ausführlich und vergleiche diese Darstellung mit der eines Kurvendiagramms.

6 In einer Umfrage zur täglichen Facebook-Nutzungsdauer in der Klasse 10 wurden folgende Werte bei den Schülern und Schülerinnen ermittelt (Angaben sind in Minuten pro Tag):

10 a	5	7	0	0	1	1	2	10	13	18	20	27	1	1	3	18	10	8
10 b	15	11	10	2	20	18	3	11	13	14	14	20	18	15	2	8	14	

a. Erstelle zu jeder Klasse die Rangfolge der Werte und ermittle die Kennwerte. (Minimum, Maximum, unteres und oberes Quartil und den Zentralwert).

b. Zeichne für die beiden Klassen jeweils den Boxplot in geeignetem Maßstab.

c. Mache Aussagen zur unterschiedlichen Facebook-Nutzung der beiden Klassen.

7 Bei einem Sportwettkampf haben die Sportler dreier Gruppen unterschiedliche Punktzahlen erreicht. Die Ergebnisse der drei Gruppen wurden jeweils in einem Boxplot dargestellt.

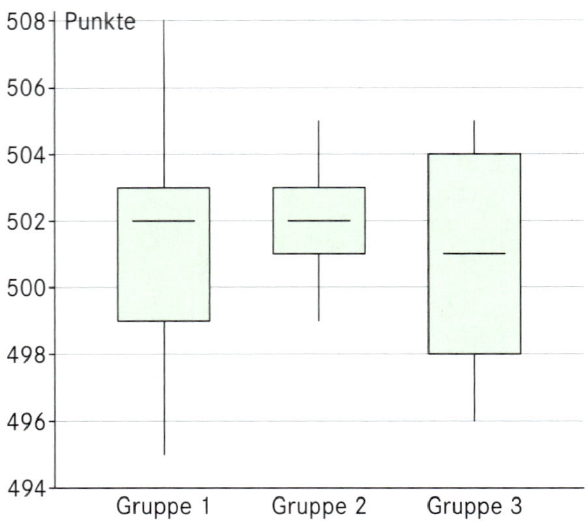

a. Entnimm den Boxplots die jeweiligen Kennwerte.

b. richtig oder falsch?

		richtig	falsch
I.	In Gruppe 1 liegen die Punkte der einzelnen Sportler am dichtesten beieinander.		
II.	Die Gruppe 2 ist sehr leistungsgleich, da 50 % aller Sportler zwischen 501 und 503 Punkten hat.		
III.	Mehr als ein Viertel der Gruppe 3 hat weniger Punkte als der Schwächste der Gruppe 2.		

2 Daten in Form von linearen Funktionen

Überblick

Einen Datenverlauf kann man häufig mit einer linearen Funktion beschreiben, immer dann, wenn sich Daten proportional zu anderen ändern. Die grafische Darstellung ist eine Gerade im Koordinatensystem mit der Funktionsgleichung $y = mx + b$. Lineare Funktionen können natürlich rechnerisch gelöst werden (siehe Kapitel 2.3.3), die grafische Bearbeitung bietet aber oft einen besseren Überblick. Dies gilt vor allem, wenn verschiedene Modelle für eine Abhängigkeit gewählt werden können, z. B. verschiedenen Tarife. Trägt man die entsprechenden Funktionsgeraden in ein Diagramm ein, kann man einfach erkennen, welches Modell wann günstiger ist.

Nützliche Details

> Den Schnittpunkt mit der y-Achse (b) kann man immer direkt ablesen oder einzeichnen. Hierbei handelt es sich meist um einen feststehenden „Startwert".
> Aus einer Grafik kann man den Wert für die Steigung (m) mithilfe eines Steigungsdreiecks bestimmen, in einem Text ist er in Form von veränderlichen Werten (z. B. Minutenpreis) angegeben.

Aufgaben zu den Grundfertigkeiten

1 Notiere die Funktionsgleichung für die dargestellten Datenverläufe.

a.

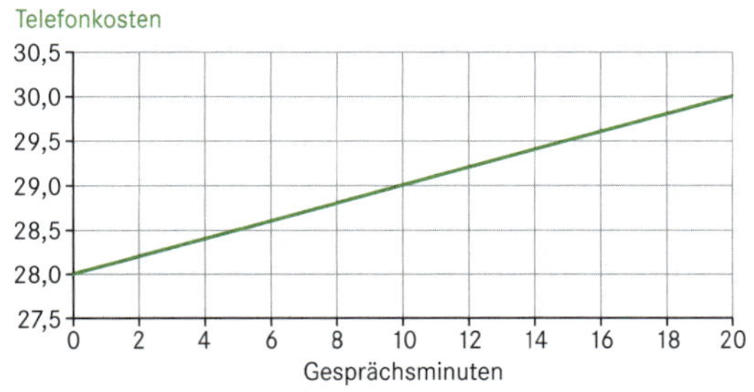

b.

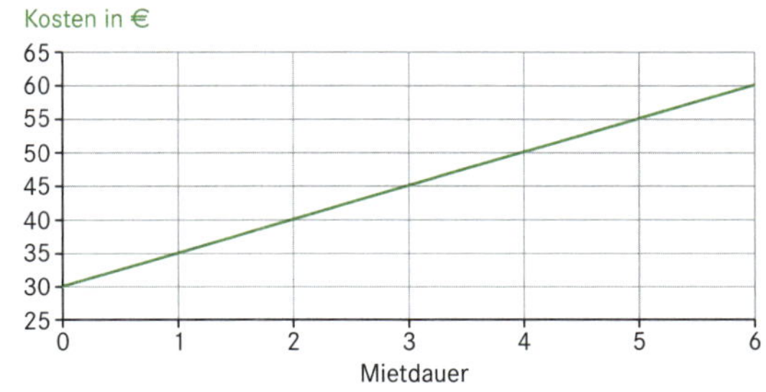

c.

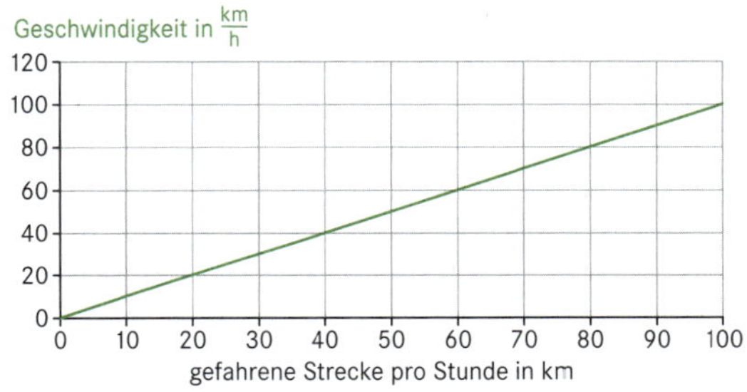

d.

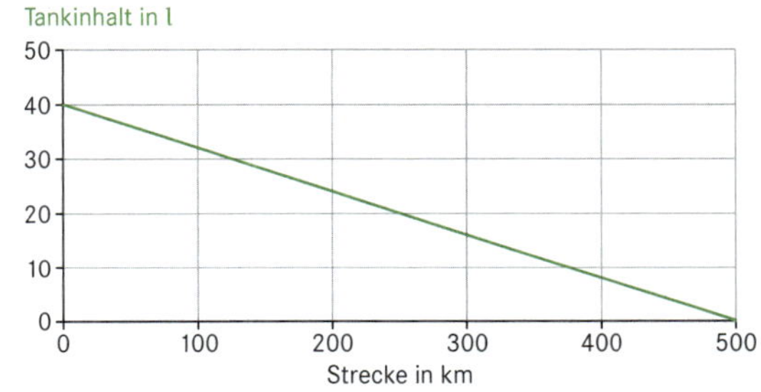

Aufgaben zum Trainieren

2 Tina hat ein Angebot für ein neues Handy. Der Anbieter verlangt einen Monatsgrundpreis von 18,- € und für jede telefonierte Minute 0,03 €.

a. Stelle eine Funktionsgleichung für den Datenverlauf auf.

b. Zeichne den Datenverlauf in ein geeignetes Koordinatensystem.

c. Wie viel Euro muss Tina bezahlen, wenn sie monatlich 6 Stunden telefoniert?

3 Tim und Anna wollen am Freitag Tennis spielen. Die Leihgebühr für zwei Tennisschläger und vier Bälle beträgt einmalig 24 €. Für eine Stunde kostet der Tennisplatz 8 € Platzmiete.

a. Stelle eine Funktionsgleichung für den Datenverlauf auf.

b. Zeichne den Datenverlauf in ein geeignetes Koordinatensystem.

c. Wie viel Euro müssen Tim und Anna jeweils bezahlen, wenn sie 3 Stunden Tennis spielen?

4 Das Bowlingcenter Funbowls bietet folgende Angebote an:

a. Stelle die Funktionsgleichungen für die Datenverläufe auf, wenn 6 Personen bowlen wollen.

b. Zeichne die Datenverläufe in ein geeignetes Koordinatensystem.

c. Welches Angebot würdest du bei einer Bowlingzeit von 2 Stunden annehmen, wenn du Geld sparen willst? Begründe deine Antwort.

5 Familie Klein plant einen Amerikaurlaub und benötigt für ihre Fahrt vom Flughafen bis zu ihrem Zielort einen Mietwagen.
Sie erkundigen sich in ihrem Reisebüro über die Mietwagenpreise von zwei Unternehmen.

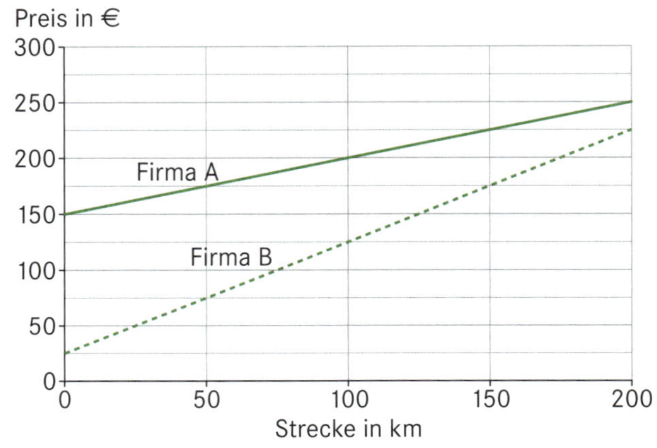

- **a.** Stelle die Funktionsgleichungen für beide Datenverläufe auf.
- **b.** Welches Unternehmen ist günstiger bei einer Fahrzeugnutzung von 200 km?
- **c.** Familie Klein benötigt den Mietwagen für eine Gesamtstrecke von 400 km und möchte natürlich soviel Geld wie möglich sparen. Welche Firma würdest du der Familie empfehlen? Begründe warum.

6 Elena lädt häufiger Videos aus dem Internet herunter.

- **a.** Stelle für die Angebote der Hersteller die Funktionsgleichungen auf.
- **b.** Zeichne die Graphen in ein Koordinatensystem ein.
- **c.** Elena möchte 5 Videos downloaden. Welchen Anbieter sollte sie nehmen? Begründe deine Antwort.
- **d.** Welcher Anbieter wäre beim Download von 15 Videos am günstigsten?

3 Daten aus Texten entnehmen

Überblick

Daten werden zum Teil auch in Texte integriert, wie z. B. in Zeitungsberichten. Um diese auszuwerten, ist eine genaue Analyse der Sachverhalte des Textes besonders wichtig.

Aufgaben zu den Grundfertigkeiten

1 Markiere die wesentlichen Angaben und stelle diese in einer übersichtlichen Tabelle dar.

a.

Rapsanbau wurde gesteigert

Im Jahr 2006 nahm der Anbau von Raps zur Futterverwertung und Biodieselherstellung in Deutschland für 56 862 Landwirte eine Fläche von 128 456 ha ein.

Dies machte einen Gesamtanteil von 5,6 % der landwirtschaftlichen Gesamtnutzfläche aus.

Im Jahr 2008 gab es bereits 58 421 Landwirte, die eine Anbaufläche von 130 000 ha bewirtschafteten.

b.

Ich-AGs auf dem Vormarsch

Die staatlich unterstützte Form der Selbstständigkeit, als Möglichkeit aus dem Arbeitslosenkarussell herauszukommen, hat in den letzten Jahren ständig zugenommen. Waren im Jahr 2005 noch zaghafte 635 Ich-AG-Gründer gemeldet, so nahm im Jahr 2006 die Gründungsanzahl um 10,3 % zu und 2007 gab es schließlich schon 4230 Ich-AGs. Für das Jahr 2008 rechnet man mit einem erneuten Anstieg von 4,8 %.

Aufgaben zum Trainieren

2 Frau Stressig ist eine bekannte Geschäftsfrau, die durch ihren Beruf häufig ihren Wohnort wechseln muss. Im Jahr 2003 bezahlte sie für ihre Wohnung in Köln noch 660 € Miete. Ihre folgende Wohnung im Jahr 2004 in Frankfurt kostete 8,3 % mehr. Danach bezahlte sie 2005 in Stuttgart einjährig wiederum 9,6 % mehr Miete als in Frankfurt. Ihre derzeitige Wohnung in Berlin kostet 4,3 % weniger als die in Stuttgart. Diese Miete soll aber im Jahr 2009 um 7,2 % erhöht werden.

- **a.** Berechne den Preis der Wohnung im Jahr 2004.
- **b.** Welche Mietdifferenz hat Frau Stressig zwischen ihrer Wohnung in Köln und der in Stuttgart?
- **c.** Im welchen Jahr musste Frau Stressig zum ersten Mal über 800 € Miete zahlen?
- **d.** Welchen Mietpreis hat sie in Berlin vor der Mieterhöhung?
- **e.** Ist die Mietdifferenz zwischen der Frankfurter und der Berliner Wohnung im Jahr 2009 höher als 10 %?

3
- **a.** Die Zahl der 0 - 10-Jährigen nimmt bis 2015 im Vergleich zu 1960 ab und die Zahl der 26 - 40-Jährigen nimmt zu. Stimmt das?
- **b.** Wie verändert sich die Zahl der über 60-Jährigen 2015 prozentual gegenüber 1960?
- **c.** Wie viele 0 - 10-Jährige sind es 2015 weniger als 1960? Stelle auch die prozentuale Veränderung dar.
- **d.** Was müsste die Politik tun, damit die Zahl der 0 - 10 Jährigen für die Jahre nach 2015 wieder zunimmt?

Die Generationenveränderung bezogen auf 100 Menschen

	1960	2015
0 - 10 Jahre	21	5
11 - 25 Jahre	25	18
26 - 40 Jahre	30	20
40 - 60 Jahre	15	21
über 60 Jahre	9	36

Schnell-Check Daten und Diagramme

Ich kann ...		
... bei gegebenen Daten eine sinnvolle Darstellung als Diagramm auswählen		
... Daten so umrechnen, dass sie als Kreis- oder Streifendiagramm dargestellt werden können		
... Balken- oder Kurvendiagrammen den Wert der dargestellten Größen zu bestimmten Zeiten und zeitliche Veränderungen entnehmen		
... Texten Daten entnehmen und diese darstellen		
... aus Veränderungen einzelner Daten auf Ereignisse schließen		
... Diagramme interpretieren, z. B. die Ursache für Veränderungen vermuten		

Kapitel V
Prüfungsaufgaben 2012

Kapitel V
Prüfungsaufgaben 2012

Bearbeitungsmodus	Alle Aufgaben müssen bearbeitet werden.
Hilfsmittel	Taschenrechner (nicht programmierbar und nicht grafikfähig), ausgegebenes Formelblatt sowie Kurvenschablone, Zeichengerät und Duden
Bearbeitungszeit	135 Minuten

Aufgabe 1: Basisaufgaben

Thema	**Prozentrechnung, Geometrie, Wahrscheinlichkeit, Terme, Gleichungen**

a. Herr Glückspilz gewinnt im Lotto. Er spendet davon 15 000 € an wohltätige Organisationen. Das sind 25 % seines Gewinnes. Geben Sie die Gewinnsumme an. 1 P
Gewinnsumme G = __________ €.

b. In einem Dreieck beträgt die Größe eines Winkels 30°. Geben Sie eine Möglichkeit für die Größen der beiden anderen Winkel an. 1 P

c. Geben Sie die Koordinaten des Scheitelpunktes der Parabel mit der Gleichung $y = x^2 - 3$ an. 1 P
$S(\ldots \mid \ldots)$

d. Eine Urne enthält 10 Kugeln, grüne und weiße. 1 P
Geben Sie an, wie viele weiße Kugeln in der Urne sind, wenn die Wahrscheinlichkeit für das Ziehen einer weißen Kugel 60 % beträgt.
Anzahl der weißen Kugeln: __________

e. Entscheiden Sie, welche Lösungsmenge zur Gleichung $0 = x \cdot (x - 4)$ gehört. 1 P
Kreuzen Sie an.
- ☐ $L = \{0; -4\}$
- ☐ $L = \{0; 4\}$
- ☐ $L = \{\ \}$

f. Kreuzen Sie die richtige Umformung für den Term $2x^2y + 4xy$ an. 1 P
- ☐ $2y(x^2 + x)$
- ☐ $2y(2x^2 + 2x)$
- ☐ $2y(x^2 + 2x)$

g. Entscheiden Sie, wie viele gemeinsame Punkte die Geraden g und h haben. 1 P
g: $y = 2x + 1$
h: $y = 2x + 5$
Kreuzen Sie an.
- ☐ genau einen
- ☐ unendlich viele
- ☐ keinen

h. In einer Kasse liegen je ein Eurostück aus Deutschland, Spanien, Italien, Frankreich und Österreich. Geben Sie die Wahrscheinlichkeit P dafür an, dass die erste entnommene Münze aus Deutschland oder aus Frankreich stammt. 1 P
P = __________

Aufgabe 2: Funktionen

Thema	lineare und quadratische Funktionen

In einem Koordinatensystem sind eine verschobene Normalparabel *f* und eine Gerade *g* mit der Gleichung $g(x) = 2x - 2$ dargestellt.

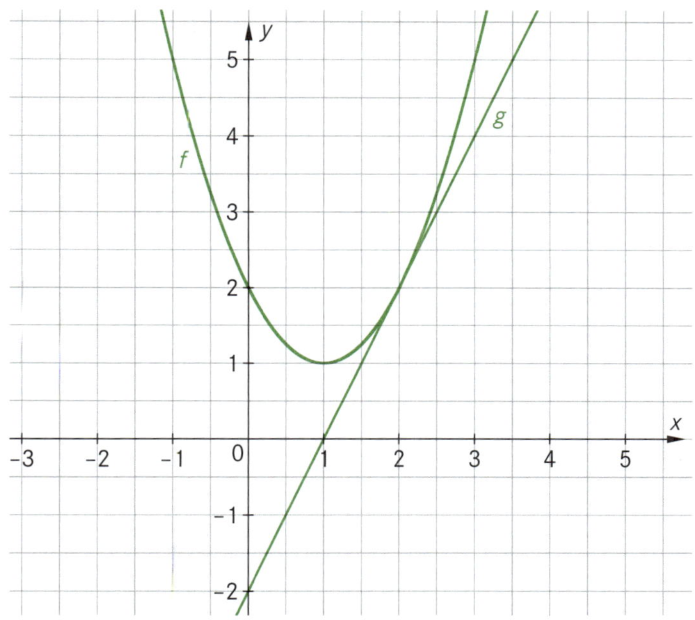

a. Geben Sie die Koordinaten des Scheitelpunktes der Parabel an. 1 P

b. Bestimmen Sie eine Funktionsgleichung der Parabel. 2 P

c. Verschieben Sie die Gerade *g* parallel, sodass sie durch den Punkt $P(-2\,|\,0)$ verläuft. Zeichnen Sie die parallele Gerade in das rechts gegebene Koordinatensystem ein. 2 P

d. Bestimmen Sie eine Gleichung der verschobenen Geraden. 2 P

Aufgabe 3: Grundstück

Thema	Geometrie

Herr Müller und Herr Schmidt bekommen gemeinsam ein Eckgrundstück geschenkt. Jeder erhält einen dreieckigen Teil des Grundstücks mit einer Straßenfront. Die gemeinsame Grundstücksgrenze verläuft von der Grundstücksecke *A* zur gegenüberliegenden Ecke *C* des viereckigen Grundstücks.

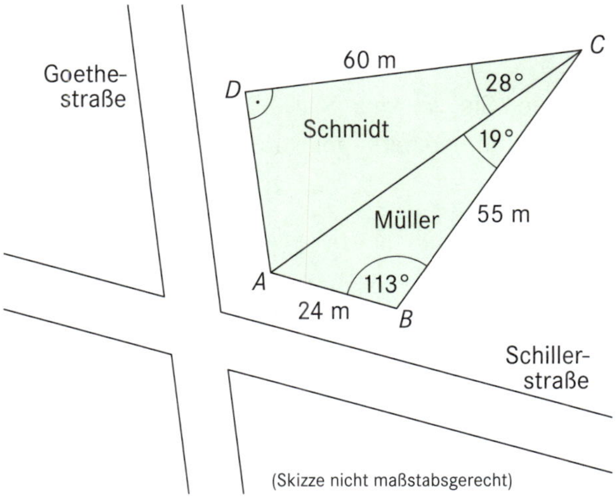

a. Bestimmen Sie die Länge der Straßenfront $\overline{AD}$ in der Goethestraße und runden Sie auf volle Meter. 2 P

b. Ermitteln Sie die Länge der gemeinsamen Grundstücksgrenze $\overline{AC}$ und runden Sie auf volle Meter. 2 P

c. Das gesamte Grundstück hat eine Größe von 1568 m^2.
Herr Müller verkauft seinen Teil des Grundstücks. Er erhält 30 € für 1 m^2.
Berechnen Sie den Verkaufspreis. 3 P

Aufgabe 4: Schulhof

Thema	Geometrie, Einheiten

Der Schulhof der Schiller-Schule wird neu gestaltet. Es wird eine Rasenfläche (grün gefärbt) angelegt.

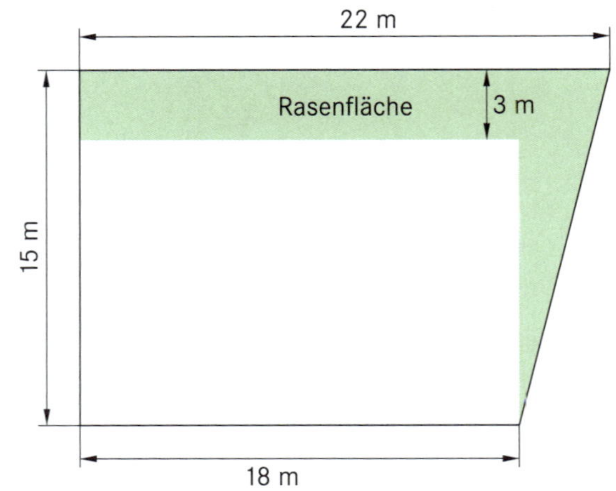

(Skizze nicht maßstabsgerecht)

a. Berechnen Sie, ob zwei Packungen dieses Rasensamens für die geplante Rasenfläche ausreichen. 3 P

Auf dem Schulhof werden vier zylinderförmige Blumenkübel aufgestellt. Jeder Kübel ist 60 cm hoch und hat einen Innendurchmesser von 55 cm.

b. Skizzieren Sie einen dieser Blumenkübel. Tragen Sie die Maße in die Skizze ein. 2 P

c. Berechnen Sie, wie viele Säcke Blumenerde zum Befüllen der vier Kübel im Baumarkt gekauft werden müssen. 3 P

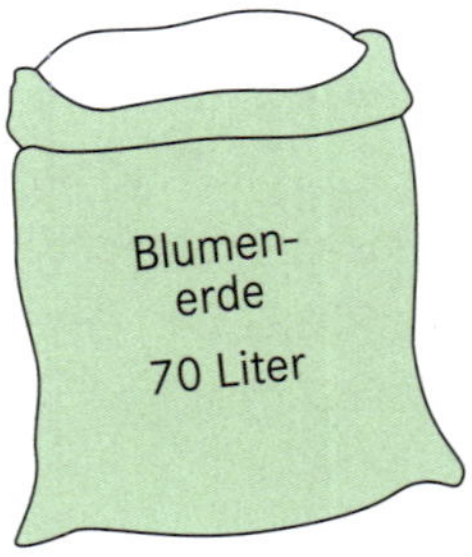

Aufgabe 5: Funktionsgraphen

Thema	Geraden

Drei Geraden treffen sich im Punkt $P(3 \mid 1)$. Sie führen eine kleine Unterhaltung:
„Meine Steigung ist 2“, erklärt Gerade *f*.
„Zu mir gehört auch der Punkt $Q(2 \mid 0)$“, sagt Gerade *g*.
„Meine Gleichung, die ich leider vergessen habe, hat die Form $y = \mathrm{m} \cdot x$“, fügt Gerade *h* traurig hinzu.

a. Zeichnen Sie die drei Geraden in das Koordinatensystem. 3 P

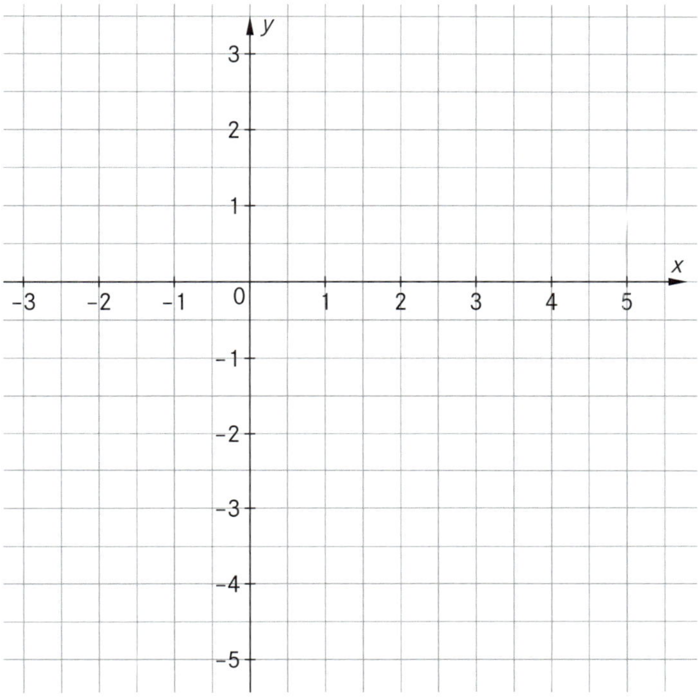

b. Geben Sie die Gleichungen der drei Geraden an. 3 P

Gerade *f*: ___________

Gerade *g*: ___________

Gerade *h*: ___________

c. „Ich habe übrigens eine Schwester. Sie verläuft parallel zu mir“, meldet sich nochmal Gerade *f* zu Wort. 1 P
Notieren Sie eine mögliche Gleichung dieser Geraden.

Aufgabe 6: Kerzenproduktion

Thema	Diagramme und Prozentrechnung

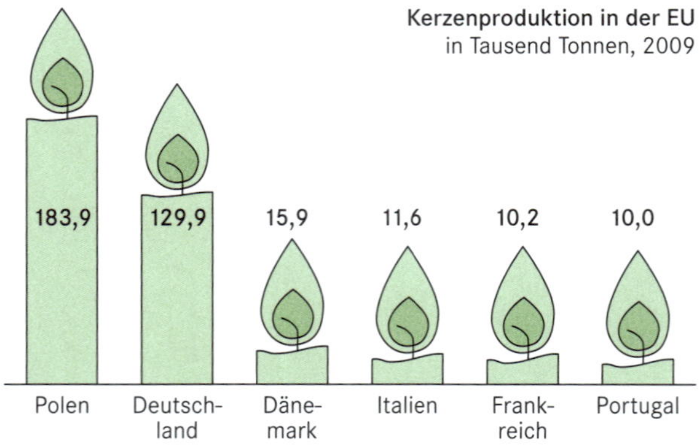

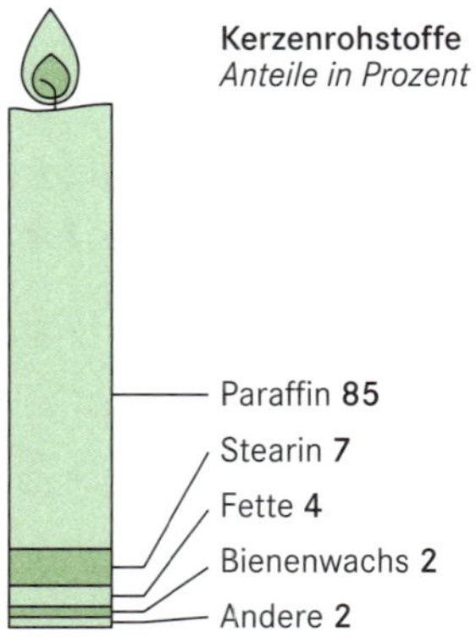

Quelle: European Candle Association, ECA

a. Geben Sie an, wie viele Tonnen Kerzen in Frankreich im Jahr 2009 produziert wurden. Berechnen Sie, wie viele Tonnen Bienenwachs in Frankreich dafür benötigt wurden. 3 P

b. Anneliese soll den Anteil des Kerzenrohstoffs Paraffin in einem Kreisdiagramm darstellen. Berechnen Sie, wie groß der Winkel für den Anteil von Paraffin ist. 2 P

c. Max behauptet, die Grafik „Kerzenproduktion in der EU" ist mathematisch nicht ganz korrekt dargestellt. Finden Sie ein Argument, das seine Behauptung stützt. 1 P

Aufgabe 7: Kuhmilch

Thema	Wachstumsgleichungen

Die Milch einer gesunden Kuh enthält direkt nach dem Melken durchschnittlich 500 Keime pro ml. Wird die Milch nach dem Melken nicht gekühlt, vermehren sich diese sehr schnell. Ihre Anzahl verdoppelt sich stündlich.

a. Geben Sie an, wie viele Keime in einem Liter frisch gemolkener Kuhmilch sind. 1 P

b. Bestimmen Sie die Anzahl der Keime, die sich nach fünf Stunden in einem Liter ungekühlter Milch befinden. 1 P
Kreuzen Sie an.

☐ 1,6 ☐ $1{,}6 \cdot 10^6$ ☐ $1{,}6 \cdot 10^7$ ☐ $1{,}6 \cdot 10^4$

c. Entscheiden Sie, welche Art Wachstum bei der Vermehrung der Keime vorliegt. 2 P
Kreuzen Sie die richtige Lösung an.

☐ lineares Wachstum ☐ exponentielles Wachstum

Begründen Sie Ihre Entscheidung.

d. Durch sofortige Kühlung der Milch ändert sich der Wachstumsprozess. 4 P
In der gekühlten Milch wächst die Anzahl der Keime stündlich nur noch um 50 Keime pro ml.
Stellen Sie dieses Wachstum für den Zeitraum von 0 bis 5 Stunden in einem geeigneten Diagramm dar.
Geben Sie für dieses Wachstum eine Funktionsgleichung an.

Aufgabe 8: Lose ziehen

Thema	Wahrscheinlichkeit

In einem Los-Topf befinden sich 250 Lose, darunter 5 Hauptgewinne und 50 kleinere Gewinne.
Alle anderen Lose sind Nieten.

a. Geben Sie an, wie groß die Wahrscheinlichkeit für das Ziehen einer Niete ist. 1 P

b. Selina zieht als Erste nacheinander zwei Lose (ohne Zurücklegen). 2 P
E_1: „Sie zieht zwei Hauptgewinne."
E_2: „Sie zieht zwei kleine Gewinne."
Vergleichen Sie die Wahrscheinlichkeiten für die Ereignisse E_1 und E_2.
Notieren Sie Ihre Überlegung.

c. Nachdem bereits 20 Lose, leider alles Nieten, aus dem Topf verkauft wurden, zieht Tim nacheinander zwei Lose. 2 P
Tim und Selina berechnen die Wahrscheinlichkeit für das Ereignis:
E_3: „Tim zieht einen Hauptgewinn und eine Niete."
Beide haben falsch gerechnet.

Tim rechnet:	$P(E_3) = \frac{5}{230} \cdot \frac{175}{229}$
Selina rechnet:	$P(E_3) = \frac{5}{250} \cdot \frac{175}{249} + \frac{175}{250} \cdot \frac{5}{249}$

Erklären Sie, was Tim und Selina falsch gemacht haben.

MITTLERER SCHULABSCHLUSS

ABSCHLUSSPRÜFUNG 2013

Training

MATHEMATIK

Lösungen

BERLIN/BRANDENBURG

Cornelsen

Kapitel I Algebra und Funktionen

1 Rechnen mit Zahlen und Größen

1.1 Zahlenbereiche und Rechenregeln

Aufgaben zu den Grundfertigkeiten

1 (1): h; (2): d; (3): j; (4): b; (5): f; (6): e; (7); i; (8): a, (9): g, (10): c.

2 **a.** $A^2 + B^2 + C^2$ **b.** $2A + B$ **c.** $1458ab$ **d.** $8x^3 - 12x^2y - 11$ **e.** $2 \cdot (10x^2y - 30xy^3 + 4)$ **f.** $x^3 - 4y^2$ **g.** $64x^2 - 112xy + 49y^2$ **h.** $4y - 6x = -2 \cdot (3x - 2y)$ **i.** $a^3 - 2b^2 + a$ **j.** $10 \cdot (-t + 2)$

2.1.2 Brüche und Dezimalbrüche, rationale Zahlen

Aufgaben zu den Grundfertigkeiten

1 **a.** $\frac{1}{2}$ **b.** $\frac{1}{4}$ **c.** $\frac{9}{4}$ **d.** $\frac{1}{8}$ **e.** $\frac{3}{10}$ **f.** $\frac{1}{40}$ **g.** $\frac{36}{5}$ **h.** $\frac{21}{2}$ **i.** $\frac{9}{8}$ **j.** $\frac{41}{50}$

2 **a.** 0,55 **b.** 0,3 **c.** 2 **d.** 0,16 **e.** 0,007 **f.** 0,1 **g.** $0,\overline{3}$ **h.** 0,6

3 **a.** 3 **b.** $\frac{5}{2}$ **c.** $\frac{9}{4}$ **d.** $\frac{13}{12}$ **e.** 45 **f.** 2 **g.** $\frac{1}{8}$ **h.** $\frac{1}{8}$ **i.** 1 **j.** $\frac{17}{4}$ **k.** $\frac{6}{5}$ **l.** 8 **m.** $\frac{24}{7}$ **n.** $\frac{47}{12}$

4

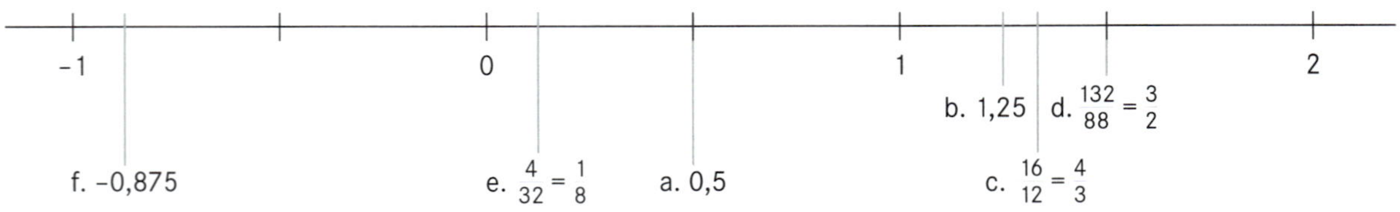

5 **a.** $\frac{7}{21} = \frac{1}{3} = 0,\overline{3}$ oder $33,\overline{3}\,\%$. **b.** $\frac{10}{24} = \frac{5}{12} = 0,41\overline{6}$ oder $41,\overline{6}\,\%$.

1.3 Wurzeln und Potenzen, Irrationale Zahlen

Aufgaben zu den Grundfertigkeiten

1 $7,8 \cdot 10^1$; $1,34 \cdot 10^2$; $2,09 \cdot 10^6$; $6 \cdot 10^{-1}$; $9 \cdot 10^{-4}$; $6,75 \cdot 10^{-1}$; 300000; 800; 0,000786; 0,04566

2

A	B	C	D	E	F	G
3 cm	6 dm	5,5 m	0,7 dm	0,4 km	2 dm	8,5 m

3 **a.** 5 **b.** 3 **c.** 6 **d.** $\sqrt{10} = 3{,}16$ **e.** nicht definiert **f.** 20 **g.** 10 **h.** 0,5

4 **a.** $x = 25$ **b.** $x = 8$ und $x = -8$ **c.** $x = 625$ **d.** $x = \frac{7}{5}$ **e.** $x = 3$ **f.** $x = -8$ **g.** $x = 5$

5 **a.** = **b.** > **c.** = **d.** = **e.** < **f.** = **g.** n. d. **h.** > **i.** = **j.** = **k.** = **l.** =

2 Prozent- und Zinsrechnung

2.1 Prozentrechnung

Aufgaben zu den Grundfertigkeiten

1 Ergänze die fehlenden Angaben.

	Bezogen auf Hundert	Anteil vom Grundwert	Winkel im Kreisdiagramm	Abschnitt im Streifendiagramm	Beispiele: a.	b.	c.
100 %	$\frac{100}{100} = 1$	ein Ganzes	360°	10 cm	240 kg	185 €	42 h
75 %	$\frac{75}{100} = \frac{3}{4} = 0{,}75$	drei Viertel	270°	7,5 cm	180 kg	138,75 €	31,5 h
50 %	$\frac{50}{100} = \frac{1}{2} = 0{,}5$	eine Hälfte	180°	5 cm	120 kg	92,5 €	21 h
33,3 %	$\frac{33{,}\overline{3}}{100} = \frac{1}{3} = 0{,}\overline{3}$	ein Drittel	120°	3,33 cm	80 kg	$61{,}\overline{6}$ €	14 h
25 %	$\frac{25}{100} = \frac{1}{4} = 0{,}25$	ein Viertel	90°	2,5 cm	60 kg	46,25 €	10,5 h
20 %	$\frac{20}{100} = \frac{1}{5} = 0{,}2$	ein Fünftel	72°	2 cm	48 kg	37 €	8,4 h
10 %	$\frac{10}{100} = \frac{1}{10} = 0{,}1$	ein Zehntel	36°	1 cm	24 kg	18,5 €	4,2 h
1 %	$\frac{1}{100} = 0{,}01$	ein Hundertstel	3,6°	0,1 cm	2,4 kg	1,85 €	0,42 h

2 **a.** (I) $G = 1000$ GByte; $W = (1000 - 250)$ GByte $= 750$ GByte; $p = \frac{3}{4} = 75\,\%$
(II) $G = 200\,000\,\text{m}^2$; $W = 0{,}08\,\text{km}^2$; $p = 40\,\%$
(III) $G = 7498$ Bäume; $W = 2502$ Bäume; $p = 33{,}\overline{3}\,\%$ (jeder 3. Baum)
(IV) $G = 25$ kg; $W = 3$ Liter; $p = 67\,\%$

b. (I) Wahr: $1000 \cdot 75\,\% = 750$ GByte sind beschrieben, also 250 GByte frei
(II) Wahr: $200\,000\,\text{m}^2 = 0{,}2\,\text{km}^2$; $0{,}2\,\text{km}^2 \cdot 40\,\% = 0{,}08\,\text{km}^2$
(III) Wahr: $7498 \cdot 33{,}\overline{3}\,\% = 2499{,}\overline{3}$, also sind ungefähr 2502 Bäume betroffen
(IV) Falsch: $45\,\text{kg} \cdot 67\,\% = 30{,}15\,\text{kg}$, dies sind ungefähr 30 Liter

Aufgaben zum Trainieren

3 360 s sind 6 Minuten. Der bereits heruntergeladene Anteil beträgt also $\frac{6\,\text{min}}{8\,\text{min}} = \frac{3}{4} = 0{,}75 = 75\,\%$. Wahr sind die Angaben c., e. und g.

4 **a.** Durch Ausmessen der Balkenlänge erhält man: A: 20 %, B: 30 %, C: 10 %, D: 40 %.
b. 30 Stimmen entsprechen 100 %, damit erhielt Kandidat D 30 Stimmen · 40 % = 12 Stimmen.

5 **a.** 2002 kosteten 500 g Kaffee auf dem Weltmarkt 42,8 US-Cent.
b. 500 g Kaffee kosteten 2002 42,8 US-Cent, der doppelte Preis wären 85,6 US-Cent. Tatsächlich betrug der Preis 2006 95,8 US-Cent, also mehr als das Doppelte.
c. 0,85 t = 850 kg = 1700 · 500 g. Der Preis pro 500 g betrug 2006 95,8 Cent, für 0,85 t damit 162 860 Cent, also 1628,6 $.
d. Die Kaffeesteuer für Röstkaffee beträgt in Deutschland 2,19 € pro Kilogramm, für 0,85 t also 1861,5 €. Der Preis für 0,85 t Rohkaffee betrug 1628,6 $. Bei einem Wechselkurs von 1 : 1,25 zwischen Euro und Dollar 2006 entsprach dies 1302,88 €.
Der Anteil der Steuer am Preis für Rohkaffee berechnet sich wie folgt:
$G = 1302{,}88\,€,\ W = 1861{,}5\,€ \Rightarrow p = \frac{W}{G} = \frac{1861{,}5\,€ \cdot 100}{1302{,}88\,€} = 142{,}88\,\%$
Die Steuern betragen also fast das Anderthalbfache des Preises für den Rohkaffee.

6 **a.** $G = 3600\,\text{kWh}$; $p = 5\,\%$, gesucht: W. $W = \frac{G \cdot p}{100} = \frac{3600\,\text{kWh} \cdot 5}{100} = 180\,\text{kWh}$
b. $p_{\text{Haushaltsgeräte}} = 100\,\% - p_{\text{Heizung}} - p_{\text{Warmwasser}} - p_{\text{Beleuchtung}} = 65\,\%$

7 **a.** Onlinespiele: $p = \frac{W \cdot 100}{G} = \frac{65 \cdot 100}{200} = 32{,}5\,\%$; Hausaufgaben: $p = \frac{W \cdot 100}{G} = \frac{15 \cdot 100}{200} = 7{,}5\,\%$
E-Mails: $p = \frac{W \cdot 100}{G} = \frac{25 \cdot 100}{200} = 12{,}5\,\%$; Chatten: $p = \frac{W \cdot 100}{G} = \frac{95 \cdot 100}{200} = 47{,}5\,\%$
b. Ablesen aus dem Diagramm: 60 %
c. Prozentsatz der Deutschen mit Internetzugang 1998: 10 % (G)
Prozentsatz der Deutschen mit Internetzugang 2008: 66 % (W) $p = \frac{W \cdot 100}{G} = \frac{66 \cdot 100}{10} = 660\,\%$
Der Anteil der Bevölkerung mit Internetanschluss ist von 1998 bis 2008 also um 660 % gestiegen.

2.2 Prozentualer Zu- und Abschlag

Aufgaben zu den Grundfertigkeiten

1 **a.** 100 % – 80 % = 20 % = 0,20; 0,88; 0,96; 0,994; 0,40; 0,95; 0,9998; 0; 0,50; 0,99; 0,67; 0,22
b. 100 % + 80 % = 180 % = 1,80; 1,12; 1,04; 1,006; 1,60; 1,05; 1,002; 2,00; 1,50; 1,01; 1,33; 1,78

2 Abschlagfaktor: 0,88, neuer Preis: $G^- = G \cdot 0{,}88 = 240\,€ \cdot 0{,}88 = 211{,}20\,€$

3 **a.** (I) Zuschlagfaktor: 1,02, $G_{\text{alt}} = 1{,}95\,€$, $G^+ = 1{,}99\,€$
(II) Abschlagfaktor: 0,94, $G_{\text{alt}} = 52\,\text{kg}$, $G^- = 49\,\text{kg}$
(III) Abschlagfaktor: 0,2, $G_{\text{alt}} = 3\,\text{kg}$, $G^- = 300\,\text{g}$
(IV) Zuschlagfaktor: 1,1, $G_{\text{alt}} = 40\,€$, $G^+ = 44\,€$
b. (I) $G^+ = 1{,}95\,€ \cdot 1{,}02 = 1{,}99\,€$: Die Aussage im Text ist wahr.
(II) $G^- = 52\,\text{kg} \cdot 0{,}94 = 48{,}88\,\text{kg} \approx 49\,\text{kg}$: Die Aussage im Text ist wahr.
(III) $G^- = 3\,\text{kg} \cdot 0{,}2 = 0{,}6\,\text{kg} = 600\,\text{g}$: Die Aussage im Text ist falsch.
(IV) $G^+ = 40\,€ \cdot 1{,}1 = 44\,€$: Die Aussage im Text ist wahr.

4 $G^+ = G_{alt} \cdot \text{Zuschlagfaktor} \Rightarrow G_{alt} = \frac{G^+}{\text{Zuschlagfaktor}}$.

Zuschlagfaktor: 1,12, G^+ = 34 €. $G_{alt} = \frac{34\,€}{1{,}12} = 30{,}36\,€$

Aufgaben zum Trainieren

5 **a.** Abschlagfaktor: 0,55; Nettolohn = Bruttolohn · Abschlagfaktor
Nettolohn = 2600 € · 0,55 = 1430 €

b. Berechnung der Steuern und Abgaben (W): $W = \frac{G \cdot p}{100} = \frac{2600\,€ \cdot 45}{100} = 1170\,€$
Nettolohn = 2600 € – 1170 € = 1430 €

6 Zuschlagfaktor: 1,05. Neues Bruttogehalt: 1885 € · 1,05 = 1979,25 €

7 Preiserhöhung: 99,99 € · 1,15 = 114,99 €
Preissenkung: 114,99 € · 0,90 = 103,49 €
Preisänderung in einem Schritt: $G^+ = G_{alt} \cdot \text{Zuschlagfaktor} \Rightarrow \text{Zuschlagfaktor} = \frac{G^+}{G_{alt}}$
$\text{Zuschlagfaktor} = \frac{103{,}49\,€}{99{,}99\,€} \approx 1{,}035$. Dies entspricht einer Preiserhöhung von 3,5 %.

8 **a.** $G_{alt} = \frac{285\,€}{0{,}88} = 323{,}86\,€$
b. Abschlagfaktor: 0,98; neuer Preis: 285 € · 0,98 = 279,30 €
c. 323,86 € – 279,30 € = 44,56 €

9 **a.** 1899 €
b. Abschlagfaktor: 0,58; alter Preis: $\frac{1099\,€}{0{,}58} = 1895\,€$
Der alte Preis wird also in der Werbung nicht korrekt angegeben.
c. Abschlagfaktor: 0,52; neuer Preis: 1895 € · 0,52 = 985,40 €.

10 **a.** (I) 2,10 € · 5 % = 0,105 €; 2,10 € – 0,105 € = 1,995 €
Dieser Rechenweg ist falsch, da die Preiserhöhung mit dem falschen Grundwert berechnet wurde.
(II) Dieser Rechenweg ist richtig, er entspricht der Berechnung mit dem Dreisatz (die Reihenfolge von Multiplikation und Division kann vertauscht werden).
(III) Dieser Rechenweg ist richtig, er entspricht der Berechnung mit einem Zuschlagfaktor.

b. $G_{alt} = \frac{2{,}10\,€}{1{,}05} = 2\,€$. Das Ticket kostete vor der Erhöhung 2 €.

11 **a.** Abschlagfaktor: 0,80; neues Gewicht: 3,2 kg · 0,80 = 2,56 kg
b. 3,2 kg – 2,56 kg = 0,64 kg
c. 17 Scheiben

12 **a.** Zuschlagfaktor: 1,196; Verkaufspreis: 1465,25 € · 1,196 = 1752,44 €
b. Die höchste Mehrwertsteuer gilt in Dänemark und Schweden, hier beträgt der Verkaufspreis 1465,25 € · 1,25 = 1831,56 €.
c. Verkaufspreis: 1465,25 € · 1,2 = 1758,30 €; neuer Preis mit Rabatt: 1758,30 € · 0,95 = 1670,39 €
d. $G^+ = 19\,\%$; $G_{alt} = 10\,\%$, Zuschlagfaktor: $\frac{19\,\%}{10\,\%} = 1{,}9$.
Die Mehrwertsteuer ist in Deutschland von 1968 bis 2007 um 90 % gestiegen.
e. Zuschlagfaktor: 1,1; Verkaufspreis: 1465,25 € · 1,1 = 1611,78 €

2.3 Zins- und Zinseszinsrechnung

Aufgaben zu den Grundfertigkeiten

1 Kapital: 25 000 €; 2500 €; 780 000 €; 4000 €; 130 000 €; 15 €
Zinsen: 1125 €; 50 €; 46 800 €; 44 €; 139,03 €; 8,45 €
Zinssatz: 4,5 %; 2 %; 6 %; 3,3 %; 5,5 %; 1,5 %

2 **a.** (I) $K_0 = 900$ €; $K_n = 946$ €; $p = 4\,\%$
(II) $K_0 = 5000$ €; $Z = 166{,}7$ €; $p = 5\,\%$
(III) $K_0 = 790$ €; $Z = 6$ €; $p = 2{,}5\,\%$
(IV) $K_0 = 1$ €; $K_n = 1000$ €; $Z = 100$ €; $p = 1\,\%$

b. (I) $Z = \frac{K_0 \cdot p}{100} \Rightarrow Z = \frac{900\text{ €} \cdot 4}{100} = 36\text{ €}.$
Da im Text behauptet wird, dass man 946 € – 900 € = 46 € Zinsen erhält, sind die Angaben im Text falsch.

(II) $Z_m = \frac{K \cdot p}{100} \cdot \frac{m}{12} \Rightarrow Z = \frac{5000\text{ €} \cdot 5}{100} \cdot \frac{8}{12} = 166{,}\overline{6}\text{ €}$
Die Angaben im Text sind wahr.

(III) $Z_d = \frac{K \cdot p}{100} \cdot \frac{d}{360} \Rightarrow Z = \frac{790\text{ €} \cdot 2{,}5}{100} \cdot \frac{14}{360} = 0{,}77\text{ €}$
Die Angaben im Text sind falsch.

(IV) $K_n = K_0\left(1 + \frac{p}{100}\right)^n \Rightarrow K_n = 1\text{ €} \cdot \left(1 + \frac{1}{100}\right)^{100} = 2{,}705\text{ €}$
Die Angaben im Text sind falsch.

Aufgaben zum Trainieren

3 **a.** $Z = \frac{780\text{ €} \cdot 1{,}5}{100} = 11{,}70\text{ €},\quad K_n = 780\text{ €} + 11{,}70\text{ €} = 791{,}70\text{ €}$

b. $Z = \frac{120\text{ €} \cdot 0{,}75\,\%}{100} \cdot \frac{6}{12} = 0{,}45\text{ €},\quad K_n = 120\text{ €} + 0{,}45\text{ €} = 120{,}45\text{ €}$

c. $Z = \frac{2000\text{ €} \cdot 3{,}5\,\%}{100} \cdot \frac{14}{360} = 2{,}72\text{ €},\quad K_n = 2000\text{ €} + 2{,}72\text{ €} = 2002{,}72\text{ €}$

d. $K_8 = 4500\text{ €} \cdot \left(1 + \frac{4}{100}\right)^8 = 6158{,}56\text{ €},\quad Z = 6158{,}56\text{ €} - 4500\text{ €} = 1658{,}56\text{ €}$

4 **a.** x-Achse: Zeit in Jahren; y-Achse: Kapital in €
b. (I) ja; (II) ja, (III) ja, (IV) nein, (V) ja
c. (A) ungefähr 875 €; (B) ungefähr 375 €; (C) mit Zinseszins: nach ca. 37 Jahren, ohne Zinseszins: nach 66,67 Jahren

5 **a.** $Z = \frac{8000\text{ €} \cdot 3{,}5}{100} \cdot \frac{100}{360} = 77{,}78\text{ €}$

b. $K = \frac{100 \cdot Z_d}{p} \cdot \frac{360}{d};\quad p = \frac{Z_d \cdot 100}{K} \cdot \frac{360}{d}$

6 **a.** $K_{11} = 1400\text{ €}\left(1 + \frac{5{,}5}{100}\right)^{11} = 2522{,}93\text{ €}$
Benedikt muss das Geld 11 Jahre anlegen, um 2500 € zu haben.

b. 1400 € · 3 = 4200 €:

$K_{20{,}5} = 1400\text{ €}\left(1 + \frac{5{,}5}{100}\right)^{20{,}5} = 4195{,}69\text{ €}$

Das Kapital hat sich nach etwa 20,5 Jahren verdreifacht.

7 **a.** Bank A: $Z_1 = \frac{12\,000\,€ \cdot 5}{100} = 600\,€$; $Z_2 = \frac{12\,600\,€ \cdot 7}{100} = 882\,€$

Zinsen insgesamt: 600 € + 882 € = 1482 €

Bank B: Kapital nach zwei Jahren: $K_2 = 12\,000\,€ \cdot \left(1 + \frac{6}{100}\right)^2 = 13\,483{,}20\,€$

Zinsen insgesamt: 13 483,20 € – 12 000 € = 1483,20 €

Bank C: $Z_1 = \frac{12\,000\,€ \cdot 4}{100} = 480\,€$; $Z_2 = \frac{12\,480\,€ \cdot 8}{100} = 998{,}40\,€$

Zinsen insgesamt: 480 € + 998,40 € = 1478,40 €

Herr Reich erhält also bei Bank B die meisten Zinsen.

b. Ja, denn der Zinssatz ist unabhängig vom Kapital.

8 $K_3 = 4764{,}06\,€$; $K_5 = 5352{,}90\,€$; $K_7 = 6014{,}52\,€$; $K_{10} = 7163{,}39\,€$
$\Rightarrow$ Das Kapital liegt nach 7 Jahren erstmals über 6000 €.

9 **a.** $K_0 = 1000\,€$; $K_3 = 1157{,}63\,€$; $K_6 = 1340{,}10\,€$; $K_9 = 1551{,}33\,€$; $K_{12} = 1795{,}86\,€$, $K_{15} = 2078{,}93\,€$
c. Nach etwa 15 Jahren.

10 $Z_1 = \frac{1500\,€ \cdot 2{,}5}{100} = 37{,}50\,€$; $Z_2 = \frac{1537{,}50\,€ \cdot 3{,}5}{100} = 53{,}81\,€$; $Z_3 = \frac{1591{,}31\,€ \cdot 4{,}75}{100} = 75{,}59\,€$

Nach drei Jahren beträgt das Kapital also 1666,90 €.
Um den gleichbleibenden Zinssatz zu errechnen, der zu dem gleichen Ergebnis geführt hätte, wird die Zinseszinsformel nach p umgestellt:

$$K_3 = K_0\left(1 + \frac{p}{100}\right)^3 \Rightarrow 100 \cdot \left(\sqrt[3]{\frac{K_3}{K_0}} - 1\right) = p;\ p = 100 \cdot \left(\sqrt[3]{\frac{1666{,}90\,€}{1500\,€}} - 1\right) = 3{,}58\,\%$$

Das gleiche Ergebnis nach drei Jahren hätte Frau Schmidt bei einem konstanten Zinssatz von 3,58 % erreicht.

3 Terme und Gleichungen

3.1 Terme mit Variablen

Aufgaben zu den Grundfertigkeiten und zum Trainieren

1
a. Term
b. kein Term: Plus- und Malzeichen unmittelbar hintereinander
c. Term
d. Term
e. kein Term: eine Klammer wird nicht geöffnet
f. Term: „zu“, „auf“ und „nicht“ sind Variablen
g. kein Term: Klammern passen nicht
h. Term
i. Term
j. Term

2
a. 65 € + 2 · 21 € = 107 €
b. 6 · 175 € = 1050 €
c. $6 < V$ oder $x + y < V$
d. $a \cdot b \cdot c = 4\,\text{m}^3$
e. $12\,\text{m} = x \cdot 4 \Rightarrow x = 3\,\text{m}$
f. $x = \frac{(12 + 8 + 14 - 8 + 10 - 10 + 5)}{7} = \frac{31}{7} = 4{,}43$
g. $2(x + 1)$
h. $x + x + 1 + x + 2 + x + 3 + x + 4 = 5x + 10$

3 **b.** $O = 2$ **c.** $O = 2$ **e.** $V = -2; O = 1$ **g.** $O = 3$ **i.** $V = 2; O = -2$
d. $V = 3$ **f.** $V = 5; O = 5$ **h.** $O = 6; V = 2$

3.2 Termumformungen

Aufgaben zu den Grundfertigkeiten

1 **a.** -19 **b.** $-x$ **c.** $3x$ **d.** $299x^2$

2 **a.** $4 \cdot (-4) - 6 \cdot 6 + (-4) = -56$ **c.** $4^2 : 10 + 6 = 7{,}6$ **e.** $(4 - 5) : (6 - 8) = 0{,}5$
b. $(-4)^2 - (-4) + 5 = 25$ **d.** $(2 \cdot 3 - 4)^2 = 4$ **f.** $(-5) \cdot 0{,}5 - (2 \cdot 0{,}5 \cdot 4 + 1) = -7{,}5$

3 **a.** $-27d = 54$ **c.** $\frac{5}{4}a = -\frac{5}{2}$ **e.** $-3x = 6$ **g.** $3w = -6$
b. $-5z = 10$ **d.** $\frac{5}{6}y = -\frac{5}{3}$ **f.** $-20 + 2y = -24$ **h.** $1{,}4 - 6{,}5u = 14{,}4$

4 **a.** $4x^2 - 32x + 64$ **d.** $4x^2 - 9$ **g.** $170 - 3x$ **j.** $4x^2 + 40x + 100$
b. $6{,}25y^2 + 45y + 81$ **e.** $-12n - 10$ **h.** $1{,}5 - 89{,}5x$ **k.** $6x$
c. $7 - 6n$ **f.** $3a^2 - 16a + 16$ **i.** $0{,}25x^2 - 0{,}5x + 0{,}25$ **l.** $17 + x$

Aufgaben zum Trainieren

5 **a.** $(2x - 12)^2 = 4x^2 - 24x \cdot 2 + 144 = 4x^2 - 48x + 144$
b. $(x - 5)(x + 4) = x^2 - 20 - 5x + 4x = x^2 - 20 - x$
c. $\left(10 - \frac{2}{5}x\right)^2 = 100 - 8x + \frac{2^2}{25}x^2 = 100 - 8x + \frac{4}{25}x^2$
d. $\sqrt{108 \cdot x^3} = \sqrt{36 \cdot 3 \cdot x^2 \cdot x} = 6x\sqrt{3x}$

6 **a.** $324x^2 + 324x + 81$ **c.** $25x^2 - 49$ **e.** $0{,}36 + 0{,}48z + 0{,}16z^2$
b. $81 - 54x + 9x^2$ **d.** $\frac{1}{4}x^2 - \frac{3}{4}x + \frac{9}{16}$ **f.** $81x^2y^2 - 72xy + 16$

7 **a.** $x + 1$ **b.** $\frac{4}{3}$ **c.** xy **d.** $-\frac{3}{4} + \frac{1}{2}x$

8 **a.** $0{,}2$ **b.** $4{,}0$ **c.** $3{,}2$ **d.** $0{,}1$

9 **a.** $8\sqrt{2}$ **c.** $12x\sqrt{2}$ **e.** $10b\sqrt{2a}$ **g.** $2\sqrt{2a}$
b. $x^2\sqrt{x}$ **d.** $3y\sqrt{2y}$ **f.** $10abc^2\sqrt{10b}$

10 **a.** Zu Term a. passen die Sachtexte (B) und (F), zu Term b. die Sachtexte (A), (D) und (E).
b. Übrig bleibt Sachtext (C). Ein passender Term ist $a + b + c + d + e + f$.

11 **a.** Das Produkt aus 2 verschiedenen Zahlen, der Flächeninhalt eines Rechtecks
b. Die Summe von 2 verschiedenen Zahlen, der Gesamtpreis beim Kauf von zwei Stiften
c. Die Differenz von 2 verschiedenen Zahlen, der neue Preis, wenn ein Preis um eine feste Summe verringert wurde
d. Die Summe von 4 verschiedenen Zahlen, der Umfang eines beliebigen Vierecks
e. Das Produkt aus der Summe zweier Zahlen und der Differenz dieser beiden Zahlen
f. Der doppelte Quotient aus zwei unterschiedlichen Zahlen, die Anzahl Bonbons pro Kind, wenn zwei Tüten verteilt werden

12 **a.** $(x + 1 + 2) \cdot x = (x + 3) \cdot x = x^2 + 3x$ **c.** $(x - 1) + (x + 1) = 2x$
b. $(x + y)^2 - 6 = x^2 + 2xy + y^2 - 6$ **d.** $(x : 2 - 2) \cdot 2 = x - 4$

13 **a.** (I) $u = 2a + 2b$; (II) $u = 2a + 2b$
b. (I) $A = a \cdot b$; (II) $A = \frac{1}{2}(e \cdot f)$
c. (I) $e = \sqrt{a^2 + b^2}$; (II) $e = \frac{2 \cdot A}{f}$

14 **a.** (I) $V = a^3$; (II) $V = a \cdot b \cdot c$
b. (I) $A = 6a^2$; (II) $A = 2a \cdot b + 2b \cdot c + 2a \cdot c$
c. (I) $e = \sqrt{3a^2} = a \cdot \sqrt{3}$; (II) $e = \sqrt{a^2 + b^2 + c^2}$

3.3 Lineare Gleichungen mit einer Variablen

Aufgaben zu den Grundfertigkeiten

1 Gleichung: $12x + 12{,}80$ € $= 20$ € Lösung: $x = 0{,}60$ €

2 **a.** Zweite Zeile: $+2x$ statt $+10x$. Lösung: $x = -10$
b. Zweite Zeile: -5 statt $+5$. Lösung: $x = -\frac{7}{4}$
c. Vierte Zeile: $-2x = 6$ statt $-2x = -4$. Lösung: $x = -3$

3 **a.** $x = 0{,}08$ **b.** $x = -\frac{8}{3} = -2{,}\overline{6}$ **c.** $x = \frac{17}{35} = 0{,}49$ **d.** $x = 0{,}4$

4 **a.** Gleichung: $2(x + (-8)) = x - 4$ Lösung: $x = 12$
b. Gleichung: $6x - 3x = 4$ Lösung: $x = \frac{4}{3}$
c. Gleichung: $\frac{4x}{2} = 12 + (-3)$ Lösung: $x = 4{,}5$

Aufgaben zum Trainieren

5 **a.** $x + (x + 5) = 85 \Rightarrow 2x + 5 = 85$: Gleichungen (I) und (IV) beschreiben den Sachverhalt.
b. $x = 40$: Elma ist 40 Jahre alt, Timur 45.

6 **a.** $x + x + 6 = 56$; $x = 25$: Thomas ist 25 Jahre alt, Petra 31 Jahre.
b. $x + 2x = 114$; $x = 38$: Peter ist 38 Jahre alt, Hubert 76 Jahre.
c. $x + x + 20 + x - 45 = 125$; $x = 50$: Regina ist 50 Jahre alt, Elfriede 70 Jahre und Felix 5 Jahre.

7 $6x = 42$ € $- 0{,}30$ €; $x = 6{,}95$ €: Ein Eisbecher kostet 6,95 €.

8 $30 = 2x + 4x$; $x = 5$: Es sind 5 2-Bett-Zimmer und 5 4-Bett-Zimmer erforderlich.

9 **a.** Es werden 2 Liter Wasser mit 95 °C und 5 Liter Wasser mit 20 °C gemischt. Dieser Vorgang wird durch Gleichung (III) beschrieben:
$2 \cdot 95 + 5 \cdot 20 = 7x$; $x = 41{,}43$ °C: Die Mischtemperatur beträgt 41,43 °C.
b. Nein, diese Temperatur ist noch etwas zu hoch.

10 $40x = 30 \cdot 60 + 10 \cdot 20$; $x = 50$: Das Wasser hat eine Temperatur von 50 °C, ist also zu heiß.

11 $x + 3x = 64$; $x = 16$: Man benötigt 16 Schippen Zement und $16 \cdot 3 = 48$ Schippen Kies.

12 **a.** Die Kerze wird etwa in der Mitte des Körpers eines erwachsenen Mannes gehalten und ragt etwa 10 cm über den Kopf hinaus, sie ist also etwa 100 cm hoch. Daumen und Zeigefinger umfassen etwa den Durchmesser, der also ungefähr 14 cm beträgt.
b. $0 = 100 - 0{,}5x$ oder $\frac{0{,}5\,\text{cm}}{1\,\text{h}} = \frac{100\,\text{cm}}{x}$. $x = 200\,\text{h}$
d. Ein Jahr hat 52 Kalenderwochen, 52 Wochen · 4 h = 208 h, es sind also 208 Stunden Brenndauer erforderlich. Die Kerze reicht unter den angegebenen Bedingungen knapp ein Jahr.
e. Volumen der Kerze: $V = \pi r^2 \cdot h$; $V = \pi\,(7\,\text{cm})^2 \cdot 100\,\text{cm} = 15\,393{,}8\,\text{cm}^3$
(Je nach Schätzwerten beträgt das Volumen ca. 14 000 bis 18 000 cm^3)
Masse der Kerze: $m = 0{,}9\,\frac{\text{g}}{\text{cm}^3} \cdot 15\,393{,}8\,\text{cm}^3 = 13\,854{,}42\,\text{g} = 13{,}85\,\text{kg}$
(Je nach Schätzwerten beträgt die Masse ca. 12 bis 15 kg)

3.4 Grundmenge, Definitionsmenge und Lösungsmenge

Aufgaben zu den Grundfertigkeiten und zum Trainieren

1 Gleichung 1: eine Lösung, $\mathbb{L} = \{5\}$, $x = 5$
Gleichung 2: unendlich viele Lösungen, $\mathbb{L} = G$, $x \in \mathbb{R}$
Gleichung 3: zwei Lösungen, $\mathbb{L} = \{-4; 4\}$, $x_1 = -4$; $x_2 = 4$
Gleichung 4: keine Lösung, $\mathbb{L} = \{\text{leer}\}$, $x \notin \mathbb{R}$
Gleichung 5: eine Lösung, $\mathbb{L} = \{-3\}$, $x = -3$
Gleichung 6: keine Lösung, $\mathbb{L} = \{\text{leer}\}$, $x \notin \mathbb{N}$
Gleichung 7: eine Lösung, $\mathbb{L} = \{9\}$, $x = 9$

2 (A) b. (B) b. (C) a. (D) c. (E) a. (F) b.

3.5 Lineare Ungleichungen

Aufgaben zu den Grundfertigkeiten und zum Trainieren

1 $a + b > c \Rightarrow 1{,}5\,\text{m} + 1{,}5\,\text{m} > c \Rightarrow 3\,\text{m} > c$: Die dritte Seite des Fensters muss kleiner als 3 m sein.

2 **a.** Jede ganze Zahl y, die größer ist als 1
b. Jede ganze Zahl y, die kleiner ist als 1
c. Jede ganze Zahl x, die gleich groß oder größer als 10 ist

d. Jede ganze Zahl b im Intervall von −6 bis −10
e. Jede ganze Zahl a außer 7
f. Jede ganze Zahl a im Intervall von −2 bis 5
g. Jede ganze Zahl x außer 0

3 a. Letzte Zeile: $x < 2$ statt $x > 2$ (es wurde durch eine negative Zahl dividiert)
b. Zweite Zeile: $2x$ statt $-10x$. Lösung: $x \leq 17{,}5$
c. Zweite Zeile: $\frac{5}{4}x$ statt $\frac{3}{8}x$; Lösung: $x \neq \frac{16}{9}$

4 a. $0 \leq x < 12$ c. $x \leq -9{,}8$ e. $x \neq 4$ g. $x > 10$
b. $0 \leq x < 3$ d. $0 \leq x < 3$ f. $x \geq 12$ h. $y < 5$

5 a. $2(a + (a - 6)) > 20 \Rightarrow a > 8$
b. $x + x + 12 > 120 \Rightarrow x > 54$
c. $y + y + 5 < 50 \Rightarrow y < 22{,}5$

3.6 Lineare Gleichungssysteme

Aufgaben zu den Grundfertigkeiten

1 Die Situation wird durch das Gleichungssystem (C) beschrieben.
Lösung $x = 20$; $y = 8$: Auf dem Bauernhof leben 20 Hühner und 8 Katzen.

2 (A) $x = 17,\ y = 12$ (B) $x = -8,\ y = -12$ (C) $x = 1,\ y = 2{,}5$

3 (A) $x = -12;\ y = -10$ (B) $x = 130;\ y = -58$ (C) $x = 20;\ y = 8$

4 (A) $x = 8;\ y = 2$ (B) $x = 55;\ y = 10$ (C) $x = 21;\ y = -6$

Aufgaben zum Trainieren

5 a. $x = -\frac{16}{7};\ y = 3 \cdot \left(-\frac{16}{7}\right) + 4 = -\frac{20}{7}$
d. Der Schnittpunkt $S\left(-\frac{16}{7} \middle| -\frac{20}{7}\right)$ entspricht der Lösung des Gleichungssystems.

6 a. $x = 3;\ y = 4$ b. $x = 2;\ y = 6$ c. $x = 6;\ y = 2$

7 a. (I) $x - y = 10$ (II) $x + y = 20$ Lösung: $x = 15, y = 5$
b. (I) $2x + y = 120$ (II) $x + y = 80$ Lösung: $x = 40, y = 40$
c. (I) $\frac{x}{2} - 5 = y$ (II) $x - y = -12$ Lösung: $x = -34, y = -22$

8 a. Die Differenz zweier Zahlen ist 34 und ihre Summe ergibt 44. Lösung: $x = 39, y = 5$
b. Das Doppelte einer Zahl (y) vermehrt um 1 ergibt eine andere Zahl (x). Die Differenz aus dieser Zahl (x) und 1 ergibt wieder die erste Zahl (y). Lösung: $x = 1, y = 0$
c. Die Hälfte einer Zahl vermindert um 1 ergibt eine andere Zahl. Die Summe beider Zahlen ist 11. Lösung: $x = 8, y = 3$

9 x: Ursprüngliche Länge der unbekannten Seite, A: Flächeninhalt der Terrasse.
(I) $5 \cdot x = A$ (II) $5{,}4 \cdot (x - 0{,}2) = A$ Lösung: $x = 2{,}7\,\text{m}$ $A = 13{,}5\,\text{m}^2$

10 $x_{\text{Nougat}} + y_{\text{Marzipan}} = 25$
$0{,}85\,€ \cdot x_{\text{Nougat}} + 0{,}55\,€ \cdot y_{\text{Marzipan}} = 16{,}75\,€$
Lösung: $x_{\text{Nougat}} = 10$, $y_{\text{Marzipan}} = 15$: Frau Süß kauft 10 Nougatkugeln und 15 Marzipanpralinen.

11 $a_{\text{München}} = a_{\text{Berlin}} + 79$; $a_{\text{München}} + a_{\text{Berlin}} = 1623$

Lösung: $a_{\text{Berlin}} = 772$, $a_{\text{München}} = 851$: Berlin ist 772 Jahre alt, München 851 Jahre (2009).

12 **a.** (I) $y = 2x + 2$
b. (II) $y = -2x - 2$
c. Lösung: $x = -1$ und $y = 0$
e. Der Schnittpunkt $S(-1\,|\,0)$ entspricht der rechnerischen Lösung des Gleichungssystems.

13 **a.** (I) $x_{\text{Eisbecher}} + 2 \cdot x_{\text{Tasse Kaffee}} = 6{,}20\,€$ (II) $2 \cdot x_{\text{Eisbecher}} + x_{\text{Tasse Kaffee}} = 9{,}55\,€$

Lösung: $x_{\text{Eisbecher}} = 4{,}30\,€$; $x_{\text{Tasse Kaffee}} = 0{,}95\,€$

b. (I) $4{,}30\,€ \cdot y_{\text{Eisbecher}} + 0{,}95\,€ \cdot y_{\text{Tasse Kaffee}} = 28{,}15\,€$ (II) $y_{\text{Eisbecher}} + y_{\text{Tasse Kaffee}} = 12$

Lösung: $y_{\text{Eisbecher}} = 5$ Becher; $y_{\text{Tasse Kaffee}} = 7$ Tassen

14 (I) $x + y = 600$ (II) $2x - 30 = y$ Lösung : $x = 210\,€$; $y = 390\,€$

3.7 Quadratische Gleichungen

Aufgaben zu den Grundfertigkeiten

1 **a.** (A) $x^2 - 9x + 14 = 0$; $p = -9$, $q = 14$
(B) $x^2 - 4x - 32 = 0$; $p = -4$, $q = -32$
(C) $x^2 - 20x + 100 = 0$; $p = -20$, $q = 100$
(D) $x^2 - \frac{2}{3}x - \frac{1}{3} = 0$; $p = -\frac{2}{3}$, $q = -\frac{1}{3}$

b. (A) $\mathbb{L} = \{7; 2\}$
(B) $\mathbb{L} = \{8; -4\}$
(C) $\mathbb{L} = \{10\}$
(D) $\mathbb{L} = \left\{1; -\frac{1}{3}\right\}$

2 (A) $\mathbb{L} = \{6; -4\}$ $p = -2$, $q = -24$ $0 = x^2 - 2x - 24$
(B) $\mathbb{L} = \{12; 0\}$ $p = -12$, $q = 0$ $0 = x^2 - 12x$
(C) $\mathbb{L} = \{4{,}5; 3\}$ $p = -7{,}5$, $q = 13{,}5$ $0 = x^2 - 7{,}5x + 13{,}5$

3 **a.** $(x + 6)(x - 4) = 0$ $\mathbb{L} = \{4; -6\}$
b. $(x + 8)^2 = 49$ $\mathbb{L} = \{-1; -15\}$
c. $x^2 - 2x = 120$ $\mathbb{L} = \{12; -10\}$

Aufgaben zum Trainieren

4 **a.** Richtig ist Gleichung (I) $x(x - 8) = 209$; Lösungsmenge: $\mathbb{L} = \{19; -11\}$
Die gesuchten Zahlen sind 19 und 11 sowie −11 und −19.
b. $x(x + 4) = 60$; Lösungsmenge: $\mathbb{L} = \{6; -10\}$
Die gesuchten Zahlen sind 6 und 10 sowie −10 und −6.

5 **b.** $(x + 6)(x - 4) = 56$; Lösungen: $x_1 = 8$; $x_2 = -10$
Die negative Lösung ist im Kontext der Aufgabe nicht sinnvoll. Die Seitenlänge des Quadrats beträgt 8 cm.
c. $a = x + 6\,\text{cm} = 14\,\text{cm}$; $b = x - 4\,\text{cm} = 4\,\text{cm}$

6 **b.** Richtig ist Gleichung (C).
c. Lösung: $a_1 \approx 10{,}9$; $a_2 \approx -0{,}9$
Die negative Lösung ist hier nicht sinnvoll. Die Seitenlänge des Quadrats betrug etwa 10,9 dm.

7 Gina: Zweite Zeile: $2 \pm \sqrt{4 + 3}$ statt $2 \pm \sqrt{4 - 3}$; Lösungen: $x_1 = 4{,}646$; $x_2 = -0{,}646$
Jörg: p und q wurde verwechselt; Lösungen: $x_1 = 6$; $x_2 = 1$

8 **a.** $x^2 + 2x - 8 = 0$; Lösungen: $x_1 = 2$; $x_2 = -4$
b. Nullstellen: $N_1(-4\,|\,0)$; $N_2(2\,|\,0)$
c. Die Lösungen der Gleichung entsprechen den Nullstellen der Funktion.

9 $\frac{a}{b} = \frac{16}{9} \Rightarrow a = \frac{16}{9}b$

$\left(\frac{16}{9}\right)^2 \cdot b^2 + b^2 = 94^2$; Lösung: $a = 81{,}92$; $b = 46{,}08$

94 cm = 37 Zoll.

10 $x^2 = s_1^{\,2} + s_2^{\,2}$

$\left(5\,\frac{\text{km}}{\text{h}} \cdot t\right)^2 + \left(6\,\frac{\text{km}}{\text{h}} \cdot t\right)^2 = (40\,\text{km})^2$

$t \approx 5{,}1\,\text{h}$

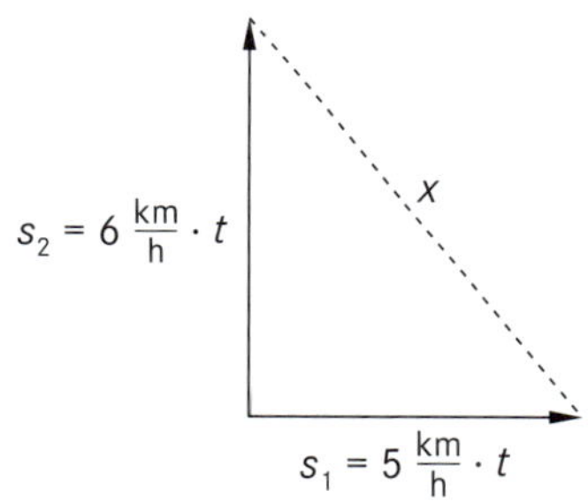

3.8 Proportionale und antiproportionale Zuordnungen

Aufgaben zu den Grundfertigkeiten und zum Trainieren

1 **a.** proportional; **b.** kein berechenbarer Zusammenhang; **c.** kein berechenbarer Zusammenhang;
d. antiproportional; **e.** proportional; **f.** antiproportional

2 **a.** antiproportional; 25 min; **b.** proportional; 0,85 €; **c.** kein berechenbarer Zusammenhang;
d. antiproportional; 5 Gläser

4 Funktionen

4.1 Grundlagen

Aufgaben zu den Grundfertigkeiten

1 a. eindeutig; b. eindeutig; c. eindeutig; d. eindeutig; e. nicht eindeutig; f. eindeutig; g. nicht eindeutig

2 (1) $f_3(x)$ (2) $f_6(x)$ (3) $f_1(x)$ (4) $f_5(x)$ (5) $f_2(x)$ (6) $f_4(x)$

3 **a.**

	Funktion	***x***	**-8**	**-6**	**-4**	**-2**	**0**	**2**	**4**	**6**	**8**
(a)	$y = 2x - 4$	y	-20	-16	-12	-8	-4	0	4	8	12
(b)	$y = \frac{x}{2} + 3$	y	-1	0	1	2	3	4	5	6	7
(c)	$y = -x - 5$	y	3	1	-1	-3	-5	-7	-9	-11	-13

4 $f_1(x)$: f $f_2(x)$: g $f_3(x)$: h $f_4(x)$: i
$f_5(x)$: j $f_6(x)$: k $f_7(x)$: l $f_8(x)$: m

Aufgaben zum Trainieren

5 Diagramm A: Geschichte (II); Diagramm B: Geschichte (III); Diagramm C: Geschichte (I), Diagramm D bleibt übrig.

6 Behälter 1: Graph B; Behälter 2: Graph C; Behälter 3: Graph A. Beachte zur Begründung, dass der Flüssigkeitsstand sich umso schneller ändert, je kleiner der Querschnitt des Gefäßes ist.

4.2 Lineare Funktionen

Aufgaben zu den Grundfertigkeiten

1 **a.** f_1: $y = -0{,}5x + 2$ f_2: $y = x$ f_3: $y = 0{,}125x - 2{,}625$
b. f_4: $y = x - 1$ f_5: $y = -0{,}25x - 4$ f_6: $y = 2x - 1$
c. f_7: $y = 0$ f_8: $y = 0{,}2x + 1$ f_9: $y = -0{,}1x + 1{,}5$

2 (I) $y = 5x + 6$; $m = 5$; $b = +6$ (II) $y = -4x + 3$; $m = -4$; $b = +3$ (III) $y = 0x + \frac{3}{4}$; $m = 0$; $b = +\frac{3}{4}$
(IV) $y = \frac{4}{3}x - 1$; $m = \frac{4}{3}$; $b = -1$ (V) $y = -x - 1$; $m = -1$; $b = -1$ (VI) $y = -6x - 3$; $m = -6$; $b = -3$

3 (1) → (C); (2) → (D); (3) → (A); (4) → (B)

4 $y = mx + b \rightarrow y = 0x + 0 \rightarrow y = 0 \rightarrow$ Graph verläuft direkt auf der x-Achse.

5 **a.** g_1: $y = -\frac{3}{2}x - 1$; g_2: $y = -\frac{1}{2}x - 3$
b. $\mathbb{D}$: $x \in \mathbb{R}$ und W: $y \in \mathbb{R}$
c. Schnittpunkt $P(2\,|\,-4)$
d. rechnerische Lösung: $-\frac{3}{2}x - 1 = -\frac{1}{2}x - 3 \Rightarrow x = 2; y = -4$
e. Nullstellen: g_1: $N\left(-\frac{2}{3}\,|\,0\right)$; g_2: $N(-6\,|\,0)$

Aufgaben zum Trainieren

6 **b.**

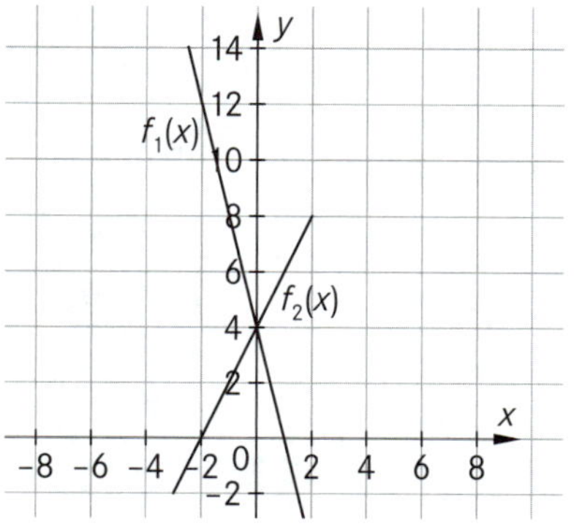

c. $S(0; 4)$, rechnerisch:
$-4x + 4 = 2x + 4 \Rightarrow x = 0; y = 4$

d. $A = \frac{1}{2} \cdot g \cdot h$; Einsetzen der Werte:
$A = (3\text{ LE} \cdot 4\text{ LE}) : 2 = 6\text{ FE}$

7 **a.** $6\text{ m} = 600\text{ cm}; \frac{600\text{ cm}}{2\frac{\text{cm}}{\text{s}}} = 300\text{ s} = 5\text{ min}$

Die Vorgabe wird also eingehalten.

b. (II) $y = -2x + 600$

8 **a.** Behälter A: $\frac{400\text{ l}}{1{,}5\frac{\text{l}}{\text{min}}} = 267\text{ min}$; Behälter B: $\frac{600\text{ l}}{3\frac{\text{l}}{\text{min}}} = 200\text{ min}$. Behälter B ist zuerst leer.

b. Behälter A: $y = -1{,}5x + 400$; Behälter B: $y = -3x + 600$

c. Der Schnittpunkt liegt bei $S(133{,}33 \mid 200)$

9 Schnittpunkt der Geraden $y = 1{,}5x + 3$ mit der y-Achse: $S_1(0 \mid 3)$.

Schnittpunkt der Geraden mit der Geraden $x = 5$: $S_2(5 \mid 10{,}5)$

Abschnitt a zwischen S_1 und S_2: $a^2 = (x_2 - x_1)^2 + (y_1 - y_2)^2$

$$a = \sqrt{(5 - 0)^2 + (10{,}5 - 3)^2} = 9{,}01$$

Der Abschnitt beträgt 9,01 LE.

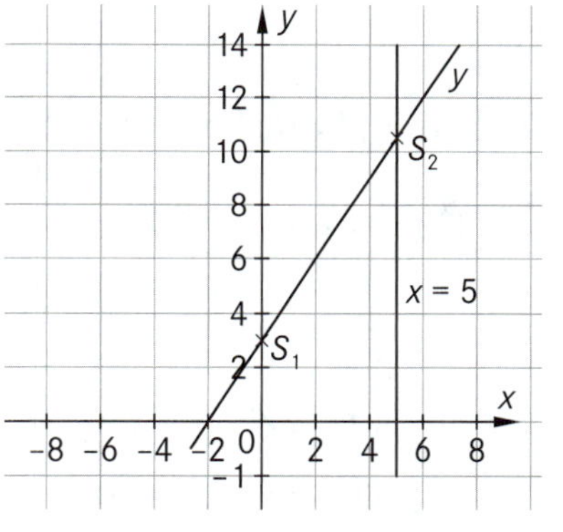

10 Allgemeine Geradengleichung: $y = mx + b$.
Die Gerade ist parallel zu $y = 2x - 3$, hat also dieselbe Steigung: $y = 2x + b$.
Die Gerade geht durch $P(2 \mid 5)$: $5 = 2 \cdot 2 + b \Rightarrow b = 1$.
Die Geradengleichung von h lautet: $y = 2x + 1$.

11 **a.** (A) $y = 5x + 45$; (B) $y = 8x + 20$. x steht für die Trainingszeit in Stunden, y für die Kosten in €.

b. Der Schnittpunkt beider Kurven liegt bei $x = \frac{25}{3} \approx 8{,}3$. Trainiert man also 8 Stunden, so entstehen in etwa die gleichen Kosten: Studio A: 85 €; Studio B: 84 €

c. Kosten bei 10 Trainingsstunden: Studio A: 95 €; Studio B: 100 €
Studio A ist bei 10 Trainingsstunden günstiger.

4.3 Potenz-, Wurzel- und Exponentialfunktionen

Aufgaben zu den Grundfertigkeiten

1 **a.** $P_1(1\,|\,1)$ gehört zu (I), (II) und (III), $P_2(-1\,|\,1)$ gehört zu (III), $P_3(0\,|\,0)$ gehört zu (I), (II) und (III), $P_4(0\,|\,1)$ gehört zu (IV).

b. (I): $\mathbb{D} = \mathbb{R}$; $W = \mathbb{R}$
(II): $\mathbb{D} = \mathbb{R}, x \geq 0$; $W = \mathbb{R}, y \geq 0$
(III): $\mathbb{D} = \mathbb{R}$; $W = \mathbb{R}, y \geq 0$
(IV): $\mathbb{D} = \mathbb{R}$; $W = \mathbb{R}, y \geq 0$

2 **a.** $y = 6^x$ **b.** $y = \left(\frac{3}{2}\right)^x$ **c.** $y = 2^x$ **d.** $y = 2^x$

3 $P_1(-4;\ 512)$, $P_2(3;\ 162)$, $P_3(1;\ 2)$, $P_4(6;\ 2592)$, $P_5(0{,}5;\ 0{,}125)$, $P_6(0{,}2;\ 0{,}0032)$, $P_7(12,\ 41\,472)$, $P_8(0;\ 0)$

4

x	-3	-2	-1	-0,5	0	0,5	1	2	3
y	$\frac{1}{9}$	$\frac{1}{4}$	1	4	n. d.	4	1	$\frac{1}{4}$	$\frac{1}{9}$

Eigenschaften:
Definitionsbereich: $x \in \mathbb{R}$, $x \neq 0$; Wertebereich: $y \in \mathbb{R}$, $y > 0$; die Äste sind achsensymmetrisch zur y-Achse.

Aufgaben zum Trainieren

5 **a.**

x (**t in s**)	1	2	3	4	5
y (**s in m**)	5	20	45	80	125

b.

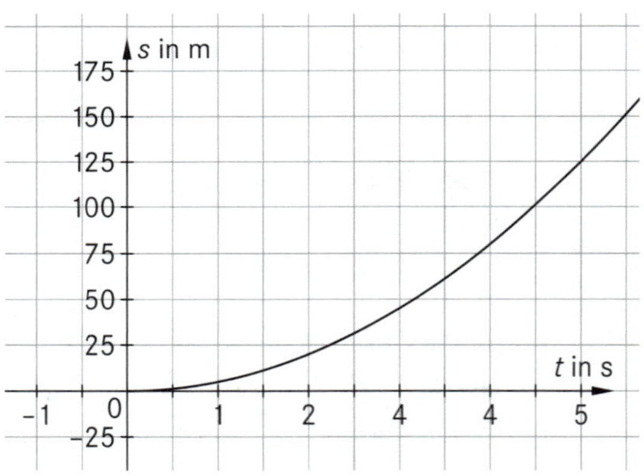

c. $y = 5 \cdot x^2 \Rightarrow x = \sqrt{\frac{y}{5}}$.

Einsetzen der Werte: $x = \sqrt{\frac{152{,}2}{5}} \approx 5{,}5$

Bis zum Aufprall des Apfels dauert es etwa 5,5 Sekunden.

6 **a.** $y = x^3$

7 **a.**

x	1	1,2	1,4	1,6	1,8	2	2,2	2,4
y	1,99	2,18	2,36	2,52	2,67	2,82	2,95	3,09

c. $x = 2 \Rightarrow$ Zeit für eine Schwingung in Sekunden: $y = 6{,}3 \cdot \sqrt{\frac{2}{10}} \approx 2{,}82$.
$\frac{6 \cdot 60}{2{,}8} \approx 128{,}6$: In 6 Minuten schaukelt Deniz also ungefähr 129 Mal.

8 **a.** Wachstumsrate: $q = 2$; Wachstumsfaktor: $p = 100\,\%$
b. $y = 2^x$
d. Höhe nach 100maligem Falten: $0{,}1\,\text{mm} \cdot 2^{100} \approx 1{,}27 \cdot 10^{29}\,\text{mm} = 127\,000\,000\,000\,000\,000\,000\,000\,\text{km}$

9 **a.** $y = 5^x$
b. Wachstumsrate: $q = 5$; Wachstumsfaktor: $p = 400\%$
e. In einem Jahr: $5^8 = 390\,625$; in zwei Jahren: $5^{16} \approx 152\,500\,000\,000$.

10 **c.** Funktion (A): $y = 1000 \cdot 2^x$
d. Wachstumsrate: $q = 2$; Wachstumsfaktor: $p = 100\,\%$
e. Generationen: 16; Anzahl der Bakterien: ca. 65,5 Millionen

11 **a.** $y = 6000 \cdot 0{,}5^x$ mit y: Anzahl der Luftbläschen; x: Anzahl der Generationen
b. Wachstumsrate: $q = 0{,}5$; Wachstumsfaktor: $p = 50\,\%$
c.

Zeit in Sekunden		0	2	4	6	8	10
Generation	x	0	1	2	3	4	5
Luftbläschen	y	6000	3000	1500	750	375	187,5

4.4 Quadratische Funktionen

Aufgaben zu den Grundfertigkeiten

1 Für den Scheitelpunkt gilt: **a.** $S_y < 0$; **b.** $S_y = 0$, der Scheitelpunkt fällt mit der Nullstelle zusammen; **c.** $S_y > 0$.

2 y_1: (III), (VI), (B), (a) y_2: (III), (VII), (D), (c) y_3: (V), (VI), (E), (b) y_4: (IV), (VI), (C), (d)
y_5: (VI), (VIII), (A), (e) y_6: (II), (VI), (G), (f) y_7: (III), (VII), (F), (g) y_8: (I), (VI), (H), (h)

3 **a.** y_1: C; y_2: A; y_3: B; y_4: D
b. y_1: nach oben geöffnet; Verschiebung nach oben
y_2: nach oben geöffnet; Verschiebung nach links
y_3: nach oben geöffnet; Verschiebung nach oben und nach links
y_4: nach unten geöffnet; gestreckt

4 **a.** A ja, B ja, C nein, D ja, E nein
b. $A(-3\,|\,9)$; $B(\pm 5\,|\,25)$; $C(\pm 1{,}6\,|\,2{,}56)$; $D(8\,|\,64)$; $E\left(\frac{3}{4}\,\middle|\,\frac{9}{16}\right)$
c. z. B. $F(2{,}5\,|\,6{,}25)$; $G(-0{,}5\,|\,0{,}25)$; $H(-1\,|\,1)$

5 **c.** $y = x^2 + 2x + 2 = x^2 + 2x + 1 - 1 + 2 = (x + 1)^2 + 1$

oder $p = 2$, $q = 2$, $x_S = -\frac{p}{2} = -1$ $y_S = -\frac{p^2}{4} + q = 1$

Der Scheitelpunkt liegt also bei $S(-1 \mid 1)$, die Funktion hat keine Nullstellen.

6 **a.** y_1: nach unten geöffnet; y_2: nach oben geöffnet; y_3: nach unten geöffnet; y_4: nach oben geöffnet; y_5: nach oben geöffnet

b. $y_1 = -(x + 4)^2 - 2$; Nullstellen: keine; Scheitelpunkt: $(-4 \mid -2)$
$y_2 = x^2 - x + 1$; Nullstellen: keine; Scheitelpunkt: $(0{,}5 \mid 0{,}75)$
$y_3 = -2x^2$; Nullstelle: $(0 \mid 0)$; Scheitelpunkt: $(0 \mid 0)$
$y_4 = 0{,}5x^2 + 2$; Nullstellen: keine; Scheitelpunkt: $(0 \mid 2)$
$y_5 = (x + 2)^2 + 1$; Nullstellen: keine; Scheitelpunkt: $(-2 \mid 1)$

7 **a.** keine Nullstellen: Parabel ist nach oben geöffnet und der Scheitelpunkt liegt oberhalb der x-Achse
b. zwei Nullstellen: Parabel ist nach oben geöffnet und der Scheitelpunkt liegt unterhalb der x-Achse
c. zwei Nullstellen: Parabel ist nach oben geöffnet und der Scheitelpunkt liegt unterhalb der x-Achse,
d. eine Nullstelle: Parabel ist nach oben geöffnet und der Scheitelpunkt liegt auf der x-Achse
e. zwei Nullstellen: Parabel ist nach oben geöffnet und der Scheitelpunkt liegt unterhalb der x-Achse

Aufgaben zum Trainieren

8 **c.** $S(-2 \mid -9)$
d. $p = 4$, $q = -5 \Rightarrow x_S = -\frac{p}{2}$; $y_S = -\frac{p^2}{4} + q \Rightarrow S(-2 \mid -9)$

9 **a.**

x (t in s)	0	1	2	3	4
y (s in m)	0	5	20	45	80

b. Höhe: 2 km − 80 m = 1,92 km

10 **a.** Die Brücke erstreckt sich zwischen den beiden Nullstellen der Funktion:
$x_{01} = 3$; $x_{02} = -3 \Rightarrow$ Die Brücke ist 6 cm breit.
Die Höhe der Brücke entspricht dem Scheitelpunkt. Die Funktion ist symmetrisch, der Scheitelpunkt liegt also zwischen den beiden Nullstellen bei $x_S = 0$: $y_S = 3 \Rightarrow$ Die Brücke ist 3 cm hoch.
c. Höhe: 360 cm; Breite: 720 cm

11 **a.** p_1: Scheitelpunkt $S(-2 \mid 0)$, nach oben geöffnet, keine horizontale Verschiebung: $y_1 = x^2 - 2$
p_2: Scheitelpunkt $S(6 \mid 0)$, nach unten geöffnet, keine horizontale Verschiebung: $y_2 = -x^2 + 6$
b. Schnittpunktberechnung: $x^2 - 2 = -x^2 + 6 \Rightarrow x_1 = -2$; $x_2 = 2 \Rightarrow P_1(-2; 2)$; $P_2(2; 2)$
d. $A = \frac{1}{2} \cdot g \cdot h$; $g = 4$ LE; $h = 2$ LE $\Rightarrow A = 4$ FE

12 **a.** (B): Die Funktion ist nach oben geöffnet und hat einen flacheren Anstieg als die Normalparabel.
b. Nullstellen der Funktion: $x_{01} = 4$; $x_{02} = -4$. Die Rinne ist 8 cm breit.
Scheitelpunkt der Funktion $x_S = 0$: $y_S = 8 \Rightarrow$ Die Rinne ist am Scheitelpunkt 8 cm tief.
d. $a = 3$; $b = 0$; $c = -16$: $y = 3x^2 - 16$. Diese Funktion beschreibt eine schmalere und tiefere Rinne.

13 $2x^2 + 2x - 1 = x + 5$; Lösung: $x_1 = 1{,}5$; $x_2 = -2 \Rightarrow S_1(1{,}5\,|\,6{,}5)$; $S_2(-2\,|\,3)$

14 $y = x^2 + 6x - 2 = x^2 + 6x + 9 - 9 - 2 = (x + 3)^2 - 11$
$\Rightarrow$ Extremwert (Scheitelpunkt der Funktion): $E(-3\,|\,-11)$
Die Parabel ist nach oben geöffnet, der Extremwert also ein Minimum.

15 Umfang des Rechtecks: $U = 2x + 2y$, $U = 20\,\text{cm}$ (I)
Flächeninhalt des Rechtecks: $A = x \cdot y$ (II)
aus (I) folgt: $y = 10 - x$,
einsetzen in (II): $A = x \cdot (10 - x) = -x^2 + 10x = -(x^2 - 10x + 25 - 25) = -(x - 5)^2 + 25$
Der Scheitelpunkt dieser Funktion liegt bei $S(5\,|\,25)$, den maximalen Flächeninhalt beträgt also $25\,\text{cm}^2$ und gilt für das Rechteck mit den Seitenlängen $x = 5\,\text{cm}$ und $y = 5\,\text{cm}$, also das Quadrat.

5 Komplexe Aufgaben

1 **a.** G < H < B < E < D < A < C < F
b. F < E < B < C < D < A < H < G

2 (A) (I) b, (II) c, (III) b (B) (I) a, (II) a, (III) b (C) (I) c, (II) a, (III) c

3 **a.** $0{,}5\,\text{kg} < 5000\,\text{g}$ **c.** $4\,l = 4000\,\text{cm}^3$ **e.** $\frac{1}{4}\,\text{h} = 900\,\text{s}$
b. $\frac{3}{4}\,\text{m}^2 = 75\,\text{dm}^2$ **d.** $60\,\frac{\text{km}}{\text{h}} = 1\,\frac{\text{km}}{\text{min}}$ **f.** $8{,}5\,\text{cm}^3 < 0{,}085\,\text{dm}^3$

4 16 h 8 min

5 A, B, D, E, G

6 (A) $24 = 4(x + 3)$; $x = 3$ (C) $10 - 0{,}5x = 5$; $x = 10$ (E) $12 = 2x + 4x$; $x = 2$
(B) $8x - 2x - 4 = 0$; $x = \frac{2}{3}$ (D) $3x : 9 = 4$; $x = 12$ (F) $4 = (x + 8) : 2$; $x = 0$

7 (I) $36 - 48x + 16x^2$ (b.) (II) $x - 3x + 6$ (c.) (III) $-2a^2$ (c.) (IV) $-2x^2 - x + 6$ (a.)

8
(A)
$384x^4$
$-24x^2$ | $-16x^2$
$6x$ | $-4x$ | $4x$
6 | x | -4 | $-x$

(B)
$36 + 4x$
$14 + 2x$ | $22 + 2x$
$x + 4$ | $10 + x$ | $12 + x$
x | 4 | $6 + x$ | 6

(C)
-170
30 | 200
40 | 10 | -190
60 | 20 | 10 | 200

9 **a.** Die längste Möglichkeit für die kurze Seite ist 82,5 m, die kürzeste 58,2 m.
b. Die größtmögliche Spielfläche ist etwa 29 % größer als die kleinstmögliche.

10 **a.** 50 Grundschüler
b. Grundschule: 50 Schüler werden von den Eltern gebracht, das sind 25 %. Realschule: 5 werden von den Eltern gebracht, das sind 0,83 %. Das sind noch 3,3 % des Anteils in der Grundschule.

11 (A) 10 kg (B) 100 € (C) 20 % (D) 500 € (E) 4 %

12 **a.** 33,75 % aller Männer sind Raucher, es rauchen 8,1 Millionen Frauen, das entspricht 20,25 %.
b. Insgesamt rauchen dann noch 19,44 Millionen Menschen, das sind 24,3 %.

13 Zinsen nach einem Jahr: $Z_1 = 1000\,€ \cdot 0{,}02 = 20\,€$
Zinsen nach zwei Jahren: $Z_2 = 1020\,€ \cdot 0{,}0225 = 22{,}95\,€$
Zinsen nach drei Jahren: $Z_3 = 1042{,}95\,€ \cdot 0{,}0275 = 28{,}68\,€$
Zinsen nach vier Jahren: $Z_4 = 1071{,}63\,€ \cdot 0{,}035 = 37{,}50\,€$
Zinsen nach fünf Jahren: $Z_5 = 1159{,}05\,€ - 1109{,}14 = 49{,}91\,€$
Zinssatz im fünften Jahr: 4,5 %; gleichbleibender Zinssatz mit demselben Endergebnis:
$K_n = K_0\left(1 + \frac{p}{100}\right)^n;\ n = 5 \Rightarrow p = 100 \cdot \left(\sqrt[5]{\frac{K_n}{K_0}} - 1\right) \Rightarrow p = 3\,\%$

14 **a.** D **b.** $\mathbb{L} = \{8\}$

15 x: Doppelzimmer; y: Dreibettzimmer.
$2x + 3y = 30;\ x + y = 12.$ Lösung: $x = 6;\ y = 6.$

16 **a.** $x_1 = -2;\ x_2 = 5$
b. Ein Produkt wird null, wenn einer der Faktoren null wird.

17 **a.**

x	-5	-4	-3	-2	-1	0	1	2	3
y	11	4	-1	-4	-5	-4	-1	4	11

b. Nullstellen: $0 = x^2 + 2x - 4$; Lösung: $x_1 = -1 - \sqrt{5};\ x_2 = -1 + \sqrt{5}$
Scheitelpunkt: $p = 1,\ q = -4 \Rightarrow S(-1\,|\,-5)$

18 $\mathbb{D} = \mathbb{R}\setminus\{2, -2\};\ \mathbb{L} = \left\{-\frac{2}{7}\right\}$
Die Gleichung, die sich durch Multiplikation mit dem Hauptnenner ergibt, hat auch die Lösung 2, da 2 aber nicht Teil der Definitionsmenge ist, kann diese Zahl auch nicht Element der Lösungsmenge sein.

19 **a.**

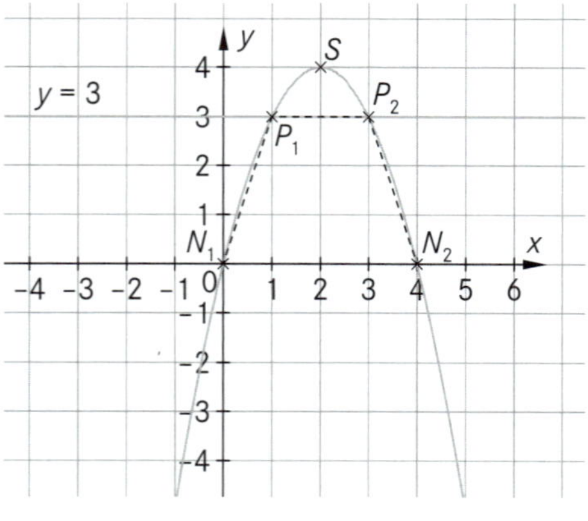

b. Nullstellen: $N_1(0\,|\,0);\ N_2(4\,|\,0)$
Scheitelpunkt: $S(2\,|\,4)$
Schnittpunkte mit $y = 3$: $P_1(1\,|\,3);\ P_2(3\,|\,3)$

c. $A = \frac{1}{2}(u + o) \cdot h;$
Einsetzen der Werte:
$A = \frac{1}{2}(4\text{ LE} + 2\text{ LE}) \cdot 3\text{ LE} = 9\text{ FE}$

20 Nach oben geöffnete Normalparabel: $y = x^2 + bx + c$. Einsetzen der Punkte $P_1(1\,|\,8)$ und $P_2(0\,|\,5)$ ergibt: $y = x^2 + 2x + 5$.

21 **a.** Schnittpunkte: $P_1(2\,|\,0)$; $P_2(-1\,|\,-3)$

b.

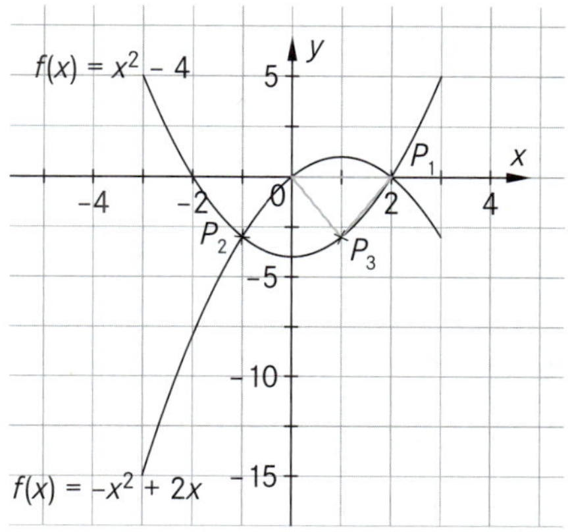

c. $P_3(1\,|\,-3)$
Die Länge der Strecken $\overline{P_4P_3}$ und $\overline{P_5P_3}$ beträgt jeweils ungefähr 3,162 LE

22 **a.** antiproportional: 40,8 h
b. proportional: 157,55 €
c. antiproportional: 49 Fahrten
d. proportional: 7,33 km

23 **a.** $V_{\text{Aquarium}} = 3\,\text{dm} \cdot 0{,}3\,\text{m} \cdot 60\,\text{cm} = 54\,000\,\text{cm}^3 = 54\,\text{dm}^3$
b. $V_{\text{Wasser}} = 3\,\text{dm} \cdot 0{,}25\,\text{m} \cdot 60\,\text{cm} = 45\,000\,\text{cm}^3 = 45\,\text{dm}^3 \Rightarrow$ Einlaufzeit: 225 min = 3 h 45 min
c. In einer Minute fließen 0,2 l ein, damit erhöht sich der Wasserspiegel um $\frac{0{,}2\,\text{dm}^3}{6\,\text{dm} \cdot 3\,\text{dm}} = \frac{1}{90}\,\text{dm} = \frac{1}{9}\,\text{cm}$
Die Funktionsgleichung lautet also: $y = \frac{1}{9}x$

24 **a.** nach unten geöffnete Parabel
b. Nullstellen der Parabel: $P_1(-6{,}32\,|\,0)$; $P_2(6{,}32\,|\,0)$. Der Ball fliegt von Nullstelle zu Nullstelle, also 12,64 m weit. (In der Funktionsgleichung ist x in Metern gegeben.)
c. Die Höhe entspricht dem Scheitelpunkt: $S(0\,|\,20) \Rightarrow$ Höhe 20 m.
d. Flacherer Abschuss, in der Funktionsgleichung wird der Betrag des Vorfaktors vor x^2 größer.

25 **a.**
(I) $(0\,|\,-5)$, $(4\,|\,0)$
(II) $(0\,|\,5)$, $(-4\,|\,0)$
(III) $(0\,|\,-5)$, $(5\,|\,-9)$
(IV) $(0\,|\,5)$, $(-5\,|\,9)$

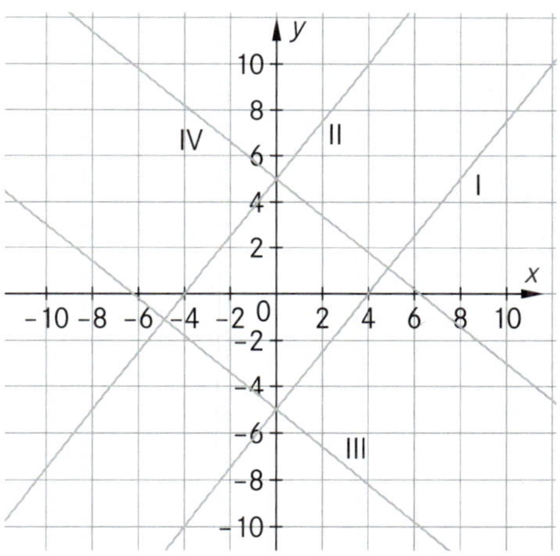

b. Die Geraden (I) und (III) sowie (II) und (IV) stehen senkrecht aufeinander: $m_{(\text{I})} \cdot m_{(\text{III})} = \frac{5}{4} \cdot \left(-\frac{4}{5}\right) = -1$;
$m_{(\text{II})} \cdot m_{(\text{IV})} = \frac{5}{4} \cdot \left(-\frac{4}{5}\right) = -1$.
Die gesuchte Fläche ist also ein Rechteck.

Bestimmung der Seitenlängen
Schnittpunkt S_1 der Geraden (I) und (IV):
$\frac{5}{4}x - 5 = \left(-\frac{4}{5}\right)x + 5 \Rightarrow x_1 = \frac{200}{41}$; $y_1 = \frac{45}{41}$

Schnittpunkt S_2 der Geraden (II) und (IV):
$x_2 = 0$, $y_2 = 5$

Seitenlänge a:
$a^2 = (x_1 - x_2)^2 + (y_1 - y_2)^2$
$a^2 = \left(\frac{200}{41} - 0\right)^2 + \left(\frac{45}{41} - 5\right)^2$
$a \approx 6{,}25$

Schnittpunkt S_3 der Geraden (II) und (III):
$\frac{5}{4}x + 5 = \left(-\frac{4}{5}\right)x - 5 \Rightarrow x_3 = -\frac{200}{41}$; $y_3 = -\frac{45}{41}$

Seitenlänge b:
$b^2 = (x_2 - x_3)^2 + (y_2 - y_3)^2$
$b^2 = \left(0 - \left(-\frac{200}{41}\right)\right)^2 + \left(5 - \left(-\frac{45}{41}\right)\right)^2$
$b \approx 7{,}81$

Flächeninhalt: $A = a \cdot b \approx 48{,}81$ FE

Kapitel II Geometrie

1 Maßeinheiten

Aufgaben zu den Grundfertigkeiten

1 a. $83\,cm^2 = 8300\,mm^2 = 0{,}83\,dm^2$
b. $176{,}5\,m^2 = 17650\,dm^2 = 1{,}765\,a$
c. $0{,}79\,a = 79\,m^2 = 0{,}0079\,ha$
d. $483{,}57\,ha = 48\,357\,a = 4{,}8357\,km^2$
e. $0{,}0125\,m^2 = 1{,}25\,dm^2 = 0{,}000125\,a$
f. $6 \cdot 10^5\,dm^2 = 6 \cdot 10^7\,cm^2 = 6 \cdot 10^3\,m^2$
g. $3 \cdot 10^{-3}\,ha = 0{,}3\,km^2 = 3 \cdot 10^{-5}\,a$
h. $6{,}21 \cdot 10^4\,cm^2 = 6{,}21 \cdot 10^6\,mm^2 = 6{,}21 \cdot 10^2\,dm^2$

2 a. $7200\,dm^3 = 7{,}2 \cdot 10^9\,mm^3$
b. $58\,l = 58\,dm^3$
c. $0{,}13\,cm^3 = 1{,}3 \cdot 10^{-7}\,m^3$
d. $15\,ml = 0{,}015\,dm^3$
e. $0{,}005\,m^3 = 5\,l$
f. $2 \cdot 10^3\,dm^3 = 2 \cdot 10^6\,ml$
g. $3 \cdot 10^{-3}\,hl = 300\,ml = 3 \cdot 10^5\,mm^3$
h. $5{,}2 \cdot 10^2\,mm^3 = 5{,}2 \cdot 10^{-4}\,l = 5{,}2 \cdot 10^{-7}\,m^3$

3 a. $99{,}1\,m^2 = 991\,000\,cm^2$
b. $0{,}0002\,ml = 2 \cdot 10^{-10}\,m^3$
c. $14\,ha = 1{,}4 \cdot 10^7\,dm^2$
d. $1\frac{1}{2}\,l = 1{,}5 \cdot 10^6\,mm^3$
e. $400\,200\,a = 40{,}02\,km^2$
f. $\frac{3}{4}\,m^3 = 750\,l$
g. $1{,}7230\,km^2 = 17230\,a$
h. $10^5\,hl = 10^{10}\,ml$
i. $12^3\,cm^3 = 12^3 \cdot 10^{-6}\,m^3 = 1{,}728 \cdot 10^{-3}\,m^3$

4 a. $230\,mm < 7\,dm < 0{,}004\,km < 600\,cm < 8\,m$
b. $12\,cm^2 < 5600\,mm^2 < 19\,000\,mm^2 < 4{,}5\,m^2 < 0{,}007\,ha$
c. $50\,mm^3 < 130\,cm^3 < 12\,dm^3 < 30\,l < 0{,}35\,m^3$

2 Dreiecke

2.1 Grundlagen und Konstruktion von Dreiecken

Aufgaben zu den Grundfertigkeiten

1

	a.	b.	c.	d.	e.	f.	g.	h.
a	3,4	5	6,82	2,4	1,9	4,8	7,3	6,4
b	10,6	2,5	10	5,7	4,5	2,8	11,5	5
c	5,4	4,5	7,31	5,8	3,1	3,8	8,3	4,2
α		86°	47°	24°	19°	91°	39°	87°
β		30°	90°	76°	128°	36°	95°	52°
γ		64°	43°	80°	33°	53°	46°	41°

Aufgabe a. ist nicht lösbar, da $a + c = 8{,}8 < 10{,}6$.
Aufgabe c. ist nicht eindeutig lösbar, da keine Seite gegeben ist. Angegeben ist eine von unendlich vielen möglichen Lösungen.

Aufgaben zum Trainieren.

2 Die Hälfte der Vorderansicht der Hundehütte ist ein rechtwinkliges Dreieck.
Die Bretter müssen 1,45 m lang sein.

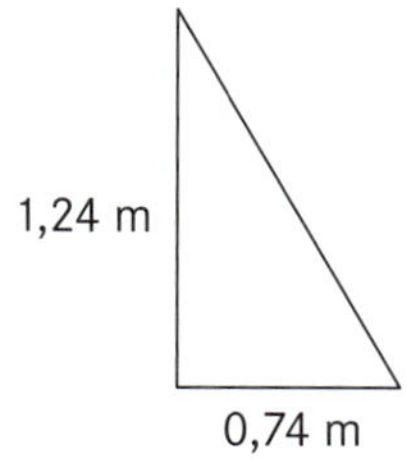

3 Gegeben: $c = 2{,}5\,\text{km}$; $b = 3{,}1\,\text{km}$; $\beta = 81°$. Das Dreieck ist nach ssw konstruierbar und da β der größeren Seite gegenüberliegt, ist es eine eindeutige Konstruktion.

a. 1 : 50 000 bedeutet: 2,5 km → 5 cm; 3,1 km → 6,2 cm

b. Die fehlende Seite des Dreiecks beträgt ca. 4,5 cm, das heißt der Waldweg ist ca. 2,25 km lang und damit ca. 3,35 km kürzer als der Weg über die Straßen.

c. Um diese Aufgabe rechnen zu können, muss man die Geschwindigkeiten schätzen, die man mit dem Fahrrad und zu Fuß erreichen kann. Das Ergebnis ist abhängig von dieser Schätzung.

Geschwindigkeit Fahrrad: $v = 20\frac{\text{km}}{\text{h}} \Rightarrow t_R = \frac{5{,}6\,\text{km}}{20\frac{\text{km}}{\text{h}}} = 0{,}28\,\text{h} = 16{,}8\,\text{min}$

Geschwindigkeit zu Fuß: $v = 5\frac{\text{km}}{\text{h}} \Rightarrow t_F = \frac{2{,}25\,\text{km}}{5\frac{\text{km}}{\text{h}}} = 0{,}45\,\text{h} = 27\,\text{min}$

4 Gegeben: $\alpha = 49°$; $\beta = 37°$ und $c = 4\,\text{cm}$ (gemessen)

a. Die gemessenen 4 cm entsprechen 20 km, Maßstab 1 : 500 000, Konstruktion nach wsw
Strecke Herr Plötzke: 12 km (2,4 cm), Strecke Frau Greve: 15 km (3 cm)

b. Die Höhe des Dreiecks h (senkrechter Abstand zur Küste) beträgt 1,8 cm, d. h. sie sind beide ca. 9 km von der Küste entfernt

5 Diagonale der Seite mit den Seitenlängen $a = 7{,}3\,\text{cm}$ und $b = 5\,\text{cm}$: $d = 8{,}85\,\text{cm}$.
Die Raumdiagonale e wird nun im rechtwinkligen Dreieck mit den Seiten d und c bestimmt: $e = 9{,}22\,\text{cm}$.

2.2 Flächen- und Umfangsberechnung von Dreiecken

Aufgaben zu den Grundfertigkeiten

1 **a.** $A = 0{,}45\,\text{km}^2$ **b.** $c = 71{,}6\,\text{dm}$ **c.** $h_c = 4\frac{4}{30}\,\text{m}$ **d.** $h_b = 2500\,\text{m}$

2 Gleichseitiges Dreieck mit $a = 60$ cm, Konstruktion nach sss
Höhe: $h = 52\,\text{cm}$, Flächeninhalt: $A = 1560\,\text{cm}^2$

3 **a.** $A_A = \frac{1}{2} \cdot g \cdot h_A$ Einsetzen der Werte: $A_A = \frac{1}{2} \cdot 3{,}5\,\text{cm} \cdot 2{,}7\,\text{cm} = 4{,}725\,\text{cm}^2$

b. und c. A ist jeweils halb so groß wie A_A, da bei B die Höhe, bei C die Grundseite halbiert wird.

4 $A = 6\,\text{cm}^2 \Rightarrow \frac{1}{2} \cdot g \cdot h = 6\,\text{cm}^2 \Rightarrow g \cdot h = 12\,\text{cm}^2$
Beispiele: $g = 4\,\text{cm}$ und $h = 3\,\text{cm}$ oder $g = 2\,\text{cm}$ und $h = 6\,\text{cm}$

5 Gegeben: Winkel $\sphericalangle ABC = 30°$;
Höhe des Zeltes: 2 m (abgeschätzt, da man im Zelt stehen können soll)
Gesucht: Fläche der vier Seitendreiecke
(Der Boden eines Zeltes ist aus Folie und trägt daher nichts zum Stoffbedarf bei.)
Höhe der Seitendreiecke:
$h_\Delta = 4\,\text{m}$, Breite des Bodens: $a \approx 7\,\text{m}$, $\frac{a}{2} \approx 3{,}5\,\text{m}$
Fläche eines Seitendreiecks:
$A = 14\,\text{m}^2$, Stoffbedarf: $4 \cdot A = 56\,\text{m}^2$

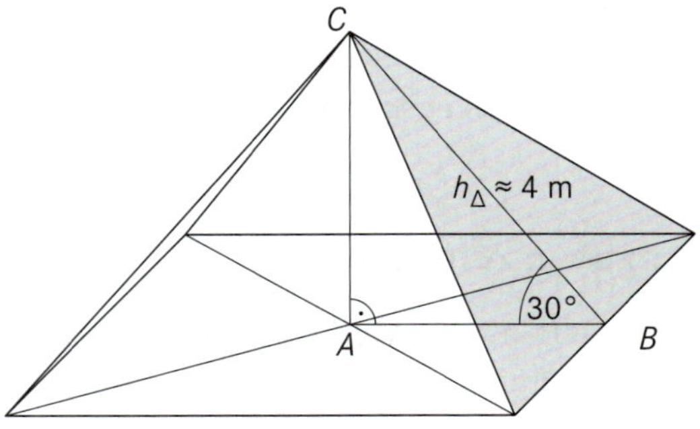

2.3 Satz des Thales, Pythagoras und Strahlensatz

Aufgaben zu den Grundfertigkeiten

1 **a.** $b^2 + c^2 = a^2$ **b.** $x^2 + z^2 = y^2$ **c.** kein rechtwinkliges Dreieck

Aufgaben zum Trainieren

2 **a.** Man beginnt mit dem rechten Winkel und gibt sich den Punkt B, trägt dann mit dem Zirkel von B ausgehend die Strecke $\overline{BC} = 5\,\text{cm}$ ab. Eine Möglichkeit ist ein Dreieck mit den Katheten $a = 3\,\text{cm}$ und $b = 4\,\text{cm}$.

c. Messe an deiner Konstruktion die Seitenlängen und berechne die Flächeninhalte. Für das Beispiel aus a. gilt: $a^2 = 9\,\text{cm}^2$; $b^2 = 16\,\text{cm}^2$ und $c^2 = 25\,\text{cm}^2$, also $a^2 + b^2 = c^2$; $A_{\text{Dreieck}} = 6\,\text{cm}^2$.

3 **a.** $\frac{\overline{AB}}{\overline{CD}} = \frac{\overline{BS}}{\overline{SC}} = \frac{\overline{AS}}{\overline{DS}}$

b. $\frac{x}{m} = \frac{y}{n} = \frac{z}{o} = \frac{x+y}{m+n} = \frac{y+z}{n+o} = \frac{x+y+z}{m+n+o}$; $\frac{r}{q} = \frac{o+n+m}{m+n} = \frac{x+y+z}{x+y}$

4 **a.** Wenn man mit ausgestrecktem Arm die Windkraftanlage mit dem Stab ins Blickfeld nimmt und am Stab markiert, wie groß die Anlage zu sein scheint, so gilt:

$$\frac{\text{Höhe der Anlage}}{\text{Abstand des Beobachters}} = \frac{\text{Markierung am Stab}}{\text{Armlänge}}.$$

Gegeben ist der Abstand 350 m, typische Werte sind für die Markierung 10 cm, für die Armlänge 50 cm. Damit ergibt sich eine Höhe der Anlage von 70 m.

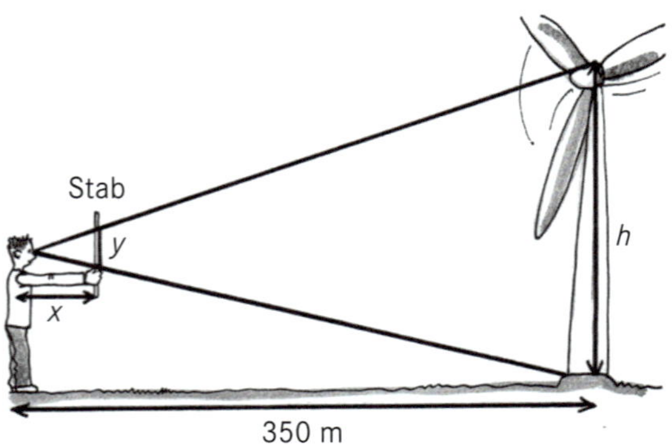

b. Das **Försterdreieck** ist ein rechtwinkliges Dreieck, mit dem die Höhe z. B. eines Baumes bestimmt wird. Man hält dazu einen Schenkel x_1 waagrecht, den anderen (x_2) senkrecht und wählt seinen Abstand vom Baum so, dass man die obere Spitze des Baumes gerade über der schrägen Kante des Försterdreiecks sehen kann. Es gilt dann: $\frac{h}{l} = \frac{x_2}{x_1}$.
Um die vollständige Höhe des Baumes zu erhalten, muss noch die Augenhöhe des Beobachters addiert werden.

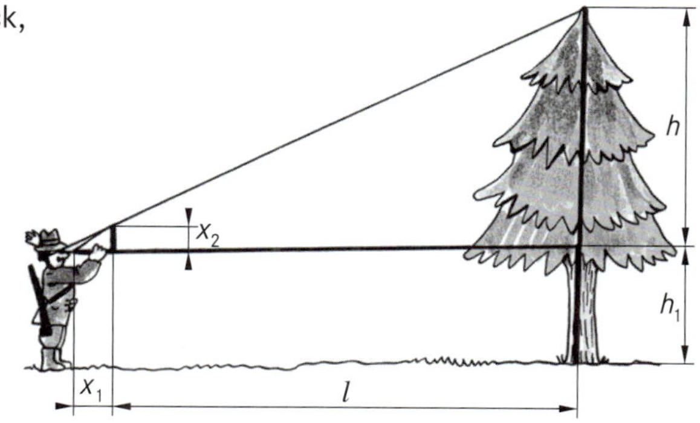

Der **Storchenschnabel** (auch Pantograf) ist ein Gerät, mit dem Zeichnungen vergrößert oder verkleinert werden können.
Ein Storchenschnabel besteht aus vier beweglich befestigten Leisten und wird im Punkt P in das Papier eingestochen. Eine Figur wird dann mit einem in Z befestigten Stift abgefahren, ein Stift in F zeichnet daraufhin dieselbe Figur im Verhältnis $\frac{\overline{PF}}{\overline{PZ}}$. (Verkleinerung erreicht man durch Vertauschen von Zeichen- und Fahrstift).

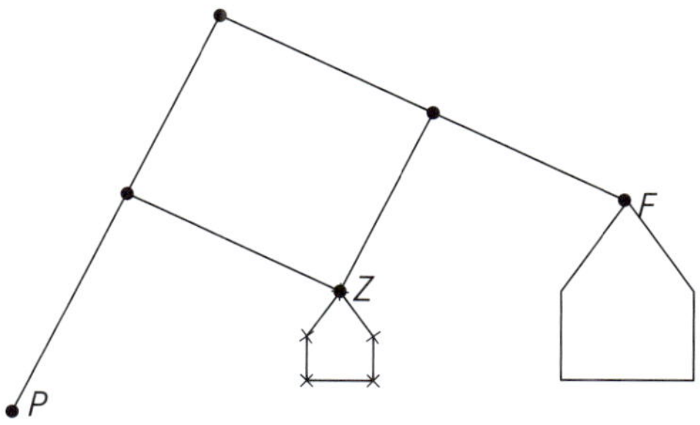

Der **Daumensprung** ist ein Verfahren zur Entfernungsschätzung. Man peilt z. B. ein Gebäude über den ausgestreckten Daumen an und öffnet nacheinander jeweils nur ein Auge. Dabei „springt" der Daumen scheinbar, die Breite dieses „Sprungs" muss man abschätzen (z. B. indem man von der bekannten Breite eines Fensters ausgeht).
Es gilt dann: $\frac{x}{y} = \frac{l}{\overline{LR}}$

$\overline{LR}$: Augenabstand, ca. 6 cm; l: Länge des ausgestreckten Arms, ca. 60 cm
x: Entfernung des Gebäudes; y: geschätzte Breite des „Sprungs"

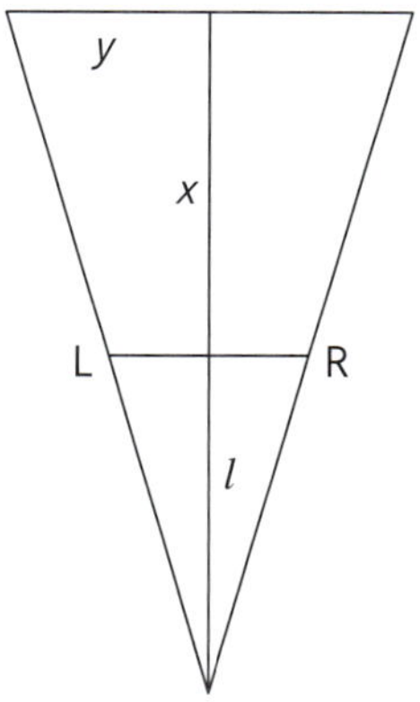

5

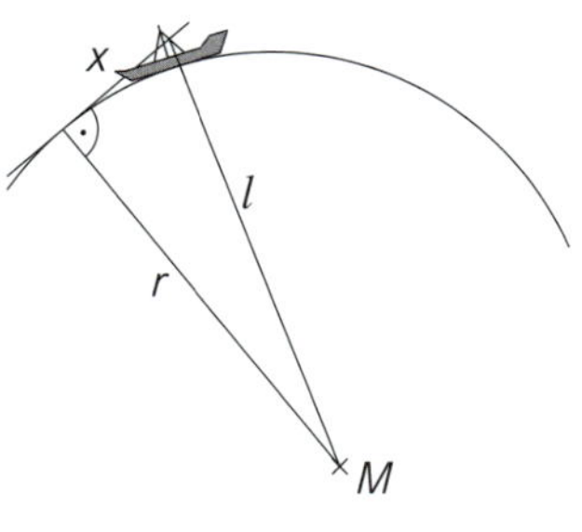

r: Erdradius, ca. 6 370 000 m
l: Erdradius plus Blickhöhe des Menschen auf dem Schiff, ca. 6 370 002 m
$x^2 + r^2 = l^2$; $x = 5047{,}77$ m

6 Wenn Lea aus drei Leisten mit Längen, die den Satz des Pythagoras erfüllen (z. B. 0,5 m, 0,5 m und 0,71 m) ein Dreieck baut, ist dieses rechtwinklig und sie kann die Winkel ihres Kaninchenstalls damit überprüfen.

3 Vierecke

Aufgaben zu den Grundfertigkeiten

1.

a. Quadrat			
Seitenlänge *a*	4,2 cm	0,24 m	125 dm
Fläche	$17{,}64\ cm^2$	$0{,}0576\ m^2$	$15\,625\ dm^2$
Umfang	16,8 cm	0,96 m	500 dm
Diagonale	5,9 cm	0,34 m	176,8 dm

b. Rechteck			
Seitenlänge *a*	12,3 cm	0,54 dm	5,5 m
Seitenlänge *b*	6,4 cm	0,37 dm	4 m
Fläche	$78{,}72\ cm^2$	$19{,}98\ cm^2$	$22\ m^2$
Umfang	37,4 cm	18,2 cm	190 dm
Diagonale	13,9 cm	0,65 dm	6,8 m

c. Raute			
Seitenlänge *a*	7,5 cm	12 m	177 mm
Höhe h_a	3,4 cm	42 m	63 mm
Fläche	$25{,}5\ cm^2$	$504\ m^2$	$11\,151\ mm^2$
Umfang	30 cm	48 m	70,8 cm

d. Parallelogramm			
Seitenlänge *a*	0,4 dm	4,5 cm	2,15 m
Seitenlänge *b*	2,3 dm	32 mm	3 m
Höhe h_b	1,5 dm	0,11 dm	0,08 m
Fläche	$3{,}45\ dm^2$	$3{,}52\ cm^2$	$24\ dm^2$
Umfang	5,4 dm	15,4 cm	103 dm

e. Trapez			
Seitenlänge *a*	45,1 cm	98,05 mm	0,34 m
Seitenlänge *c*	23,9 cm	100,3 mm	8 dm
Höhe	15 cm	201 mm	7,1 cm
Fläche	$517{,}5\ cm^2$	$19\,934{,}175\ mm^2$	$4{,}047\ dm^2$

Aufgaben zum Trainieren

2 Die Querstreben sind 120 cm und 80 cm lang, die Randhölzer ca. 57 cm und ca. 90 cm. Der Flächeninhalt des Drachens beträgt $0{,}48\ m^2$. Soll zweimal gestrichen werden (also $0{,}96\ m^2$), so reichen 3 Farbdosen für je $0{,}3\ m^2$ nur, wenn man etwas verdünnt. Ansonsten sind 4 Farbdosen notwendig.

3 Konstruiere zunächst das Dreieck *ABD*, trage dann die Winkel β und δ an.

Flächeninhalt Dreieck *ABD*:
$A_{ABD} = 17{,}1\ cm^2$

Dreieck *BCD*:
$A_{BCD} = 3\ cm^2$

Flächeninhalt Viereck:
$A = A_{ABD} + A_{BCD} = 20{,}1\ cm^2$

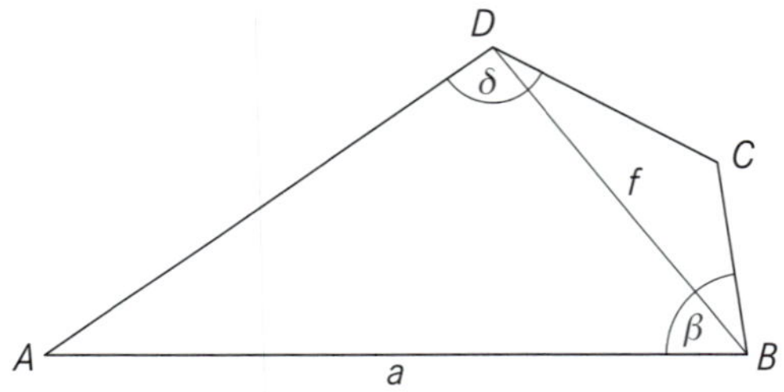

Die Zeichnung wurde im Verhältnis 3:2 verkleinert.

4 **a.** Fläche des Zimmers:

$A_{Zimmer} = 2{,}50\,m \cdot (1{,}73\,m + 2{,}54\,m + 1{,}73\,m) + 1\,m \cdot 2{,}54\,m + 2 \cdot \frac{1}{2} \cdot 1\,m \cdot 1{,}73\,m$

$A_{Zimmer} = 19{,}27\,m^2$, damit kostet der Teppich 19,27 · 12,50 € = 240,88 €.

Umfang des Zimmers: Berechnung der beiden schrägen Wände:

$l_S = \sqrt{(1\,m)^2 + (1{,}73\,m)^2} \approx 2\,m$

$u_{Zimmer} = 2 \cdot 2{,}50\,m + 1{,}73\,m + 2{,}54\,m + 1{,}73\,m + 2{,}54\,m + 2 \cdot 2\,m = 17{,}54\,m$

Fußleisten müssen im gesamten Umfang des Zimmers außer an der Tür gelegt werden, also auf 16,59 m. Sie kosten also 16,59 · 2,65 € = 43,97 €.

Flächeninhalt der Wände: $A_{Wand} = u_{Zimmer} \cdot \text{Höhe} \Rightarrow A_{Wand} = 42{,}973\,m^2$

Tapeziert wird die gesamte Wand außer den Fenstern und der Tür, also $36{,}573\,m^2$. Da eine Rolle Tapete $5\,m^2$ enthält, benötigt man 8 Rollen, die insgesamt 79,60 € kosten.

Die Renovierung kostet also insgesamt 364,45 €.

b. Mit 10 % Rabatt kostet das Material noch 328 €.

5 Erstes Grundstück: Fläche: $A_1 = \frac{1}{2} \cdot (20\,m + 15{,}5\,m) \cdot 32{,}5\,m = 576{,}88\,m$

Preis: 576,88 · 148 € = 85 378,24 €

Zweites Grundstück: Fläche: $A_2 = 9{,}50\,m \cdot 42\,m = 399\,m^2$

Preis: 399 · 148 € = 59 052 €

Drittes Grundstück: Fläche: $A_3 = 20{,}50\,m \cdot 20{,}80\,m = 426{,}4\,m^2$

Preis: 426,4 · 148 € = 63 107,20 €

4 Kreise und Kreisteile

Aufgaben zu den Grundfertigkeiten

1

	a.	b.	c.
r	24 cm	14,76 m	22,7 mm
A	1809,56 cm²	683,98 m²	1618,19 mm²
u	150,8 cm	92,71 m	142,6 mm

2

	a.	b.	c.
r	4,5 mm	46,61 dm	7, 4 cm
A_s	8,48 mm²	2237,45 dm²	31,83 cm²
b	3,77 mm	96 dm	8,6 cm
α	48°	118°	66,6°

Aufgaben zum Trainieren

3 $u = \pi \cdot d = \pi \cdot 60{,}96\,\text{m} = 191{,}51\,\text{m}$
$191{,}51\,\text{m} : 16 = 11{,}97\,\text{m} \Rightarrow$ Der Abstand zwischen zwei Gondeln beträgt 11,97 m.

4 Kreisausschnitt in Gold: $A_{\text{Gold}} = \pi \cdot (2{,}4\,\text{cm})^2 \cdot \frac{80°}{360°} \approx 4{,}02\,\text{cm}^2$
Kreisring in Silber: $A_{\text{Silber}} = \pi \cdot (2{,}0\,\text{cm})^2 - \pi \cdot (0{,}8\,\text{cm})^2 \approx 10{,}56\,\text{cm}^2$
Kosten Gold: $200\,\text{cm}^2$ Gold kosten 2393 €, $4{,}02\,\text{cm}^2$ also 48,10 €.
Kosten Silber: $200\,\text{cm}^2$ Silber kosten 1554 €, $10{,}56\,\text{cm}^2$ also 82,05 €.
Die gesamten Materialkosten für den Anhänger betragen 130,15 €.

5 Zusammengesetzte und nicht gradlinig begrenzte Flächen

Aufgaben zum Trainieren

1 Nähert man die Fläche mit quadratischen Kästchen der Seitenlänge 1 cm an, so ergeben sich für die Fläche von Hessen etwa 8 Kästchen.
Bei dem Maßstab von 1 : 5 000 000 entspricht ein solches Kästchen in der Realität $2500\,\text{km}^2$, für Hessen ergibt sich eine ungefähre Fläche von $20\,000\,\text{km}^2$.
Offiziell umfasst Hessen eine Fläche von $21\,114{,}94\,\text{km}^2$.

2 **a.** (I) Viertelkreis und Trapez: $A = \frac{1}{4} \cdot \pi \cdot (25\,\text{mm})^2 + \frac{1}{2}(60\,\text{mm} + 50\,\text{mm}) \cdot 25\,\text{mm} = 1865{,}87\,\text{mm}^2$
(II) Viertelkreis, Rechteck und Dreieck:
$A = \frac{1}{4} \cdot \pi \cdot (25\,\text{mm})^2 + 50\,\text{mm} \cdot 25\,\text{mm} + \frac{1}{2} \cdot 10\,\text{mm} \cdot 25\,\text{mm} = 1865{,}87\,\text{mm}^2$

b. Rohling: $A_R = 95\,\text{mm} \cdot 30\,\text{mm} = 2850\,\text{mm}^2$
Anteil des Werkstücks: $p = \frac{1865{,}87\,\text{mm}^2 \cdot 100}{2850\,\text{mm}^2} = 65{,}5\,\%$

6 Körper

6.1 Darstellung von Körpern

Aufgaben zum Trainieren

1 a-7, b-3, c-1, d-6, e-4, f-5, g-2

2 **a.**

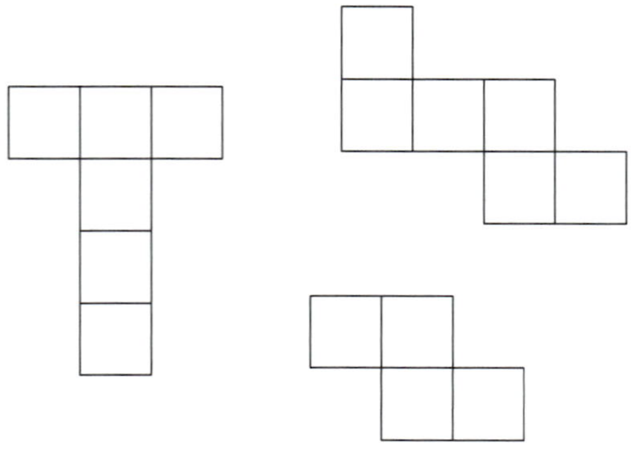

b.

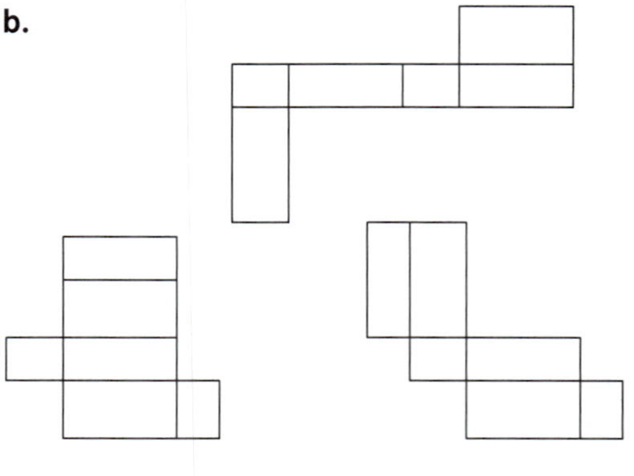

3

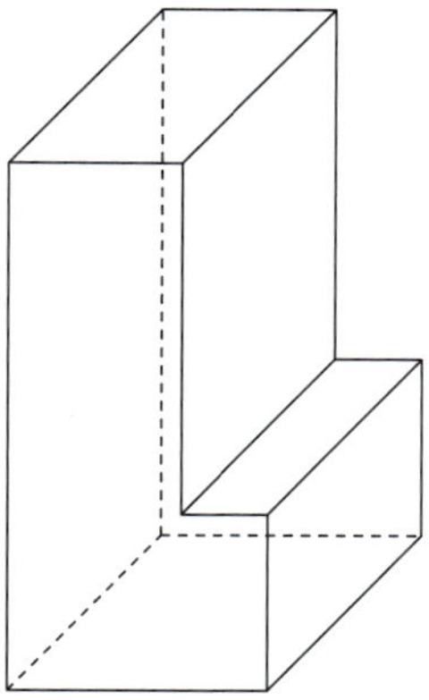

4

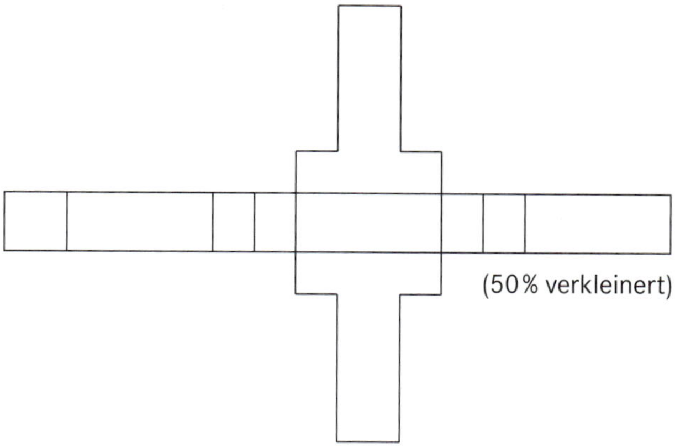

(50 % verkleinert)

6.2 Volumen und Oberfläche von Körpern

Aufgaben zu den Grundfertigkeiten

1 **a.** (I) Quader, (II) Zylinder und Kegel, (III) Zylinder, (IV) Prisma

b. (I) Rechteck, $A = a \cdot b$

(II) und (III) Kreis, $A = \pi r^2$

(IV) regelmäßiges Sechseck; $A = 6 \cdot \frac{1}{2}a \cdot h_a = 6 \cdot \frac{1}{2}a \cdot \sqrt{a^2 - \left(\frac{1}{2}a\right)^2} = 6 \cdot \frac{1}{2} \cdot a \cdot \frac{a}{2} \cdot \sqrt{3} = \frac{3}{2} \cdot \sqrt{3} \cdot a^2$

2 **a.** Höhe der Dreiecke mit Grundseite 25 cm: $h_{S_2}{}^2 = (0{,}5 \cdot 35\,\text{cm})^2 + (85\,\text{cm})^2 \Rightarrow h_{S_2} = 86{,}78\,\text{cm}$

Flächeninhalt $A_{D_1} = 1084{,}78\,\text{cm}^2$

Höhe der Dreiecke mit Grundseite 35 cm: $h_{S_1}{}^2 = (0{,}5 \cdot 25\,\text{cm})^2 + (85\,\text{cm})^2 \Rightarrow h_{S_1} = 85{,}91\,\text{cm}$

Flächeninhalt $A_{D_2} = 1503{,}5\,\text{cm}^2$

Flächeninhalt Grundfläche: $A_G = 35\,\text{cm} \cdot 25\,\text{cm} = 875\,\text{cm}^2$

Oberfläche der Pyramide: $O = 2 \cdot A_{D_1} + 2 \cdot A_{D_2} + A_G$; $O = 6051{,}56\,\text{cm}^2 = 60{,}52\,\text{dm}^2$

Volumen der Pyramide: $V = \frac{1}{3} \cdot A_G \cdot h$; $V = 24{,}79\,\text{dm}^3$

b. $O = \pi \cdot r \cdot (s + r)$

$V = \frac{1}{3} \cdot \pi \cdot r^2 \cdot h \Rightarrow r = \sqrt{\frac{3V}{\pi \cdot h}}$

$s = \sqrt{r^2 + h^2}$ Einsetzen der Werte: $r = 0{,}8\,\text{dm}$; $s = 1{,}88\,\text{dm}$; $O = 6{,}76\,\text{dm}^3$

Aufgaben zum Trainieren

3 Gegeben: $l = 20{,}8\,\text{cm}$; $a = 3{,}5\,\text{cm}$; gesucht: V; m

Grundfläche ist ein gleichseitiges Dreieck: $A_G = \frac{1}{2} \cdot a \cdot h_a$; $h_a = \sqrt{a^2 - \left(\frac{a}{2}\right)^2} = \frac{a\sqrt{3}}{2}$

Volumen: $V = A_G \cdot l$. Einsetzen der Werte: $V = 110{,}33\,\text{cm}^3$

Masse, wenn das Volumen vollständig mit Schokolade ausgefüllt wäre: $m = 110{,}33 \cdot 1{,}3\,\text{g} = 143{,}43\,\text{g}$

Da die Packung auch Luft enthält, geht rund ein Drittel der Masse verloren, die sie bei kompakter Füllung enthalten würde. Dafür lässt sich die Schokolade gut abbrechen!

4 Gegeben: $d = 68$ m; gesucht: V

Die Höhe des Behälters muss abgeschätzt werden. Vergleicht man mit dem Durchmesser, ergeben sich ca. 110 m.

$V = \pi \cdot r^2 \cdot h$; Einsetzen der Werte: $V = 399\,484{,}92\,\text{m}^3$

Das Volumen des Gasbehälters beträgt etwa 400 000 m^3, war er zu einem Viertel gefüllt, so enthielt er ca. 100 000 m^3 Gas.

5 Gegeben: $m = 31{,}1$ g; $d = 3$ cm; Dichte von Gold: 19,32 g pro cm^3; gesucht: h

Volumen = $\frac{\text{Masse}}{\text{Dichte}}$: $V = 1{,}61\,\text{cm}^3$

$V = \pi \cdot r^2 \cdot h \Rightarrow h = \frac{V}{\pi \cdot r^2}$, Einsetzen der Werte: $h \approx 0{,}23$ cm

6 Gegeben: $A = 1\,\text{m}^2$; $h = 2$ mm; $d_a = 1{,}9$ cm; Schnittbreite: 0,1 cm; $d_i = 1$ cm

a. Für eine Unterlegscheibe benötigt man ein Quadrat von 2 cm Seitenlänge (Außendurchmesser + Schnitt) $1\,\text{m}^2 = 1\,\text{m} \cdot 1\,\text{m} = 100\,\text{cm} \cdot 100\,\text{cm}$; $2\,\text{cm} \cdot 50 = 100\,\text{cm}$

Es werden also $50 \cdot 50 = 2500$ Scheiben aus einem Blech hergestellt.

b. Die Gesamtfläche der Scheiben errechnet sich aus der Fläche der großen Kreise (Außendurchmesser), aus denen kleine Kreise (Innendurchmesser) herausgestanzt werden:

$A_{\text{Scheiben}} = 2500 \cdot (\pi \cdot (0{,}0095\,\text{m})^2 - \pi \cdot (0{,}005\,\text{m})^2) = 0{,}51\,\text{m}^2$

$A_{\text{Abfall}} = 1\,\text{m}^2 - A_{\text{Scheiben}} = 0{,}49\,\text{m}^2$

Der prozentuale Anteil des Abfalls an dem 1-m^2-Blech beträgt 49 %, also knapp die Hälfte.

c. Volumen der 30 Scheiben: $V = 30 \cdot \left(\pi \cdot r^2_{\text{außen}} - \pi \cdot r^2_{\text{innen}}\right) \cdot h$; $V = 12{,}3\,\text{cm}^3$

Masse = Volumen · Dichte: $m = 96{,}67$ g, Preis: 2,69 €

7 **a.** Gegeben: Seitenlänge $a = 230{,}3$ m; Höhe $h = 146{,}5$ m, Volumen eines Steinblocks: $1\,\text{m}^3$

$V = \frac{1}{3} \cdot a^2 \cdot h$; Einsetzen der Werte: $V = 2\,590\,026{,}728\,\text{m}^3$

Da ein Steinblock etwa $1\,\text{m}^3$ groß ist, wurden ca. 2,59 Millionen Steinblöcke verbaut.

b. Die Bauzeit betrug etwa 20 Jahre, also ca. 7300 Tage. Pro Tag mussten mindestens 355 Steinblöcke verarbeitet werden.

c. $2\,590\,026{,}728\,\text{m}^3 \cdot 2{,}5\,\frac{\text{t}}{\text{m}^3} = 6\,475\,066{,}82\,\text{t}$

Die Pyramide ist rund 6,5 Millionen Tonnen schwer.

d. Gegeben: heutige Seitenlänge $a = 225$ m; Höhe $h = 138{,}75$ m $\Rightarrow$ $V = 2\,341\,406{,}25\,\text{m}^3$

Prozentualer Anteil: $\frac{2\,341\,406{,}25\,\text{m}^3 \cdot 100}{2\,590\,026{,}728\,\text{m}^3} = 90{,}4\,\%$

Das Volumen der Pyramide beträgt heute noch 90,4 % des ursprünglichen Volumens, also wurden 9,6 % abgetragen.

e. Für die Höhe eines Seitendreiecks gilt: $s_D = \sqrt{h^2 + \left(\frac{a}{2}\right)^2}$

Für die Seitenkante gilt dann: $s_K = \sqrt{s_D{}^2 + \left(\frac{a}{2}\right)^2}$, also $s_K = \sqrt{h^2 + 2 \cdot \left(\frac{a}{2}\right)^2}$

Einsetzen der Werte zur Bauzeit: $s_{\text{KBau}} = 219{,}05$ m

Einsetzen der Werte heute: $s_{\text{Kheute}} = 211{,}10$ m, also 7,95 m (79,5 cm) weniger als zur Bauzeit

8 Jetzige Klebeflächen:

(I) 4 Dreiecke mit $a = 3{,}5\,\text{cm}$ und $h = 3{,}5\,\text{cm}$; (II) 4 Dreiecke mit $a = 3{,}5\,\text{cm}$ und $h = 3\,\text{cm}$

(III) 2 Rechtecke mit $a = 3{,}5\,\text{cm}$ und $b = 6\,\text{cm}$

Flächeninhalt:

(I) $A_1 = 4 \cdot \frac{1}{2} a \cdot h$; $A_1 = 24{,}5\,\text{cm}^2$; (II) $A_2 = 4 \cdot \frac{1}{2} a \cdot h$; $A_2 = 21\,\text{cm}^2$; (III) $A_3 = 2 \cdot a \cdot b$; $A_3 = 42\,\text{cm}^2$

Gesamtflächeninhalt der Klebeflächen: $A_{ges} = 87{,}5\,\text{cm}^2$

Klebeflächen bei Reduzierung:

(I) 4 Trapeze mit $a = 3{,}5\,\text{cm}$, $h = 1{,}2\,\text{cm}$ und $c = 2{,}3\,\text{cm}$

(II) 4 Trapeze mit $a = 3{,}5\,\text{cm}$, $h = 1{,}2\,\text{cm}$ und $c = 2{,}1\,\text{cm}$; (III) 2 Rechtecke mit $a = 3{,}5\,\text{cm}$ und $b = 1{,}2\,\text{cm}$

Flächeninhalt:

(I) Die obere Trapezseite wird mit dem Strahlensatz berechnet: $\frac{3{,}5}{3{,}5} = \frac{c}{(3{,}5 - 1{,}2)} \Rightarrow c = 2{,}3\,\text{cm}$

$A_1{}^* = 4 \cdot \frac{1}{2}(a + c) \cdot h$; $A_1 = 13{,}92\,\text{cm}^2$

(II) $c = 2{,}1\,\text{cm}$, $A_2{}^* = 4 \cdot \frac{1}{2}(a + c) \cdot h$; $A_2{}^* = 13{,}44\,\text{cm}^2$

(III) $A_3{}^* = 2 \cdot a \cdot b$; $A_3{}^* = 8{,}4\,\text{cm}^2$

Gesamtflächeninhalt der reduzierten Klebeflächen: $A^*_{ges} = 35{,}76\,\text{cm}^2$

Es könnten also pro Packung $51{,}74\,\text{cm}^2$ Pappe gespart werden, bei 10 000 Stück ca. $51{,}74\,\text{m}^2$.

9 Die Kanne ist näherungsweise eine Kugel mit Durchmesser 14 cm:

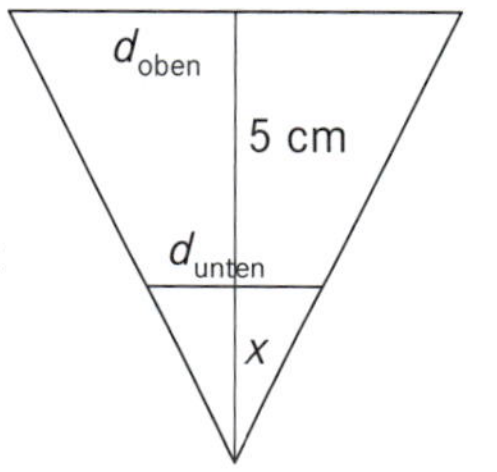

$V_{Kugel} = 1436{,}76\,\text{cm}^3$.

Die Tasse ist näherungsweise ein Kegelstumpf:

Von einem Kegel mit Durchmesser $d_{oben} = 8\,\text{cm}$ und $h_1 = (5 + x)\,\text{cm}$ wird ein Kegel mit $d_{unten} = 2\,\text{cm}$ und $h_2 = x\,\text{cm}$ abgeschnitten.

x wird mit dem Strahlensatz bestimmt.

$x = 1{,}67\,\text{cm}$; $V_{Tasse} = 110{,}01\,\text{cm}^3$.

Ist die Kanne zu 90 % gefüllt, enthält sie $1293{,}1\,\text{cm}^3$, eine zu 75 % gefüllte Tasse $82{,}5\,\text{cm}^3$.

Die Kanne reicht also für etwa 16 Tassen.

10 $O_{Erde} = 511\,185\,932{,}5\,\text{km}^2$

6.3 Zusammengesetzte Körper

Aufgaben zum Trainieren

1 Oberfläche des Markierungskegels:

(I) Kegelmantel mit dem Radius $r = 18\,\text{cm}$ und der Höhe $h = 36\,\text{cm}$;

(II) Kreisring mit dem Innendurchmesser $d_i = 36\,\text{cm}$ und dem Außendurchmesser $d_a = 46\,\text{cm}$;

(III) Rechteck mit $a = 4\,\text{cm}$ und $b = 144{,}51\,\text{cm}$ (Umfang des Kreisrings).

Oberflächen: (I) $O_1 = 2276{,}04\,\text{cm}^2$; (II) $O_2 = 644{,}03\,\text{cm}^2$; (III) $O_3 = 578{,}04\,\text{cm}^2$

gesamte Oberfläche: $O_{ges} = 3498{,}11\,\text{cm}^2$

Geht man von einer Materialdicke von 0,5 cm aus, so benötigt man ca. $1750\,\text{cm}^3$ Kunststoff.

2 Der Schirmständer besteht aus (I) Hohlzylinder mit $r_a = 13\,\text{cm}$, $r_i = 10\,\text{cm}$, $h = 35\,\text{cm}$; (II) Quader mit $a = b = 50\,\text{cm}$, $h = 0{,}7\,\text{cm}$

Volumen: (I) $V_1 = 7586{,}95\,\text{cm}^3$; (II) $V_2 = 1750\,\text{cm}^3$; gesamtes Volumen: $V_{ges} = 9336{,}95\,\text{cm}^3$

Masse = Dichte · Volumen: Masse des Schirmständers: $m = 73{,}4\,\text{kg}$

Der Schirmständer ist mit über 70 kg für den alltäglichen Gebrauch wirklich zu schwer.

7 Trigonometrie

7.1 Sinus, Kosinus und Tangens in rechtwinkligen Dreiecken

Aufgaben zu den Grundfertigkeiten

1 **a.** $\alpha = 44{,}43°$ **b.** $a = 3{,}73\,\text{cm}$ **c.** $b = 2{,}94\,\text{cm}$

2 **a.** $x = \sin 35° \cdot 5\,\text{cm} \Rightarrow x = 2{,}9\,\text{cm}$

b. $y = \cos 55° \cdot x \Rightarrow y = 1{,}7\,\text{cm}$

c. $z = \sqrt{y^2 + (4\,\text{cm})^2}$

$\Rightarrow \quad z = 4{,}3\,\text{cm}$

oder

$\tan\alpha = \frac{y}{4\,\text{cm}} \Rightarrow \alpha = 23°;\ z = \frac{4\,\text{cm}}{\cos\alpha} \Rightarrow z = 4{,}3\,\text{cm}$

d. $u = \frac{z}{\sin 35°} \Rightarrow u = 7{,}5\,\text{cm}$

e. $\beta = 90° - 35° \Rightarrow \beta = 55°$

$v = \frac{4{,}3\,\text{cm}}{\tan\beta} \Rightarrow v = 3\,\text{cm}$

3 Für die Höhe x der oberen Leiterkante gilt: $x = 2{,}40\,\text{m} \cdot \sin\alpha$, für den maximalen Stellwinkel 50° ergibt sich $x = 1{,}8\,\text{m}$. Die Leiter liegt also unterhalb der Fensterkante an. Bei Anlegen an der Fensterkante ergäbe sich ein Winkel $\alpha = 56{,}4°$, der größer als der maximal zulässige Winkel ist.

4 $\tan\alpha = \frac{60}{100} \Rightarrow \alpha = 31°$: Der Steigungswinkel der Tribüne darf maximal 31° groß sein.

5 Berechnung der Höhe h: $\sin 45° = \frac{h}{5\,\text{cm}} \Rightarrow h = 3{,}5\,\text{cm}$
Berechnung der dritten Dreiecksseite x: $\cos 45° = \frac{x}{5\,\text{cm}} \Rightarrow x = 3{,}5\,\text{cm}$
Basis a: $a = 2\,\text{cm} + 2 \cdot x \Rightarrow a = 9\,\text{cm}$

6 Der Innenwinkel α jedes der Dreiecke beträgt 360° : 8 = 45°.

Für die Strecke x (halbe Außenkante) gilt:
$x = s \cdot \sin\left(\frac{\alpha}{2}\right)$.
$\Rightarrow x = 3{,}06\,\text{cm}$

Der Umfang des Achtecks beträgt $16 \cdot x$, also ungefähr 49 cm.

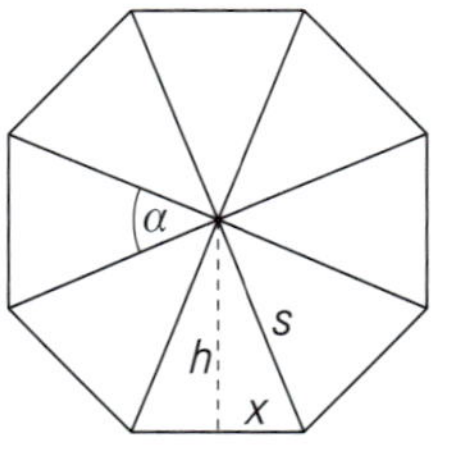

7 Für Sinus, Kosinus und Tangens gilt: $\tan = \frac{\sin}{\cos}$. Einsetzen der gegebenen Beziehungen:

$$\tan = \frac{\sin}{\cos} = \frac{\frac{\text{Gegenkathete}}{\text{Hypotenuse}}}{\frac{\text{Ankathete}}{\text{Hypotenuse}}} = \frac{\text{Gegenkathete}}{\text{Hypotenuse}} \cdot \frac{\text{Hypotenuse}}{\text{Ankathete}} = \frac{\text{Gegenkathete}}{\text{Ankathete}}$$

8 Strecke x zwischen dem Fußpunkt der Höhe und einer Ecke der Grundfläche: $x = \sqrt{\left(\frac{a}{2}\right)^2 + \left(\frac{b}{2}\right)^2}$
Kante s: $s = \sqrt{x^2 + h^2}$
Winkel φ zwischen Kante und Grundfläche: $\sin\varphi = \frac{h}{s}$
Einsetzen der Werte: $x = 5{,}83\,\text{cm}$; $s = 7{,}07\,\text{cm}$; $\varphi = 34{,}46°$. Damit noch eine Pyramide entsteht, muss φ größer als 0° und kleiner als 90° sein.

9 Gegeben: $\alpha = 90°$, $\beta = 30°$; $a + b + c = 50\,\text{cm}$
$\gamma = 90° - \alpha - \beta = 60°$

Es gilt:

(I) $\sin 30° = \frac{b}{a} = \frac{1}{2} \Rightarrow b = \frac{1}{2}a$ (II) $\sin 60° = \frac{c}{a} = \frac{\sqrt{3}}{2} \Rightarrow c = \frac{\sqrt{3}}{2}a$

Setzt man (I) und (II) in die Umfangsgleichung ein, so erhält man $a = \frac{100}{3 + \sqrt{3}}\,\text{cm} = 21{,}13\,\text{cm}$,
und damit $b = \frac{50}{3 + \sqrt{3}}\,\text{cm} = 10{,}57\,\text{cm}$ und $c = \frac{50\sqrt{3}}{3 + \sqrt{3}}\,\text{cm} = 18{,}30\,\text{cm}$.

10 Höhe des Dreiecks: $h = r \cdot \sin\alpha$, Flächeninhalt: $A = \frac{1}{2} \cdot r^2 \cdot \sin\alpha$

11 1. Lösungsmöglichkeit ohne Sinussatz:
(I) $\tan 40° = \frac{h}{x} \Rightarrow x = \frac{h}{\tan 40°}$
(II) $\tan 28° = \frac{h}{x + 15\,\text{m}} \Rightarrow (x + 15\,\text{m}) \cdot \tan 28°$

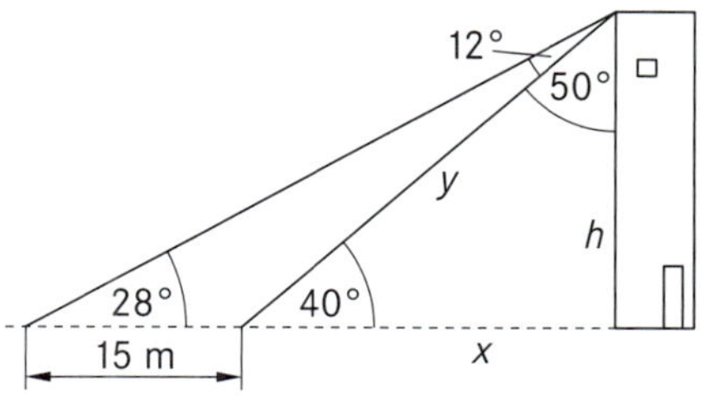

Einsetzen von (I) in (II) und Auflösen nach h ergibt:

$h = \frac{15\,\text{m} \cdot \tan 28°}{1 - \frac{\tan 28°}{\tan 40°}} \Rightarrow h = 21{,}77\,\text{m}$

2. Lösungsmöglichkeit mit Sinussatz:
Über die Winkelsumme im Dreieck werden die weiteren Winkel in der Zeichnung bestimmt.
Dann gilt: $\frac{15\,\text{m}}{\sin 12°} = \frac{y}{\sin 28°}$ $\sin 40° = \frac{h}{y} \Rightarrow h = y \cdot \sin 40°$. Einsetzen der Zahlenwerte ergibt $h = 21{,}77\,\text{m}$.

7.2 Sinus- und Kosinussatz

Aufgaben zu den Grundfertigkeiten

1 $\frac{\sin\gamma}{c} = \frac{\sin 64°}{b} \Rightarrow \gamma = 42{,}4°$

Aufgaben zum Trainieren

2 **a.** $c^2 = a^2 + b^2 - 2a \cdot b \cdot \cos\gamma \Rightarrow c = 3{,}7\,\text{m}$
Person A und B stehen 3,7 m voneinander entfernt!
b. $\frac{a}{\sin\alpha} = \frac{c}{\sin\gamma} \Rightarrow \alpha = 32{,}2°$ $\beta = 180° - \alpha - \gamma = 67{,}8°$

3 $b^2 = a^2 + c^2 - 2a \cdot c \cdot \cos\beta \Rightarrow \cos\beta = \frac{a^2 + c^2 - b^2}{2 \cdot a \cdot c}$

Einsetzen der Zahlenwerte ergibt: $\beta = 38{,}9°$

4 Von den neun gleichseitigen Dreiecken sind die Schenkellängen $b = c = 4\,\text{cm}$ gegeben, die Basislänge a ist gesucht. Der Winkel α entspricht einem Neuntel des Vollkreises: $\alpha = \frac{360°}{9} = 40°$. Da das Dreieck gleichschenklig ist, gilt für die Basiswinkel $\beta = \gamma = \frac{180° - 40°}{2} = 70°$.

Berechnung von a mit dem Sinussatz: $\frac{a}{\sin\alpha} = \frac{b}{\sin\beta} \Rightarrow a = 2{,}74\,\text{cm}$; Umfang $u = 9 \cdot a$; $u = 24{,}63\,\text{cm}$

5 Für die in der Zeichnung zusätzlich markierten Winkel gilt:

$\beta' = 180° - \beta = 117°$ (Ergänzung zum gestreckten Winkel)

$\delta = 180° - \alpha - \beta' = 31°$ (Winkelsumme im Dreieck)

$\varepsilon = 180° - 90° - \beta = 27°$ (Winkelsumme im Dreieck)

Sinussatz: $\frac{\overline{AC}}{\sin\delta} = \frac{\overline{AB}}{\sin\varepsilon} \Rightarrow \overline{AC} = \overline{AB} \cdot \frac{\sin\delta}{\sin\varepsilon}$

$\overline{AC} = 13{,}6\,\text{cm}$

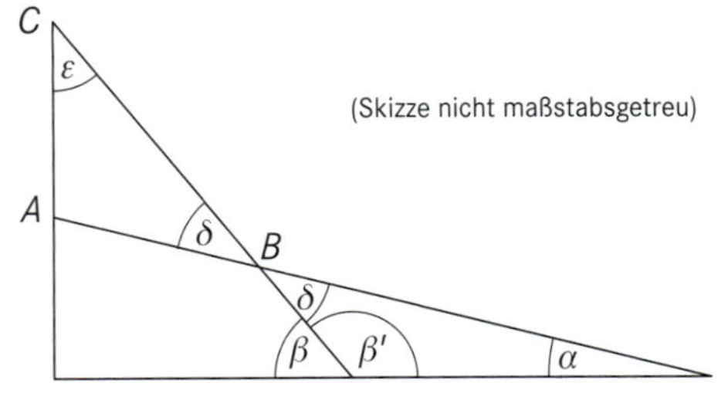

6 Zur Berechnung des Flächeninhalts des Parallelogramms werden vom Flächeninhalt des Rechtecks vier Dreiecke abgezogen, von denen je zwei gleich groß sind.

Berechnung von A_1: $\tan\alpha = \frac{b}{a} \Rightarrow \alpha = 53{,}13°$

$\sin\alpha = \frac{h_a}{x}$ (mit $x = 0{,}5\,\text{cm}$) $\Rightarrow h_a = 0{,}4\,\text{cm}$

$A_1 = \frac{1}{2} \cdot a \cdot h_a \Rightarrow A_1 = 0{,}6\,\text{cm}^2$

Berechnung von A_2: $\tan\beta = \frac{a}{b} \Rightarrow \beta = 36{,}87°$

$\sin\beta = \frac{h_b}{x}$ (mit $x = 0{,}5\,\text{cm}$) $\Rightarrow h_b = 0{,}3\,\text{cm}$

$A_2 = \frac{1}{2} \cdot b \cdot h_b \Rightarrow A_2 = 0{,}6\,\text{cm}^2$

$A_{\text{Parallelogramm}} = a \cdot b - 2 \cdot A_1 - 2 \cdot A_2 \Rightarrow A_{\text{Parallelogramm}} = 9{,}6\,\text{cm}^2$

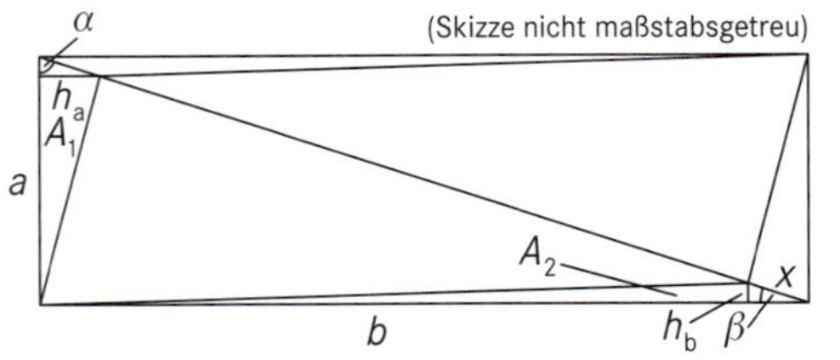

7 Sinussatz: $\frac{\overline{AB}}{\sin\gamma} = \frac{\overline{AC}}{\sin\beta} \Rightarrow \gamma = 47{,}5°$

$\alpha = 180° - \beta - \gamma = 97{,}5°$ Sinussatz: $\frac{\overline{BC}}{\sin\alpha} = \frac{\overline{AC}}{\sin\beta} \Rightarrow \overline{BC} = 6{,}05\,\text{cm}$

3.8 Komplexe Aufgaben

1 Die Verpackung ist ein achteckiges Prisma mit der Seitenlänge 5 cm und der Höhe 3,5 cm.
Flächeninhalt Achteck: Das Achteck wird in 8 gleichschenklige Dreiecke aufgeteilt. Der Winkel α in der Mitte des Achtecks beträgt: $\alpha = 360° : 8 = 45°$, die Basiswinkel $\beta = 67{,}5°$
Mit dem Sinussatz bestimmt man die Länge eines Schenkels: $\frac{s}{\sin 67{,}5°} = \frac{5\,\text{cm}}{\sin 45°} \Rightarrow s = 6{,}53\,\text{cm}$.

Für die Höhe des Dreiecks gilt dann: $\sin 67{,}5° = \frac{h_a}{s} \Rightarrow h_a = 6{,}04\,\text{cm}$
Volumen der Schachtel: $V_{\text{Schachtel}} = 8 \cdot \frac{1}{2} \cdot 5\,\text{cm} \cdot h_a \cdot 3{,}5\,\text{cm} \Rightarrow V_{\text{Schachtel}} = 422{,}8\,\text{cm}^3$
Volumen der Schokolade: $V_{\text{Schoko}} = 32 \cdot 3{,}9\,\text{cm} \cdot 2{,}1\,\text{cm} \cdot 0{,}5\,\text{cm} = 131{,}04\,\text{cm}^3$
Prozentualer Anteil der Schokolade: 30,1 %. 69,9 % des Volumens der Packung sind also Luft und Papier.

2 Abschätzen der Abmessungen des Kreuzes

- Der Mann unten am Kreuz ist ca. 1,80 m groß und passt ca. 3-mal in die Länge des Kreuzes und 1,5-mal in die Breite. Das Kreuz ist also etwa 5,40 m lang und 2,70 m breit.
- Vergleicht man die Balkenbreite des Kreuzes mit dem Unterschenkel des Mannes, so kommt man auf eine Balkenbreite von etwa 0,5 m und eine Tiefe von ca. 0,3 m.
  Volumen: $V = 0{,}30\,\text{m} \cdot (0{,}50\,\text{m} \cdot 5{,}40\,\text{m} + 0{,}50\,\text{m} \cdot 2{,}70\,\text{m} - 0{,}50\,\text{m} \cdot 0{,}50\,\text{m})$
  $V = 1{,}14\,\text{m}^3$

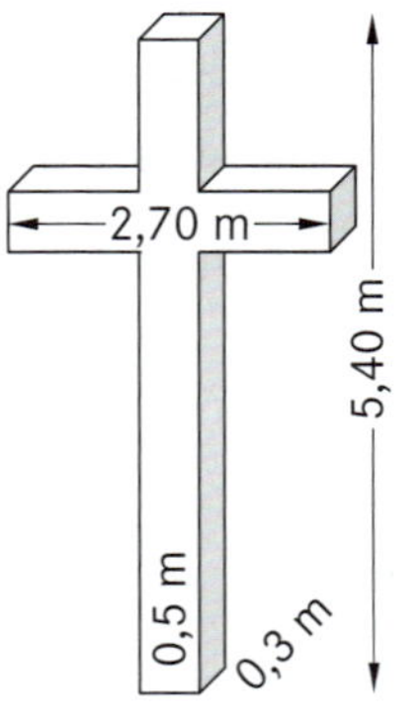

Um die Masse bestimmen zu können, muss man eine Annahme über die Dichte machen. Das Kreuz ist wahrscheinlich aus massivem Stahl und nur vergoldet.
Masse = Dichte · Volumen, die Dichte von Stahl ist annähernd dieselbe wie die von Eisen, also $7{,}86\,\frac{\text{g}}{\text{cm}^3}$.
Ein $\frac{\text{g}}{\text{cm}^3}$ entspricht einer $\frac{\text{t}}{\text{m}^3}$: $m = 8{,}96\,\text{t}$. Das Kreuz wiegt also etwa 9 t.

3 Das Volumen der Kugelschale errechnet sich, indem man von der äußeren die innere Schale abzieht:
$V = \frac{4}{3}\pi \cdot r^3_{\text{außen}} - \frac{4}{3}\pi \cdot r^3_{\text{innen}}$; $r_{\text{außen}} = 15\,\text{cm} = 150\,\text{mm}$, $r_{\text{innen}} = 148\,\text{mm} \Rightarrow V = 558\,\text{cm}^3$

Die Dichte von Glas beträgt etwa $2500\,\frac{\text{kg}}{\text{m}^3}$. Dies ergibt eine Masse von ca. 1,4 kg.

4 Die Gerade geht durch die Punkte $P_1\left(-\frac{4}{3}\,|\,0\right)$ und $P_2(0\,|\,4)$. Für den Winkel zwischen der Geraden und der x-Achse gilt also: $\tan\varphi = \frac{4}{-\frac{4}{3}} = -3$. Daraus folgt: $\varphi = -71{,}57°$.

5 Für den Flächeninhalt eines Drachens gilt: $A = \frac{1}{2} \cdot a \cdot b$. Aus $A = 900\,\text{cm}^2$ und $a = 60\,\text{cm}$ folgt also $b = 30\,\text{cm}$. Bei der Vergrößerung ändert sich nur die Länge b: $A' = 990\,\text{cm}^2 \Rightarrow b' = 33\,\text{cm}$.

Der Winkel α kann dann im nebenstehenden Dreieck bestimmt werden:

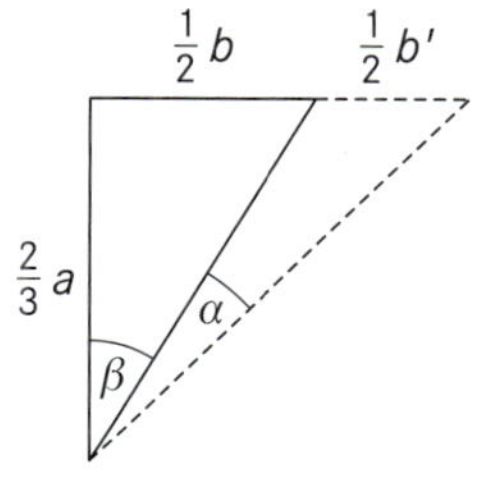

$\tan\beta = \frac{\frac{1}{2}b}{\frac{2}{3}a} \Rightarrow \beta = 20{,}556°$

$\tan(\beta + \alpha) = \frac{\frac{1}{2}b'}{\frac{2}{3}a} \Rightarrow \beta + \alpha = 22{,}416°$

$\alpha = 1{,}86°$

6 $A_1 = \frac{1}{2} \cdot a \cdot (b - a)$

$\varphi = \varphi'$ (Wechselwinkel)

$\tan\varphi = \frac{a}{b+a}$; $\tan\varphi' = \frac{x}{a} \Rightarrow x = \frac{a^2}{b+a}$

$A_2 = \frac{1}{2} \cdot a \cdot x$

$A_1 = 4{,}5\,\text{m}^2$; $x = 1\,\text{cm}$; $A_2 = 1{,}5\,\text{m}^2$;

$A_{\text{ges}} = A_1 + A_2 = 6\,\text{cm}^2$

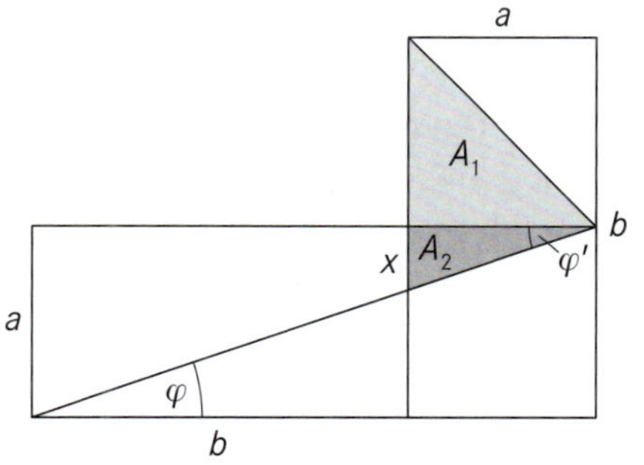

7 $V_{\text{Zylinder}} = \pi \cdot r^2_{\text{Zylinder}} \cdot h$

$V_{\text{Kegel}} = \frac{1}{3}\pi \cdot r^2_{\text{Kegel}} \cdot h \Rightarrow r_{\text{Kegel}} = \sqrt{\frac{3 \cdot V_{\text{Kegel}}}{\pi \cdot h}}$

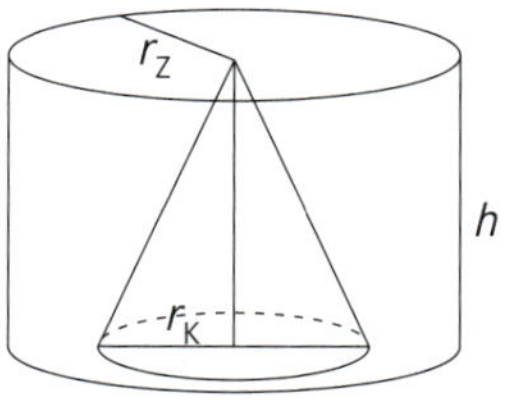

$V_{\text{Zylinder}} = 785{,}4\,\text{cm}^2$; $V_{\text{Kegel}} = 0{,}2 \cdot V_{\text{Zylinder}} = 157{,}1\,\text{cm}^2$; $r_{\text{Kegel}} = 3{,}9\,\text{cm}$

Die Oberfläche des entstandenen Körpers besteht aus dem Zylindermantel, dem Kegelmantel, dem Kreis als Decke des Zylinders und dem Kreisring am Boden.

$O_{\text{Zylindermantel}} = 2 \cdot \pi \cdot r_{\text{Zylinder}} \cdot h$

$O_{\text{Kegelmantel}} = \pi \cdot r_{\text{Kegel}} \cdot \sqrt{r^2_{\text{Kegel}} + h^2}$

$O_{\text{Kreis}} = \pi \cdot r^2_{\text{Zylinder}}$

$O_{\text{Kreisring}} = \pi \cdot \left(r^2_{\text{Zylinder}} - r^2_{\text{Kegel}}\right)$

$O_{\text{ges}} = 314{,}16\,\text{cm}^2 + 131{,}51\,\text{cm}^2 + 78{,}54\,\text{cm}^2 + 30{,}76\,\text{cm}^2 = 554{,}97\,\text{cm}^2$

Kapitel III Wahrscheinlichkeit und Statistik

1 Statistische Bearbeitung von Daten

Aufgaben zu den Grundfertigkeiten

1 **a.** $\overline{x} = 2{,}025\,m$ **b.** $m_1 = 1{,}95\,m$ (2 Mal) und $m_2 = 2{,}05\,m$ (2 Mal)

2 **a.** $\overline{x} = 33{,}10$ €; größter Betrag: 54 €, kleinster Betrag: 15 €

b. $w = 39$ € **c.** $Z = \frac{30\,€ + 31\,€}{2} = 30{,}5$ € **d.** $a = 10{,}92$ €

Aufgaben zum Trainieren

3 **a.** sehr gut: 3 Arbeiten, mangelhaft: 5 Arbeiten

b. $\overline{x} = 3{,}39$; $Z = 3{,}5$

Die Aussagekraft des Median ist nicht eindeutig, weil jede Note mehrfach und in wechselnder Häufigkeit vorkommt. Der Median ist immer 3,5, wenn alle Noten vergeben wurden, bei einem anderen Resultat der Arbeit könnte der Median viel besser bzw. viel schlechter als der Mittelwert sein.

c. Alle Noten kommen mehrfach vor, am häufigsten (Modalwert) die 3.

4 **a.** $\overline{x} = 31\,667$; $Z = 31\,000$

Der Mittelwert und der Median sind dicht beieinander und besitzen nur eine Differenz von ca. 667 Ausbildungsplätzen. Die Angabe des Medians ist hier genauso aussagekräftig wie die des Mittelwerts.

b. $w = 40\,000 - 24\,000 = 16\,000$

c. Die meisten Ausbildungsplätze wurden 2001 angeboten (40 000), die wenigsten 2006 (24 000).

d. $a = 4296{,}30$

5 **a.** Höchster Wert im Juni: 158 €, niedrigster Wert im November: 50 €

b. $Z = \frac{100\,€ + 97\,€}{2} = 98{,}5$ €

c. $\overline{x} = 101{,}92$ €

d. $w = 158\,€ - 50\,€ = 108$ €

2 Wahrscheinlichkeitsrechnung: Grundbegriffe

Aufgaben zu den Grundfertigkeiten

1 Absolute Häufigkeit: $H = 29$; relative Häufigkeit: $h = \frac{29}{203} \approx 0{,}1429 = 14{,}29\,\%$

2 **a.** 300 Mal **b.** Bedruckte Seite oben: $H = 90$, $h = 30\,\%$; unbedruckte Seite oben: $H = 210$, $h = 70\,\%$

c. 90 Mal **d.** Nein, denn das Ergebnis „unbedruckte Seite oben“ ist wahrscheinlicher als „bedruckte Seite oben“. 300 Würfe sind ausreichend viele, um Zufall als Ursache für den ungleichen Ausgang auszuschließen.

3 $p = \frac{2}{6} \approx 33{,}33\,\%$; Gegenwahrscheinlichkeit: $p = 1 - p \approx 66{,}67\,\%$

Aufgaben zum Trainieren

4 **a.** wahrscheinlich (p = 50 %) **b.** wahrscheinlich **c.** sicher **d.** wahrscheinlich **e.** sicher **f.** wahrscheinlich (p klein)

5 vier: h = 24 %; drei: h = 16 %; eins: h = 20 %

6 **a.** p = 12,5 % **b.** p = 50 % **c.** p = 37,5 %

7 **a.** p = 50 % **b.** p = 50 % **c.** p = 20 %

8 **a.** 10 Kugeln **b.** 25 Kugeln **c.** 75 Kugeln **d.** 5 Kugeln **e.** 20 Kugeln **f.** 100 Kugeln

9 Note 1: h = 6,25 % Note 2: h = 12,5 % Note 3: h = 34,375 % Note 4: h = 18,75 % Note 5: h = 25 % Note 6: h = 3,125 %

10 **a.** p = 5 % **b.** p = 12,5 % **c.** p = 50 %

11 Kino: 100 Personen Freunde treffen: 130 Personen Sport: 310 Personen Fernsehen: 240 Personen Kochen: 80 Personen Einkaufsbummel: 140 Personen

3 Wahrscheinlichkeitsrechnung: Mehrstufiges Zufallsexperiment

Aufgaben zu den Grundfertigkeiten

1 **a.**

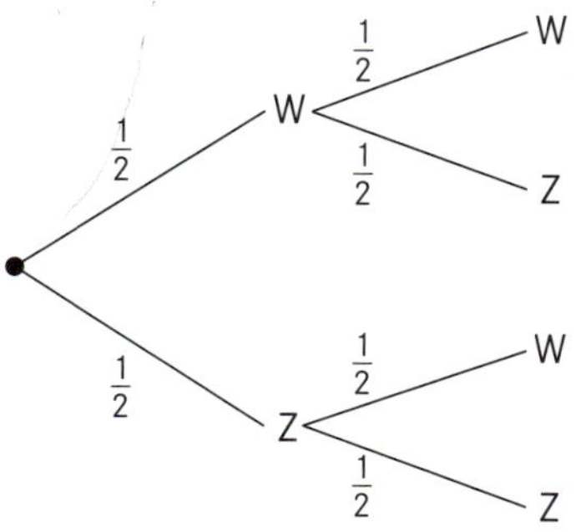

b. Wappen-Wappen: $p = \frac{1}{2} \cdot \frac{1}{2} = \frac{1}{4} = 25\,\%$; Wappen-Zahl: $p = \frac{1}{2} \cdot \frac{1}{2} = \frac{1}{4} = 25\,\%$

2 **a.** Es kann beim ersten, zweiten oder dritten Mal ein Ass gezogen werden:
$p = \frac{4}{32} \cdot \frac{28}{31} \cdot \frac{27}{30} + \frac{28}{32} \cdot \frac{4}{31} \cdot \frac{27}{30} + \frac{28}{32} \cdot \frac{27}{31} \cdot \frac{4}{30} \approx 30{,}5\,\%$

b. Es kann beim ersten und zweiten, ersten und dritten oder zweiten und dritten Mal ein Ass gezogen werden: $p = \frac{4}{32} \cdot \frac{3}{31} \cdot \frac{28}{30} + \frac{4}{32} \cdot \frac{28}{31} \cdot \frac{3}{30} + \frac{28}{32} \cdot \frac{4}{31} \cdot \frac{3}{30} \approx 3{,}39\,\%$

c. Es muss jedes Mal ein Ass gezogen werden: $p = \frac{4}{32} \cdot \frac{3}{31} \cdot \frac{2}{30} \approx 0{,}081\,\%$

3 **a.** $p = \frac{1}{2} \cdot \frac{1}{2} \cdot \frac{1}{2} = \frac{1}{8} = 12{,}5\,\%$

b. Es kann beim ersten, zweiten oder dritten Wurf Wappen erscheinen, es gibt also 3 Möglichkeiten für ein positives Ergebnis: $p = \frac{1}{2} \cdot \frac{1}{2} \cdot \frac{1}{2} + \frac{1}{2} \cdot \frac{1}{2} \cdot \frac{1}{2} + \frac{1}{2} \cdot \frac{1}{2} \cdot \frac{1}{2} = \frac{3}{8} = 37{,}5\,\%$

c. „Genau zweimal Wappen" entspricht „einmal Zahl", die Wahrscheinlichkeit berechnet sich also wie in b. $p = \frac{1}{2} \cdot \frac{1}{2} \cdot \frac{1}{2} + \frac{1}{2} \cdot \frac{1}{2} \cdot \frac{1}{2} + \frac{1}{2} \cdot \frac{1}{2} \cdot \frac{1}{2} = \frac{3}{8} = 37{,}5\,\%$

Aufgaben zum Trainieren

4 **a.** Die Wahrscheinlichkeit für Wappen und Zahl ist je $\frac{1}{2}$, die für jede Zahl des Würfels jeweils $\frac{1}{6}$.

b. Es gibt 12 mögliche Ergebnisse, die alle die Wahrscheinlichkeit $p = \frac{1}{12}$ haben.

5 **a.** Die Wahrscheinlichkeit für jede CD beträgt $\frac{1}{3}$. Die Wahrscheinlichkeiten für jeden Titel einer CD sind gleich, also $\frac{1}{4}$ für die Titel der ersten und dritten CD, $\frac{1}{3}$ für die der zweiten.

b. $p = \frac{1}{3} \cdot \frac{1}{4} = \frac{1}{12} \approx 8{,}33\,\%$

6 $p = \frac{1}{4} \cdot \frac{1}{3} \cdot \frac{1}{2} \cdot \frac{1}{1} = \frac{1}{24} \approx 4{,}167\,\%$

7 Ein positives Ereignis (gewürfelte 6) tritt ein, wenn
1. beim ersten Mal eine 6 gewürfelt wird oder
2. beim ersten Mal keine 6, aber beim zweiten Mal eine 6 gewürfelt wird oder
3. bei den ersten beiden Malen keine 6, aber beim dritten Mal eine 6 gewürfelt wird:

$p = \frac{1}{6} + \frac{5}{6} \cdot \frac{1}{6} + \frac{5}{6} \cdot \frac{5}{6} \cdot \frac{1}{6} = \frac{91}{216} \approx 42{,}13\,\%$.

8 Mit den gegebenen Scheinen kann die Summe im Geldbeutel nur dann 20 € betragen, wenn zwei 5-€-Scheine und ein 10-€-Schein gezogen wird. Der 10-€-Schein kann als erstes, zweites oder drittes gezogen werden.

$p = \frac{3}{6} \cdot \frac{3}{5} \cdot \frac{2}{4} + \frac{3}{6} \cdot \frac{3}{5} \cdot \frac{2}{4} + \frac{3}{6} \cdot \frac{2}{5} \cdot \frac{3}{4} = \frac{9}{20} = 45\,\%$

9 Es gibt 28 Kombinationsmöglichkeiten.

10 **a.**

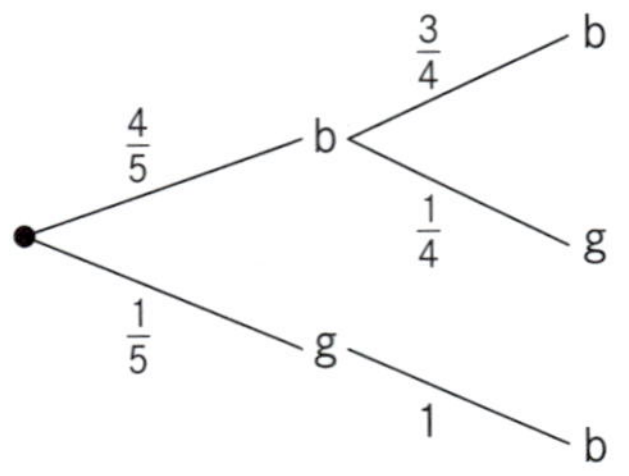

b. Ergebnis blau-blau: $p = \frac{4}{5} \cdot \frac{3}{4} = \frac{3}{5} = 60\,\%$; Ergebnis blau-gelb: $p = \frac{4}{5} \cdot \frac{1}{4} = \frac{1}{5} = 20\,\%$;

Ergebnis gelb-blau: $p = \frac{1}{5} \cdot \frac{1}{1} = \frac{1}{5} = 20\,\%$

c. „Mindestens eine blaue Karte" wird bei allen drei möglichen Ergebnissen gezogen: $p = 1$.

11 Würfeln: $p = \frac{1}{6} \cdot \frac{1}{6} = \frac{1}{36} \approx 2{,}78\,\%$; Münzwurf: $p = \frac{1}{2} \cdot \frac{1}{2} \cdot \frac{1}{2} \cdot \frac{1}{2} \cdot \frac{1}{2} = \frac{1}{32} = 3{,}125\,\%$

Beim Münzwurf ist die Gewinnwahrscheinlichkeit größer.

Kapitel IV Diagramme

1 Diagramme

Aufgabe zu den Grundfertigkeiten

1 **a.**

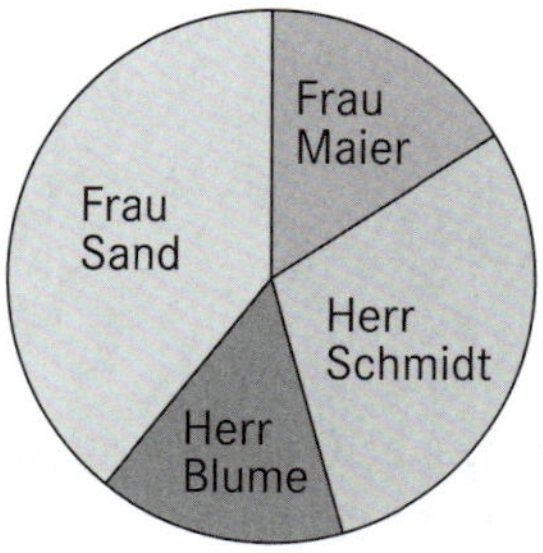

b.

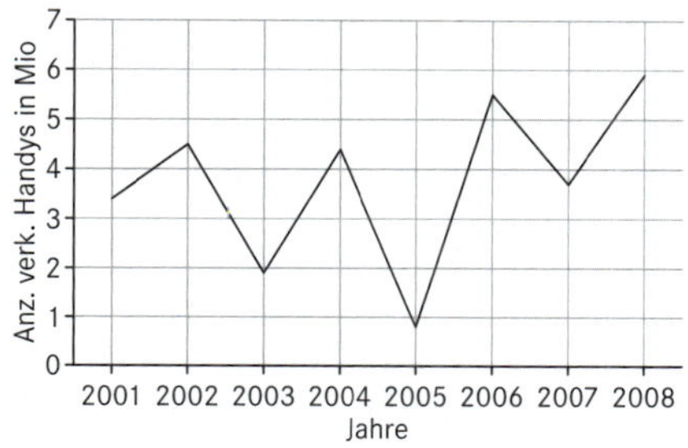

Aufgaben zum Trainieren

2 **a.** Der Verkauf war 1999 am höchsten mit 47 000 verkauften Autos und 2000 am niedrigsten mit 20 000 verkauften Autos.

b. Mögliche Gründe für den Verkaufseinbruch könnten sein: hohe Arbeitslosigkeit, Preissteigerungen oder ein Modellwechsel.

c. Ja, die Verkaufszahlen stiegen 2003 um 7000 Autos, was an dem neuen Modell liegen könnte.

3 (A) Ja, denn kurz nach 7 Uhr steigt die Geschwindigkeit schnell auf 120 $\frac{km}{h}$

(B) Nein, die Geschwindigkeit 170 $\frac{km}{h}$ wird überhaupt nicht erreicht.

(C) Ja, in dieser Zeit stand das Auto.

(D) Ja, „stop and go" Verkehr herrschte von 10:30 bis 12:00 Uhr

(E) Ja, zu dieser Zeit wurde kurz angehalten

(F) Nein, um 15:00 Uhr sank die Geschwindigkeit zwar kurz auf 100 $\frac{km}{h}$, aber nicht für 45 Minuten und 100 $\frac{km}{h}$ ist auch zu schnell für einen Stau.

(G) Ja, um 16:30 Uhr sank die Geschwindigkeit kurz auf ca. 50 $\frac{km}{h}$.

(H) Nein, das Auto wurde schon ab 17:30 Uhr nicht mehr bewegt.

4 **a.** Höchster Ort: Winberg mit 1007 m; niedrigster Punkt: Neutal mit 137 m

b. Die Strecke geht zunächst bis Winberg bergauf, dann bergab, die Luftlinie geht leicht bergab.

c. Deutel-Neutal: 853 m − 137 m = 716 m, Neutal liegt 716 m tiefer als Deutel.

d. Von Winberg nach Gußtal geht es am steilsten bergab.

e. Die Orte der Fahrradtour liegen im Durchschnitt auf 5334 m : 10 = 533,4 m.

5 **a.** Jungen: Fußball, Handball, Basketball; Mädchen: Volleyball, Basketball, Jazztanz

b. Ja, Jazztanz, Basketball, Volleyball, Hockey, Leichtathletik und Schwimmen

c. Hockey spielen mehr Mädchen: ca. 12 % und nur 8 % der Jungen.

d. Die Jungen: Von insgesamt 18 % Handballspielern und -spielerinnen sind 14 % Jungen.

e. Nachteile der Darstellung: Die Diagrammdarstellung ist unübersichtlich, vor allem kann man die Prozentzahlen der Mädchen nur über Differenzbildung erhalten und nicht sofort ablesen. Ein Vorteil ist der direkte Überblick zwischen Beliebtheitswerten bei Mädchen und Jungen. Ein Kurvendiagramm ist übersichtlicher und man kann die konkreten Werte direkt ablesen.

6 a.

10 a	5	7	0	0	1	1	2	10	13	18	20	27	1	1	3	18	10	8
10 b	15	11	10	2	20	18	3	11	13	14	14	20	18	15	2	8	14	

10 a: Minimum: 0; unteres Quartil: 1; Zentralwert: 6; oberes Quartil: 13; Maximum: 27

10 b: Minimum: 2; unteres Quartil: 10; Zentralwert: 14; oberes Quartil: 15; Maximum: 20

b.

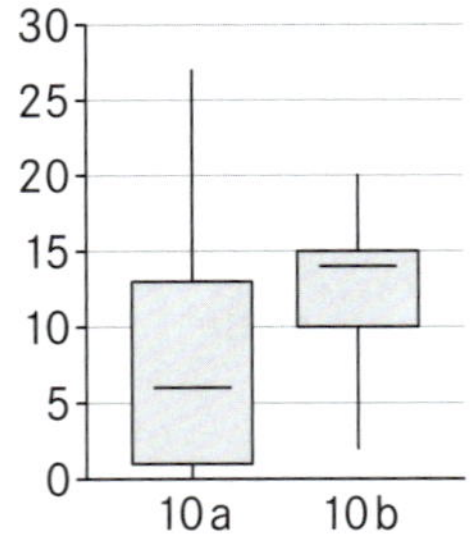

c. Die Dauer der Facebook-Nutzung in Klasse 10 a variiert mehr als in Klasse 10 b: Minimal- und Maximalwert liegen weiter auseinander und die Spannweite ist größer (27 gegen 18).
Während in der 10 a nur 22 % Facebook länger als 14 Minuten nutzen, sind es in der 10 b 50 %.
Die Werte der 10 a sind weiter gestreut. So liegt die Hälfte der Werte zwischen 1 und 13 Minuten Facebook-Nutzung, bei der 10 b liegt die Hälfte zwischen 10 und 15 Minuten.

7 a. Gruppe 1: Min: 495; q_u: 499; Z: 502; q_o: 503; Max: 508
Gruppe 2: Min: 499; q_u: 501; Z: 502; q_o: 503; Max: 503
Gruppe 3: Min: 496; q_u: 498; Z: 501; q_o: 504; Max: 505

b. I: falsch; II: richtig; III: richtig

2 Daten in Form von linearen Funktionen

Aufgaben zu den Grundfertigkeiten

1 a. $y = \frac{1}{10}x + 28$ **b.** $y = 5x + 30$ **c.** $y = x$ **d.** $y = -\frac{2}{25}x + 40$

Aufgaben zum Trainieren

2 a. $y = 0{,}03x + 18$

c. $y = 0{,}03 \cdot 360 + 18 = 28{,}80$, also 28,80 €

3 a. $y = 8x + 24$

c. Die Kosten für 3 Stunden betragen 48 €, also 24 € für jeden.

4 a. Coffeebowling: $y = 7{,}5x + 36$; Nightbowling: $y = 12x + 24$

c. Kosten im Tarif Coffeebowling: $y = 7{,}5 \cdot 2 + 36 = 51$, also 51 €
Kosten im Tarif Nightbowling: $y = 12 \cdot 2 + 24 = 48$, also 48 €
Für sechs Personen und 2 Stunden Bowlingzeit ist das Angebot „Nightbowling“ billiger.

5 a. Firma A: $y = \frac{1}{2} \cdot x + 150$; Firma B: $y = x + 25$

b. Kosten bei 200 km Fahrzeugnutzung: Firma A: 250 €; Firma B: 225 €, Firma B ist um 25 € günstiger.

c. Kosten bei 400 km Fahrzeugnutzung: Firma A: 350 €; Firma B: 425 €, Firma A ist um 75 € günstiger.

6 **a.** Videoshop: $y = 4x$; DVD-Star: $y = 0{,}8x + 15$; Movienight: $y = 5x$ für $x < 4$, $y = 5x - 8$ für $x \geq 4$

b.

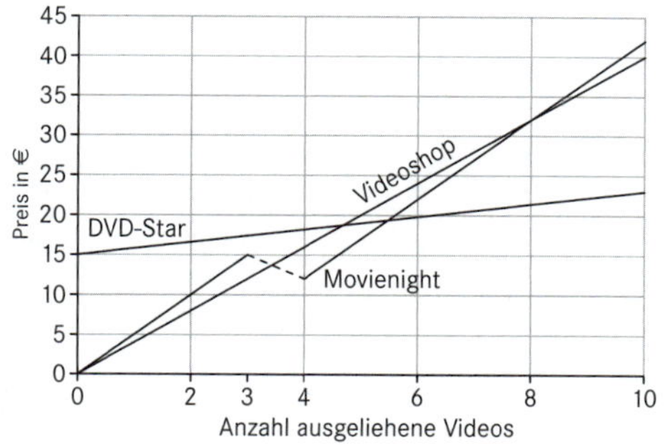

c. Kosten für 5 Videos: Videoshop: 20 €; DVD-Star: 19 €; Movienight: 17 €
Anbieter Movienight ist am günstigsten, weil es ab 4 Videos 8 € Rabatt gibt.

d. Kosten für 15 Videos: Videoshop: 60 €; DVD-Star: 27 €; Movienight: 67 €

3 Daten aus Texten entnehmen

Aufgaben zu den Grundfertigkeiten

1 **a.** Zahlen zum Rapsanbau

	Landwirte	Fläche in ha	Anteil an der landwirtschaftlichen Nutzfläche
2006	56 862	128 456	5,6 %
2008	58 421	130 000	

b. Entwicklung der Ich-AGs

	Ich-AGs	Zuwachs in Prozent %
2005	635	
2006		+ 10,5 % (von 635)
2007	4230	
2008		+ 4,8 % (von 4230)

Aufgaben zum Trainieren

2 Entwicklung der Mietkosten

Ort/Jahr	Köln/2003	Frankfurt/2004	Stuttgart/2005	Berlin/2006	Berlin/2009
Miete	660 €	714,78 €	783,40 €	749,71 €	803,69 €

a. 714,78 € **b.** 123,40 € **c.** 2009 in Berlin **d.** 749,71 €

e. Ja, die Berliner Wohnung kostet 2009 etwa 12,44 % mehr als die Frankfurter Wohnung 2004.

3 **a.** Nein, auch die Anzahl an 26–40-Jährigen nimmt ab.

b. Es wird 2015 400 % mehr Personen über 60 Jahre geben als 1960.

c. 2015 wird es – bezogen auf 100 Menschen – 16 Personen weniger zwischen 0 und 10 Jahren geben. Das sind 76,19 % weniger als 1960.

Kapitel V

Prüfungsaufgaben 2012

Lösungshinweise

Aufgabe 1

a. Du kannst den Grundwert mit dem Dreisatz, mit einer Verhältnisgleichung oder mit der Grundformel (aus der Formelübersicht) berechnen.

b. In jedem Dreieck beträgt die Summe der Innenwinkel 180°.

c. Die Parabel ist auf der y-Achse vertikal verschoben. Du kannst den Scheitelpunkt mit der Scheitelpunktform bestimmen.

d. Berechne den Prozentwert mit der Grundformel bzw. mit der Gleichung zur Berechnung der Wahrscheinlichkeit P.

e. Setze nacheinander die Lösungen x_1 und x_2 in die Gleichung ein. Wenn du bei einer Lösungsmenge wahre Aussagen erhältst, entfällt die leere Lösungsmenge.

f. Klammere $2y$ aus dem Term aus; beachte, dass der Ausdruck in beiden Summanden des Terms ausgeklammert werden muss.

g. Zwei Geraden können sich in genau einem Punkt schneiden, parallel zueinander sein (keinen Punkt gemeinsam) oder identisch sein (unendlich viele Punkte gemeinsam). Dies kannst du den Funktionsgleichungen ($y = mx + n$) entnehmen.

h. Ermittle die Anzahl der günstigen und der möglichen Ergebnisse.

Aufgabe 2

a. Lies die Scheitelpunktkoordinaten der Parabel ab; beachte die Reihenfolge $S(x|y)$.

b. Nutze die Scheitelpunktform (Formelübersicht) und setze den Scheitelpunkt ein, den du in Aufgabenteil a. bestimmt hast.

c. Zeichne zuerst den Punkt P ein. Die Verschiebung kannst du mit einem Geodreieck, mit einer Parallelverschiebung (Dreieck und Lineal) oder im vorgegeben Punkt mit einem Steigungsdreieck vornehmen.

d. Parallele Geraden haben den gleichen Anstieg (oder die gleiche Steigung) m.

Aufgabe 3

a. Gegeben sind in dem rechtwinkligen Dreieck ACD ein Winkel und eine Seite. Die gesuchte Seite kann z. B. mit dem Tangens oder mit einer maßstäblichen Konstruktion bestimmt werden.

b. Rechne mit dem Kosinus im rechtwinkligen Dreieck oder mit dem Sinussatz im Dreieck ABC.

c. Berechne zuerst die Fläche des Dreiecks ABC. Das geht mit der Formel für den Flächeninhalt eines Dreiecks (Formelübersicht). Du kannst auch die Fläche des rechtwinkligen Dreiecks ACD berechnen und von der gegebenen Gesamtgröße des Grundstücks abziehen.

Aufgabe 4

a. Zerlege die Rasenfläche in zwei geometrische Formen und berechne den Flächeninhalt. Entscheide dann, ob die Rasensamen reichen. Formuliere unbedingt einen Antwortsatz.

b. Zeichne den Kübel als Kreiszylinder in einer vereinfachten räumlichen Darstellung. Trage die Höhe h und den Durchmesser $d = 2r$ ein.

c. Berechne das Volumen eines Zylinders und damit die erforderliche Menge Erde. Gib das Ergebnis unbedingt als ganze Zahl und in einem Antwortsatz an.

Aufgabe 5

a. Zeichne zuerst den Punkt P ein und schaue dann, was von den Geraden noch gegeben ist. Für die Gerade h kannst du die Koordinaten des Punktes P in $y = mx$ einsetzen.

b. Lies die Schnittpunkte mit der y-Achse im Koordinatensystem ab und bestimme die Anstiege (Steigungen) m. Setze jeweils m und n in die Funktionsgleichung $y = mx + n$ ein.

c. Parallele Geraden haben gleiche Anstiege m. Es gibt unendlich viele Lösungen.

Aufgabe 6

a. Die Angaben der Kerzenproduktion erfolgen in Tausend Tonnen. Berechne den Prozentwert mit der Grundformel.

b. Wie viel Grad eines Winkels im Kreisdiagramm entsprechen einem Prozent?

c. Sind die Größenverhältnisse richtig dargestellt? Vergleiche die Höhen der Kerzen mit den zugehörigen Angaben.

Aufgabe 7

a. Rechne Liter in Milliliter um.

b. Es handelt sich im ein exponentielles Wachstum (warum?): Fertige eine Wertetabelle von 0 bis 5 Stunden an und schreibe das Ergebnis als abgetrennte Zehnerpotenz.

c. Es handelt sich nun um ein lineares Wachstum. Fertige eine Wertetabelle von 0 bis 5 Stunden an und übertrage die Werte in ein Koordinatensystem. Für das lineare Wachstum gilt die allgemeine Funktionsgleichung $y = mx + n$.

Aufgabe 8

a. Berechne die Anzahl der Nieten und ihren prozentualen Anteil an allen Losen.

b. Wende bei den Berechnungen von E_1 und E_2 die Produktregel an. Vergleiche die Ergebnisse miteinander.

c. Was folgt aus der Produkt- und Summenregel in diesem Beispiel und welche Werte muss man einsetzen?

Ausführliche Lösung

Aufgabe 1: Basisaufgaben

a. Rechne mit der Prozentformel aus der Formelübersicht: $\frac{W}{p} = \frac{G}{100}$.
Nach G umgestellt lautet sie: $G = W \cdot \frac{100}{p}$, hier werden die Zahlenwerte eingesetzt.
$G = 15\,000\text{ €} \cdot \frac{100}{25}$
$G = 60\,000\text{ €}$

b. Die Innenwinkelsumme im Dreieck beträgt 180°, $\alpha + \beta + \gamma = 180°$.
Zwei mögliche Lösungen sind damit 30° + 50° + 100° = 180° oder 30° + 30° + 120° = 180°.

c. Die quadratische Funktion $y = x^2 - 3$ ist eine Normalparabel (vor x^2 steht eine 1), die entlang der y-Achse verschoben ist (wegen −3). Damit ergibt sich der Scheitelpunkt: $S(0\,|\,-3)$.
Man kann die Gleichung der Funktion auch in die Scheitelpunktform umwandeln,
$y = x^2 - 3 = (x + 0)^2 - 3$, und den Scheitelpunkt dann ablesen: $-d = 0$; $e = -3$, also $S(0\,|\,-3)$.

d. Rechne mit der Formel für Wahrscheinlichkeit: $P = \frac{n_{\text{günstig}}}{n_{\text{möglich}}}$, nach $n_{\text{günstig}}$ umgestellt lautet sie:
$n_{\text{günstig}} = P \cdot n_{\text{möglich}}$.
Es gilt $P = 60\,\% = 0{,}6$ und $n_{\text{möglich}} = 10$, damit ergibt sich $n_{\text{günstig}} = 0{,}6 \cdot 10 = 6$.
Die Urne enthält 6 weiße Kugeln.

e. Die Lösungen dieser Gleichung sind Nullstellen einer Parabel. Gibt es zwei Lösungen $L = \{x_1; x_2\}$, so liegt der Scheitel der Parabel unter der x-Achse, bei keiner Lösung $L = \{\,\}$ ist der Scheitel der Parabel über der x-Achse.
Setze die gegebenen Lösungen x_1 und x_2 in die Ausgangsgleichung $0 = x(x - 4)$ ein:
$L = \{0; -4\}$ x_1: $0 = 0\,(0 - 4) = 0$: wahre Aussage
x_2: $0 = -4\,(-4 - 4) = -4\,(-8) = 32 \neq 0$: falsche Aussage
$L = \{0; 4\}$ x_1: $0 = 0\,(0 - 4) = 0$: wahre Aussage
x_2: $0 = 4\,(4 - 4) = 0$: wahre Aussage
Die Lösungsmenge ist also $L = \{0; 4\}$
Da es Lösungen gibt (Scheitel der Parabel liegt unter der x-Achse) entfällt die leere Lösungsmenge $L = \{\,\}$.

f. gegebener Term: $2x^2y + 4xy$
$2y$ ausklammern: $2y\left(\frac{2x^2y}{2y} + \frac{4xy}{2y}\right)$
in der Klammer kürzen: $2y\,(x^2 + 2x)$

g. Am Anstieg (m in der Gleichung $y = mx + n$) erkennst du, wie die Geraden zueinander liegen. Haben zwei Geraden den gleichen Anstieg, dann liegen sie parallel oder aufeinander.
Die zwei Geraden g und h schneiden sich
- in einem Punkt, wenn m und n unterschiedlich sind (trifft hier nicht zu),
- in unendlich vielen Punkten, wenn m und n gleich sind (trifft hier nicht zu),
- in keinem Punkt, wenn m gleich ist und n unterschiedlich (trifft hier zu).

Richtig ist also die dritte Antwortmöglichkeit „keinen“.

h. Rechne mit der Formel für Wahrscheinlichkeit: $P = \frac{n_{\text{günstig}}}{n_{\text{möglich}}}$.
Dass die entnommene Münze aus Deutschland oder Frankreich kommt, sind 2 günstige Ergebnisse von insgesamt 5 möglichen Ergebnissen (5 Länder).
Werte einsetzen und ausrechnen: $P = \frac{2}{5} = 0{,}4 = 40\,\%$.

Aufgabe 2: Funktionen

a. Die Scheitelpunktkoordinaten der Parabel werden am Bild abgelesen:
Die x-Koordinate ist 1, die y-Koordinate ebenfalls 1, also gilt $S(1 \mid 1)$.

b. Die Funktionsgleichung der Parabel kann man bestimmen, indem man den Scheitelpunkt in die Scheitelpunktform einer Parabelgleichung einsetzt:
Scheitelpunktform: $f(x) = (x + d)^2 + e$
Der Scheitelpunkt ist $S(1 \mid 1)$, für den Scheitelpunkt gilt: $S(-d \mid e)$. Setzt man die Werte ein, so erhält man $f(x) = (x - 1)^2 + 1$.

c.

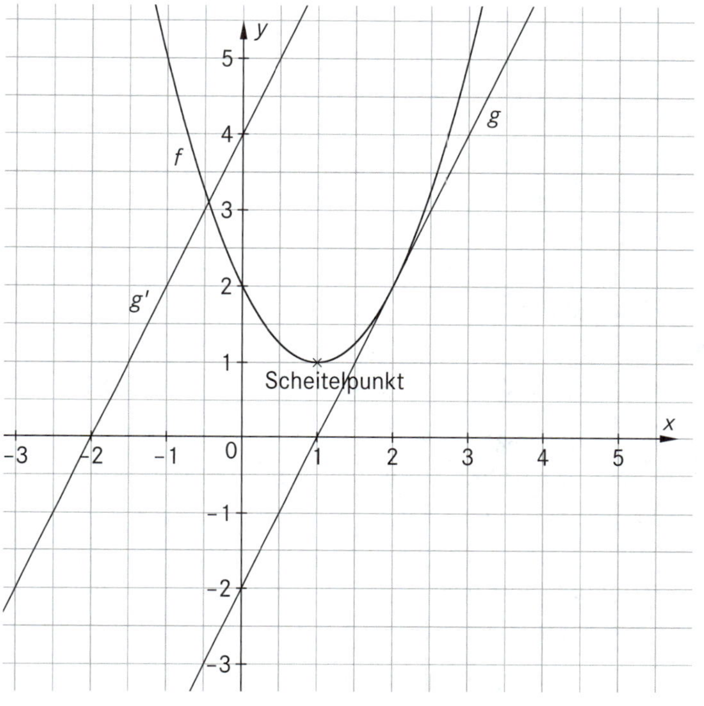

d. Funktionsgleichung der Geraden g' bestimmen:
Die Geraden liegen parallel zueinander, also haben g und g' den gleichen Anstieg ($m = 2$).
Der Schnittpunkt mit der y-Achse (n) ist 4, das kann man der Zeichnung entnehmen.
Setzt man m und n in die allgemeine Funktionsgleichung $y = mx + n$ ein, erhält man die Funktionsgleichung für g': $y = 2x + 4$.

Aufgabe 3: Grundstück

a. Erste Lösungsmöglichkeit über den Tangens:
Das Dreieck ACD ist rechtwinklig, für den Tangens gilt also:

$$\tan \alpha = \frac{\text{Gegenkathete}}{\text{Ankathete}} = \frac{\overline{AD}}{\overline{CD}} = \frac{\overline{AD}}{60\text{ m}}$$

Stellt man nach $\overline{AD}$ um und rechnet die Werte aus, erhält man:
$\overline{AD} = 60\text{ m} \cdot \tan 28° = 31{,}902...\text{ m}$. Auf volle Meter gerundet ergibt dies: $\overline{AD} \approx 32\text{ m}$.

Zweite Lösungsmöglichkeit mit einer Konstruktion:
Fertige eine maßstäbliche Konstruktion im Maßstab 1 cm : 10 m des rechtwinkligen Dreiecks an. Zeichne dazu die Strecke $\overline{DC}$ und trage die beiden gegebenen Winkel an den Endpunkten ab.
Miss dann die Länge der Strecke $\overline{AD}$. Sie beträgt etwa $\overline{AD} \approx 3{,}2$ cm.
Rechne die Originallänge mit dem Maßstab aus: 3,2 cm entsprechen 32 m.

b. Erste Lösungsmöglichkeit (Satz des Pythagoras im Dreieck *ACD*):
Mit dem Satz des Pythagoras gilt: $\overline{AC}^2 = \overline{AD}^2 + \overline{CD}^2$,
Werte einsetzen: $\overline{AC}^2 = (31{,}9\ \text{m})^2 + (60\ \text{m})^2$,
Wurzel ziehen: $\overline{AC} = \sqrt{4617{,}61\ \text{m}^2} \approx 67{,}95$ m,
auf volle Meter gerundet: $\overline{AC} \approx 68$ m.

Zweite Lösungsmöglichkeit (Kosinus im Dreieck *ACD*):
Für den Kosinus im rechtwinkligen Dreieck *ACD* gilt
$\cos 28° = \frac{\text{Ankathete}}{\text{Hypotenuse}} = \frac{60\ \text{m}}{\overline{AC}}$.
Stellt man nach $\overline{AC}$ um und berechnet, so erhält man
$\overline{AC} = 60\ \text{m} : \cos 28° = 67{,}954\ldots$ m,
auf volle Meter gerundet: $\overline{AC} \approx 68$ m.

Dritte Lösungsmöglichkeit (Sinussatz im Dreieck *ABC*):
Mit dem Sinussatz im Dreieck *ABC* gilt: $\frac{24\ \text{m}}{\sin 19°} = \frac{\overline{AC}}{\sin 113°}$.
Stellt man nach $\overline{AC}$ um und berechnet, so erhält man
$\overline{AC} = 24\ \text{m} \cdot \frac{\sin 113°}{\sin 19°} \approx 67{,}86$ m,
auf volle Meter gerundet: $\overline{AC} \approx 68$ m.

Vierte Lösungsmöglichkeit (maßstäbliche Konstruktion):
Miss in der maßstäblichen Konstruktion des Dreiecks *ADC* (siehe oben) die Länge der Strecke $\overline{AC}$, sie beträgt $\overline{AC} \approx 6{,}8$ cm. Rechne die Originallänge mit dem Maßstab aus: 6,8 cm entsprechen 68 m.

c. Erste Lösungsmöglichkeit (Flächeninhalt für das beliebige Dreieck *ABC*):
Die Formel für den Flächeninhalt beliebiger Dreiecke lautet: $A = \frac{1}{2} \cdot a \cdot b \cdot \sin\gamma$.
Für das Dreieck *ABC* gilt also: $A = \frac{1}{2}\,\overline{BC} \cdot \overline{AB} \cdot \sin 113°$, und damit
$A = \frac{1}{2}\,55\ \text{m} \cdot 24\ \text{m} \cdot \sin 113° \approx 608\ \text{m}^2$.
Der Verkaufspreis wird mit dem Quadratmeterpreis berechnet:
$608\ \text{m}^2 \cdot 30\ \frac{€}{\text{m}^2} = 18\,240\ €$.

Zweite Lösungsmöglichkeit (Flächeninhalt über das rechtwinklige Dreieck *ACD*):
Das rechtwinklige Dreieck *ACD* hat den Flächeninhalt: $A = \frac{1}{2}\,\overline{AD} \cdot \overline{CD}$;
setzt man die Werte ein, so erhält man $A = \frac{1}{2} \cdot 32\ \text{m} \cdot 60\ \text{m} = 960\ \text{m}^2$.
Der Flächeninhalt des gesuchten Grundstücks berechnet man nun, indem man die Fläche des Dreiecks von der gegebenen Gesamtgröße des Grundstücks abzieht:
$1568\ \text{m}^2 - 960\ \text{m}^2 = 608\ \text{m}^2$.
Der Verkaufspreis wird wieder mit dem Quadratmeterpreis berechnet:
$608\ \text{m}^2 \cdot 30\ \frac{€}{\text{m}^2} = 18\,240\ €$.

Aufgabe 4: Schulhof

a. Zuerst wird der Flächeninhalt der Fläche berechnet, auf der Rasen gesät werden soll. Dazu wird die Fläche in ein Rechteck und ein rechtwinkliges Dreieck zerlegt.

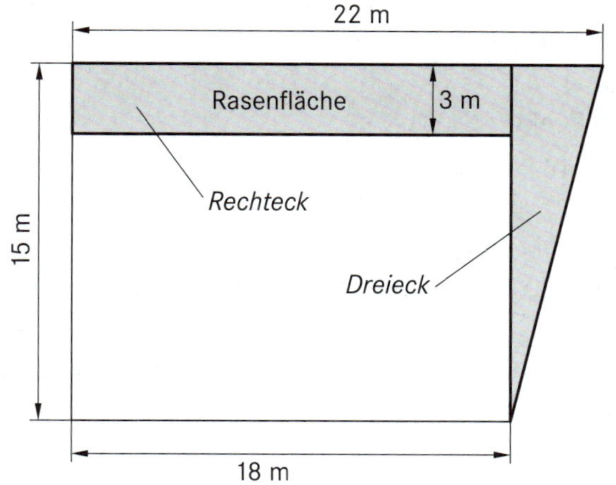

(Skizze nicht maßstabsgerecht)

Für den Flächeninhalt eines Rechtecks gilt $A = a \cdot b$, für den eines rechtwinkligen Dreiecks $A = \frac{1}{2} a \cdot b$.

Setzt man die Werte aus der Skizze ein, so erhält man:

$A = 3\text{ m} \cdot 18\text{ m} + \frac{1}{2}\, 15\text{ m} \cdot 4\text{ m}$

$A = 54\text{ m}^2 + 30\text{ m}^2 = 84\text{ m}^2$.

Eine Packung Rasensamen reicht für 35 m², zwei Packungen also für 70 m². Da $70\text{ m}^2 < 84\text{ m}^2$ ist, sind zwei Packungen für 84 m² nicht ausreichend.

b.

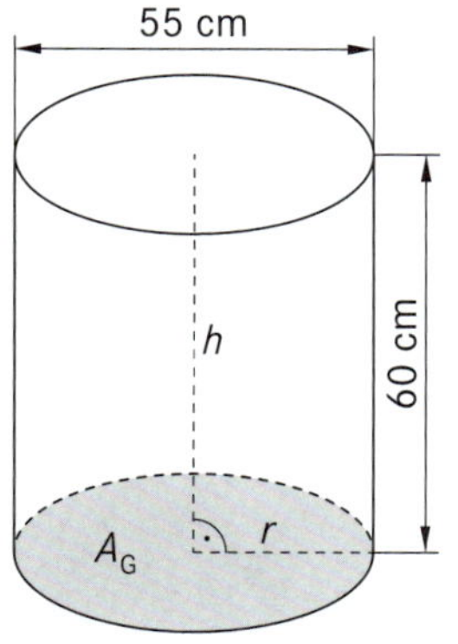

c. Zur Volumenberechnung eines der Blumenkübel geht man von der Formel für den Kreiszylinder aus:

$V = \pi \cdot r^2 \cdot h = \pi \cdot (27{,}5\text{ cm})^2 \cdot 60\text{ cm} \approx 142\,549{,}77\text{ cm}^3$.

Das Ergebnis wird in dm³ und damit in Liter umgerechnet (1 Liter = 1 dm³):

$1\text{ dm}^3 = 1000\text{ cm}^3 \rightarrow 142\,549{,}77\text{ cm}^3 \approx 142{,}5\text{ dm}^3 = 142{,}5$ Liter.

Für vier Blumenkübel gilt: $4 \cdot 142{,}5$ Liter = 570 Liter.

Ein Sack enthält 70 Liter Blumenerde, 570 Liter : 70 Liter ≈ 8,1.

Ergebnis:

Kauft man neun Säcke Blumenerde, so sind die Kübel randvoll gefüllt und es bleibt fast ein Sack übrig. Wahrscheinlich reichen acht Säcke, weil die Kübel nicht bis zum Rand gefüllt werden müssen und auch die Wurzelballen Raum einnehmen.

Aufgabe 5: Funktionsgraphen

a. Aus dem Aufgabentext kannst du die folgenden Informationen entnehmen:

- Alle Geraden gehen durch den Punkt $P(3\,|\,1)$.
- Gerade f: „Meine Steigung ist 2". Vom Punkt $P(3\,|\,1)$ gehst du zwei Einheiten nach oben und eine Einheit nach rechts, markierst den gefundenen Punkt $P'(4\,|\,3)$ und verbindest ihn mit $P(3\,|\,1)$.
- Gerade g: „Zu mir gehört auch der Punkt $(2\,|\,0)$".
  Markiere diesen Punkt und verbinde ihn mit dem Punkt $P(3\,|\,1)$.
- Gerade h: „Meine Gleichung, die ich leider vergessen habe, hat die Form $y = m \cdot x$".
  Da hier $n = 0$ ist (Schnittpunkt mit der y-Achse), muss die Funktion durch den Koordinatenursprung $(0\,|\,0)$ verlaufen. Verbinde den Ursprung mit dem Punkt $P(3\,|\,1)$.
  Alternativ kannst du die Koordinaten des Punktes $P(3\,|\,1)$ in die Gleichung $y = m \cdot x$ einsetzen und so die Steigung bestimmen: $1 = m \cdot 3$, also $m = \frac{1}{3}$.
  Vom Punkt $P(3\,|\,1)$ gehst du dann eine Einheit nach oben und drei Einheiten nach rechts, markierst den gefundenen Punkt $P''(6\,|\,2)$ und verbindest ihn mit $P(3\,|\,1)$.

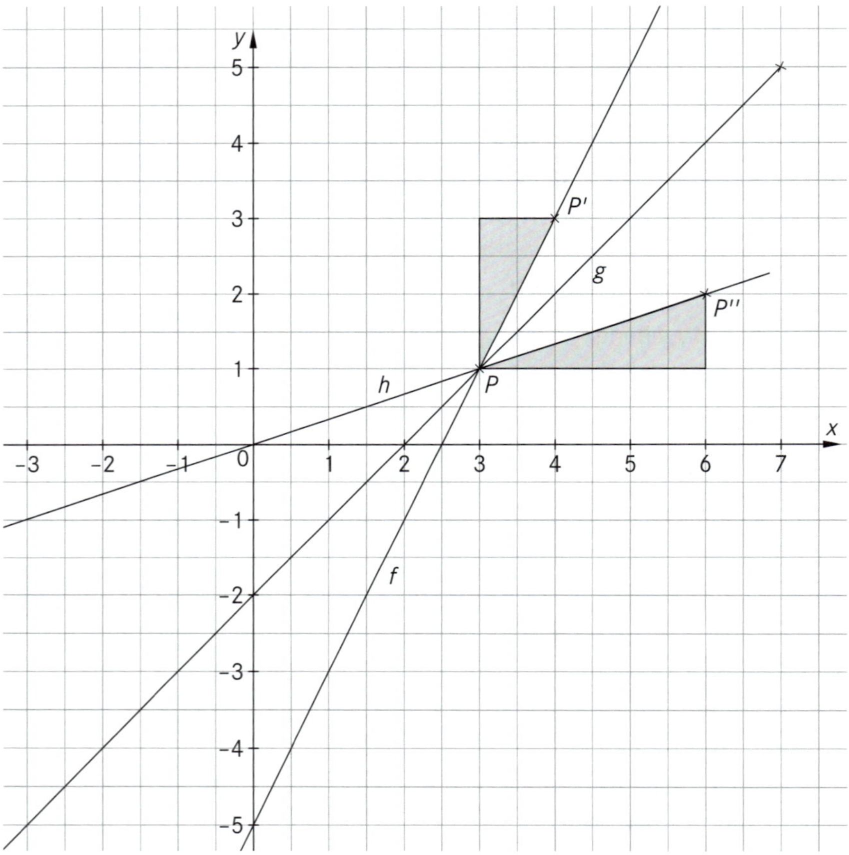

b. Die Steigungen und Schnittpunkte mit der y-Achse wurden teilweise im Aufgabenteil a. bestimmt oder können der Zeichnung entnommen werden.

Gerade	Steigung oder Anstieg (m)	Schnittpunkt mit der y-Achse (n)	Funktionsgleichung
f	2	–5	$y = 2x - 5$
g	1	–2	$y = x - 2$
h	$\frac{1}{3}$	0	$y = \frac{1}{3}x$

c. Parallele Geraden besitzen gleiche Steigungen m, es gilt also $m = 2$.
Sie können unterschiedliche Schnittpunkte n mit der y-Achse haben, sodass es unendlich viele Lösungen gibt. Eine mögliche Funktionsgleichung lautet: $y = 2x + 5$.

Aufgabe 6: Kerzenproduktion

a. Kerzenproduktion in Frankreich: Lies den Wert für Frankreich aus der Grafik ab und multipliziere ihn mit tausend Tonnen: 10,2 · 1000 t = 10 200 t
Benötigtes Bienenwachs: Aus der zweiten Grafik kannst du ablesen, dass eine Kerze zu 2 % aus Bienenwachs besteht. Das insgesamt benötigte Bienenwachs kannst du entweder mit dem Dreisatz oder der Prozentformel berechnen:

Dreisatz:

100 %	10 200 t
1 %	102 t
2 %	204 t

Prozentformel:
geg.: $G = 10\,200$ t, $p = 2\,\%$
ges.: W

$$W = \frac{p \cdot G}{100}$$

$$W = \frac{2 \cdot 10\,200\text{ t}}{100}$$

$W = 204$ t

b. In der Grafik sind die Kerzenrohstoffe in Prozent angegeben. Lies den Anteil an Paraffin ab: 85 %. Den Winkel berechnest du z. B. mit dem Dreisatz:

100 %	360°
1 %	3,6°
85 %	306°

c. Größenverhältnisse im Diagramm:

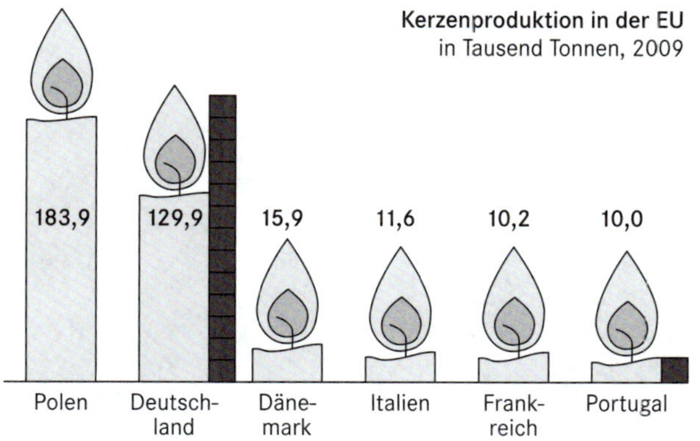

Die Kerzenproduktion in Deutschland ist ungefähr 13-mal so hoch wie in Portugal. Also müsste die Kerze für Deutschland 13-mal so hoch sein wie die von Portugal, sie ist aber deutlich kleiner. Die Größen der Kerzen sind nicht im richtigen Verhältnis zur Kerzenproduktion dargestellt.

Aufgabe 7: Kuhmilch

a. Rechne die gegebenen Keime pro ml in Keime pro l um:
1 l = 1000 ml → 500 Keime · 1000 = 500 000 Keime.
In einem Liter frisch gemolkener Kuhmilch sind 500 000 Keime enthalten.

b. Die Anzahl der Keime verdoppelt sich jede Stunde. Lege eine Wertetabelle an:

Stunden (x)	0	1	2	3	4	5
Keime (y)	500 000	1 000 000	2 000 000	4 000 000	8 000 000	16 000 000
	$5 \cdot 10^5$	$1 \cdot 10^6$	$2 \cdot 10^6$	$4 \cdot 10^6$	$8 \cdot 10^6$	$1{,}6 \cdot 10^7$

Die richtige Antwort lautet $1{,}6 \cdot 10^7$.

c. Es liegt ein exponentielles Wachstum der Keime vor, weil sich ihre Anzahl jeweils nach einer Stunde verdoppelt. Damit kommt in einer Stunde nicht immer die gleiche Anzahl Keime hinzu, das Wachstum kann also nicht linear sein. Der Wachstumsfaktor ist 2.

d. Lege eine Wertetabelle an:

Stunden (x)	0	1	2	3	4	5
Keime (y)	500	550	600	650	700	750

Zeichne die Funktion nun in ein Koordinatensystem. Achte auf die Achsenbeschriftung:
x-Achse: Zeit in Stunden
y-Achse: Anzahl der Keime pro ml

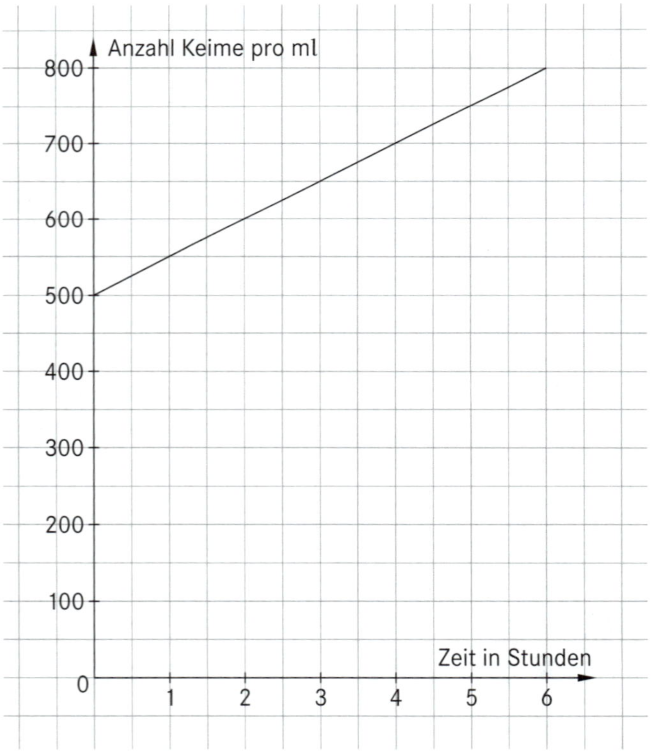

Aufstellen der Funktionsgleichung für dieses Wachstum:
Es handelt sich um lineares Wachstum, die allgemeine Funktionsgleichung lautet: $y = mx + n$.
Die Anzahl der Keime nimmt pro Stunde um 50 zu, die Steigung beträgt also 50. Die Ausgangsmenge an Keimen, die direkt nach dem Melken pro ml in der Milch enthalten sind, ist 500. Dies ist der Wert zur Zeit $t = 0$, also der Schnittpunkt mit der y-Achse.
Daraus folgt die Funktionsgleichung: $y = 50x + 500$.

Aufgabe 8: Lose ziehen

a. In dem Los-Topf befinden sich 250 - 55 = 195 Nieten. Für das Ziehen einer Niete gibt es also 195 günstige und 250 mögliche Ergebnisse (die Anzahl der Lose im Topf).
Für die Wahrscheinlichkeit gilt:

$$P = \frac{n_{\text{günstig}}}{n_{\text{möglich}}} = \frac{195}{250} = 0{,}78 = 78\,\%.$$

b. Die kombinierte Wahrscheinlichkeit von zwei Ergebnissen berechnet man mit der Produktregel. Es gilt:

$$P = \left(\frac{n_{\text{günstig}}}{n_{\text{möglich}}}\right)_{\text{erstes Los}} \cdot \left(\frac{n_{\text{günstig}}}{n_{\text{möglich}}}\right)_{\text{zweites Los}}$$

E_1: „Sie zieht zwei Hauptgewinne."
Beim ersten Los sind noch 250 Lose und 5 Hauptgewinne vorhanden; beim zweiten Los sind nur noch 249 Lose und vier Hauptgewinne vorhanden.
Die Verknüpfung beider Ereignisse erfolgt mit der Produktregel:

$$P(E_1) = \frac{5}{250} \cdot \frac{4}{249} = \frac{20}{62\,250} = 0{,}00032... \approx 0{,}032\,\%$$

E_2: „Sie zieht zwei kleine Gewinne."
Beim ersten Los sind noch 250 Lose und 50 kleine Gewinne vorhanden; beim zweiten Los sind nur noch 249 Lose und 49 kleine Gewinne vorhanden.
Die Verknüpfung beider Ereignisse erfolgt mit der Produktregel.

$$P(E_2) = \frac{50}{250} \cdot \frac{49}{249} = \frac{2450}{62\,250} = 0{,}03935... \approx 3{,}93\,\%$$

Vergleich der Wahrscheinlichkeiten der Ereignisse E_1 und E_2: $P(E_1) < P(E_2)$.
Dieses Ergebnis ist logisch, denn es sind mehr kleine Gewinne im Los-Topf als Hauptgewinne.

c. Tim hat vergessen, dass auch zuerst eine Niete und dann ein Hauptgewinn gezogen werden kann. Die Wahrscheinlichkeit für diesen Fall muss addiert werden.
Selina hat vergessen, dass schon 20 Lose im Los-Topf fehlen. Das wurde im Nenner nicht subtrahiert.
Die korrekte Rechnung ist: $P(E_3) = \frac{5}{230} \cdot \frac{175}{229} + \frac{175}{230} \cdot \frac{5}{229}$

Schnell-Check 2012

Aufgabe	Thema	☺	☹	Tipps zum Üben
1	Prozentrechnung; lineare und quadratische Funktionen; Winkelsumme im Dreieck; Terme und Umformungen; Wahrscheinlichkeitsrechnung			Trainiere das Auf- und Umstellen von Verhältnisgleichungen und den Dreisatz. Das kann dir besonders bei der Prozent- und Wahrscheinlichkeitsrechnung eine Hilfe sein. Achte auf die „kleinen" Details: Wichtig kann z. B. werden, dass die Innenwinkelsumme im Dreieck 180° ist und der Vollwinkel im Kreis 360° beträgt. Wiederhole, wie sich zwei Geraden in einer Ebene verhalten. Überlege, was bei einer Wahrscheinlichkeitsberechnung die günstigen, was die möglichen Ereignisse sind.
2	quadratische und lineare Funktionen			Wie liest man die Scheitelpunktkoordinaten einer Parabel ab? Übe das Aufstellen von Funktionsgleichungen (Gerade und Parabel) sowie die Parallelverschiebung einer Geraden.
3	Dreiecksberechnungen			Überlege dir verschiedene Möglichkeiten (rechnerisch und durch maßstäbliche Konstruktionen), um in beliebigen und in rechtwinkligen Dreiecken die Seiten und die Flächeninhalte zu berechnen.
4	Flächen- und Körperberechnungen			Übe das Zerlegen komplexer Flächen (Grundstücke, Grundrisse, Landkarten, usw.) in einfache geometrische Figuren (Rechtecke, Dreiecke, usw.), die du dann mit den gegebenen Flächenformeln berechnen kannst.
5	Funktionsgraphen: lineare Funktionen			Übe das Zeichnen von linearen Funktionen, wenn 1. die Funktionsgleichung, 2. zwei Punkte oder 3. ein Punkt und die Steigung gegeben sind. Präge dir ein, wie man mit der Steigung (dem Anstieg) m und dem Schnittpunkt mit der y-Achse n arbeitet.
6	Arbeit mit Grafiken und Diagrammen			Berechne, wie viele Tonnen Stearin in Dänemark und in Frankreich für die Kerzenproduktion benötigt werden. Stelle die Kerzenbestandteile in einem Kreisdiagramm dar. Überlege dir, wie Grafiken und Diagramme manipuliert werden können und suche weitere Beispiele.
7	exponentielles und lineares Wachstum			Überlege dir weitere Beispiele für exponentielles und lineares Wachstum. Lege entsprechende Wertetabellen an, zeichne die Graphen in ein Koordinatensystem, bestimme das Wachstum und stelle die passenden Funktionsgleichungen auf.
8	Wahrscheinlichkeitsrechnung			Trainiere den Umgang mit der Produkt- und Summenregel. Wie verändern sich Zähler und Nenner, wenn bei einem Los-Verfahren mehrere Lose gezogen werden (mit und ohne Zurücklegen)? Berechne die Wahrscheinlichkeit für das Ereignis „Er zieht eine Niete und dann einen Hauptgewinn". Wie verändert sich dann die Wahrscheinlichkeit, wenn die Anzahl der Gewinne gleich bleibt, die Gesamtzahl der Lose aber 200, 150 oder 100 beträgt?

2. aktualisierte und überarbeitete Auflage
Printed in Germany
ISBN 978-3-06-150083-2